Zahnräder

Erster Band

Stirn- und Kegelräder mit geraden Zähnen

Früher bearbeitet von Professor Dr. A. Schiebel, Prag

Vierte, völlig neubearbeitete Auflage

Von

Baurat Dr.-Ing. W. Lindner

Wuppertal

Mit 183 Abbildungen

Springer-Verlag
Berlin Heidelberg GmbH 1954

ISBN 978-3-540-01843-8   ISBN 978-3-662-13457-3 (eBook)
DOI 10.1007/978-3-662-13457-3

Vorwort zur vierten Auflage.

Entsprechend dem langen Zeitraum, der seit dem Erscheinen der letzten Auflage vergangen ist, mußte der Inhalt des Buches von Grund auf umgestaltet werden. Der Verfasser hat sich bemüht, die Zusammenhänge auf diesem Sondergebiet der Technik in eine Form zu bringen, mit deren Hilfe zahlenmäßige Werte so leicht wie möglich bestimmbar sind.

Zu diesem Zwecke sind alle Größen der Evolventenflanke durch den Pressungswinkel α als Parameter ausgedrückt. Das führt nicht nur zu verhältnismäßig einfachen Formeln, sondern die gesamte zahlenmäßige Untersuchung baut sich auch auf immer wiederkehrenden Werten auf.

In der Berechnung auf Biegefestigkeit ist auf den Begriffen der Dauerfestigkeit aufgebaut und der Anschluß an die neueren Berechnungsarten gesucht, bei denen die Kerbziffer maßgebend für die zulässige Dauerfestigkeit ist. Hierzu muß berücksichtigt werden, daß der Angriffspunkt des Zahndruckes außerhalb der Schwerachse des Zahnes erfolgt. Die im bisherigen Schrifttum vereinfachte Annahme verwischt die wirklichen Zusammenhänge.

Die bisherige Darstellung über Schwingungen ist wesentlich erweitert. Der Ausführung der Zähne mit Höhen- und Breiten-,,Balligkeit" ist besondere Beachtung geschenkt.

Wie in den früheren Auflagen ist die Herstellung der Verzahnung nur so weit behandelt, wie es zum Verständnis der Zahnform notwendig ist. Die Verfahren, die wie Schaben und Wälzfräsen ihre kinematischen Grundlagen auf Schräg- bzw. Schneckenverzahnung aufbauen, werden im 2. Band behandelt.

Hinsichtlich der Verzahnungssysteme ist dargestellt, daß die Eigenschaften, die von einer Verzahnung gefordert werden, zu vielseitig sind, um durch ein einfaches Rezept das Höchste aus einer Verzahnung herausholen zu können. Es ist nicht zu vertreten, daß hochbeanspruchte Räder noch nach oberflächlichen Formeln mit beschränktem Geltungsbereich berechnet werden. Demnach ist die Berechnung für verschiedene Anforderungen getrennt.

Die Getriebe werden erst im 2. Band behandelt, da bei ihnen ja doch fast ausschließlich Schrägverzahnung verwendet wird.

Um dem Praktiker die Benutzung des Buches zu erleichtern, sind am Ende Rechenbeispiele für die wichtigsten Fälle zusammengestellt. Sie ermöglichen rasche Benutzung der im Text ausführlich begründeten Zusammenhänge.

Bei der Ausdehnung des Gebietes wird der Verfasser für weitere Anregungen aus der Fachwelt jederzeit dankbar sein und sich in Zukunft bemühen, die Darlegungen auf dem laufenden zu halten.

Wuppertal, im Frühjahr 1954.

W. Lindner.

Inhaltsverzeichnis.

Inhaltsverzeichnis.

V

Aufbau der Bezeichnungen.

Kleine lateinische Buchstaben.

Buch-stabe	Bedeutung
a	Achsabstand. Große Halbachse, Formziffer
b	Breite. Kleine Halbachse
d	Durchmesser
e	Eingriffsstrecke
f	Fehler, Deformation
g	Relative Gleitung
h	Zahnhöhe
i	Übersetzungsverhältnis
k	Anteil der Belastung
m	Modul
n	Umlaufzahl
o	Oberflächenziffer
p	Flächendruck
q	Geometrischer Zahnstärkefaktor
r	Halbmesser
s	Gleitstrecke, Zahnspiel, Zahnstärke
t	Teilung
u	Unterschneidung
v	Umfangsgeschwindigkeit
x	Abszisse, Koeffizient der Profilverschiebung
y	Ordinate
z	Zähnezahl

Große lateinische Buchstaben.

Buch-stabe	Bedeutung
C	Federkonstante
E	Elastizitätsmodul
F	Fläche, Festigkeit
G	Gleitmodul
L	Leistung. System geringster Abnutzung
M_d	Drehmoment
N	Normalkraft, Leistung [PS]
S	System günstiger Schmierung im Wälzpunkt
T	Zeit
U	Umfangskraft
V	Verlustleistung
W	Wärmewert

Griechische Buchstaben.

Buch-stabe	Bedeutung
α	Pressungswinkel
α'	Freiwinkel am Schneidwerkzeug
β	Kerbziffer
δ	Kegelwinkel
ε	Eingriffsdauer
η	Wirkungsgrad, Kerbempfindlichkeitsziffer (η_k)
ϑ	Wälzwinkel der Evolvente
μ	Reibungszahl
ν	Sicherheitsgrad, Frequenz

Buch-stabe	Bedeutung
ξ	Zahnhöhenkoeffizient
ϱ	Krümmungshalbmesser, insbesondere mittlere Krümmung. Erzeugungskreishalbmesser der Zykloide
σ	Normalspannung. Zahndickenwinkel
τ	Schubspannung, Teilungswinkel, Wälzwinkel der Zykloide
φ	Phasenwinkel
ω	Winkelgeschwindigkeit
Ω	Resultierende Winkelgeschwindigkeit

Index-Werte.

Buchstaben

Buch-stabe	Bedeutung
a	außen
d	dynamisch
D	Dauerbeanspruchung
e	Eingriff, Eingriffswechselpunkt
f	Fuß
g	Grundkreis. Größtwert, Grenzwert, gesamt
i	innen, insbesondere innerster Eingriffspunkt
k	Kopf, Kegelrad
m	Mittelwert
n	Nennspannung
p	Planrad
r, R	Reibung, resultierend
s	statisch, Schwingung
v	Verschiebung
w	Wälzkreis. Die neuerlich vorgeschlagene Trennung zwischen Betriebs- und Erzeugungswälzkreis ist noch nicht durchgeführt
zul	zulässig

Zahlen

Zahl	Bedeutung
0	Teilkreis
1	Ritzel
2	Rad

Das Zeichen ′ bezieht sich auf die Werte der Ergänzungskegel.

Seite 4, Gl. (1. 11) statt $\pi d_0/z$ **lies:** $\pi d_0/2$.

,, 52, Zeile 18 v. u. statt 37 **lies:** [*37*].

,, 83, Gl. (2. 50) statt $= 779 N_0$ **lies:** $778 N_0$.

Teil I.

Die kinematischen und rechnerischen Grundlagen der Verzahnung in der Ebene des Stirnschnittes.

A. Allgemeine Begriffe der Verzahnung.

1. Einteilung der Zahnräder.

Zahnräder zur Leistungsübertragung. Zahnräder zur Leistungsübertragung haben nach einem gesetzmäßig verlaufenden Übersetzungsverhältnis i zwangsläufig das Drehmoment von einer treibenden Achse, deren Werte mit dem Indexzeichen 1 versehen werden, auf eine getriebene Achse mit durch den Index 2 gekennzeichneten Werten zu übertragen. Ein solches *Zahngetriebe* besteht daher aus wenigstens zwei Zahnrädern. Ist das treibende Rad das kleinere, so heißt es *Ritzel*, das getriebene schlechthin *Rad*. Im Grenzfall des unendlich großen Krümmungsradius des einen der beiden Räder führt dieses als *Zahnstange* eine geradlinige Bewegung aus. Das Übersetzungsverhältnis i ist ein absoluter Wert, also ohne Vorzeichen, und wird üblicherweise als Wert über 1 ausgedrückt. Es ist meist konstant, nur bei *unrunden* Rädern oder unterbrochenen Verzahnungen (S. 19) gesetzmäßig während eines Umlautes veränderlich.

Als Verzahnung hergestellte Formteile. Die Herstellung der Zahnräder ist nach Genauigkeit und Wirtschaftlichkeit so weit entwickelt worden, daß zahlreiche Formteile als Verzahnungen aufgefaßt und nach ihren Gesetzen entworfen und bearbeitet werden, z. B. Keilnutenprofile, Kerbverzahnungen, Vielkante.

Arten der Zahnräder.

Die verschiedenen Arten der Zahnräder ergeben sich aus der Lage der Getriebeachsen zueinander. Man unterscheidet:

Zahnräder für Achsen in einer gemeinsamen Ebene, reine Wälzgetriebe. Grundlegend für die Bewegung sind die Wälzkörper. Sie berühren sich längs einer Geraden CC, auf der jeder Punkt des getriebenen Körpers die Umfangsgeschwindigkeit v von dem berührenden Punkt des treibenden Körpers übernimmt (Abb. 1.01 bis 1.05). Für parallele Achsen O_1 und O_2 bilden die Wälzkörper Zylinder mit den Durchmessern d_{w1} und d_{w2} und es ergeben sich *Stirnräder*. Berühren sich die Wälzzylinder außen (Abb. 1.01), so liegen *Außenräder* vor. Die Radien von den Radmitten O_1 und O_2 nach der Berührungsstelle C, dem Wälzpunkt, sind gegeneinander gerichtet, tragen also verschiedene Vorzeichen. Sobald der Drehsinn eine Rolle spielt, muß dies berücksichtigt werden. Aus den Winkelgeschwindigkeiten ω_1 und ω_2 der beiden Räder ergibt sich

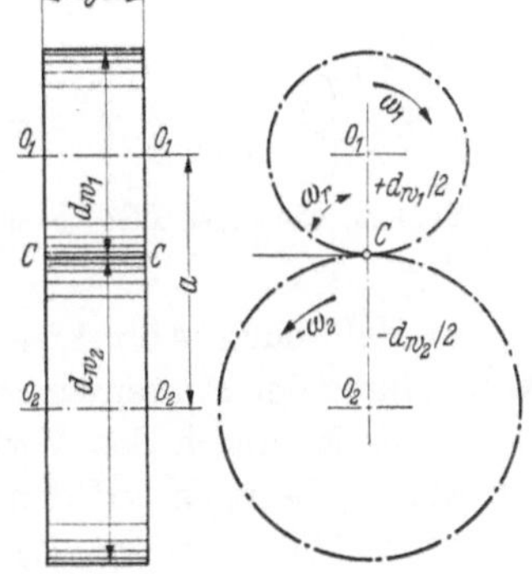

Abb. 1.01. Wälzzylinder für Außenstirnräder.

$$v = \frac{d_{w1}}{2}\,\omega_1 = \frac{-d_{w2}}{2}\,\omega_2, \tag{1.01}$$

$$\frac{\omega_1}{-\omega_2} = \frac{d_{w2}}{d_{w1}} = i \qquad \text{oder} \qquad -d_{w2} = i\,d_{w1}, \tag{1.02}$$

1

i wird als Übersetzungsverhältnis bezeichnet. Berührungslinie CC ist Momentanzentrum der Bewegung. Die resultierende Winkelgeschwindigkeit ω_r um CC ergibt sich bei Drehung des Rades *1*, während Rad *2* stillsteht, aus Drehung ω_1 und Mittelpunktsweg ω_2 zu:

$$\omega_r = \omega_1 + \omega_2. \tag{1.03}$$

Der Achsabstand a ergibt sich nach der Abbildung zu:

$$a = \frac{d_{w1}}{2} + \frac{d_{w2}}{2} = \frac{d_{w1}}{2}(1 + i). \tag{1.04}$$

Er wird durch den Berührungspunkt C *innen* im Verhältnis i geteilt. Im Grenzfall des *Zahnstangentriebes* wird bei unendlich großem Krümmungsradius d_{w2} die Wälzbahn zur geraden Linie (Abb. 1.02). Sie erhält die Umfangsgeschwindigkeit v des Wälzzylinders.

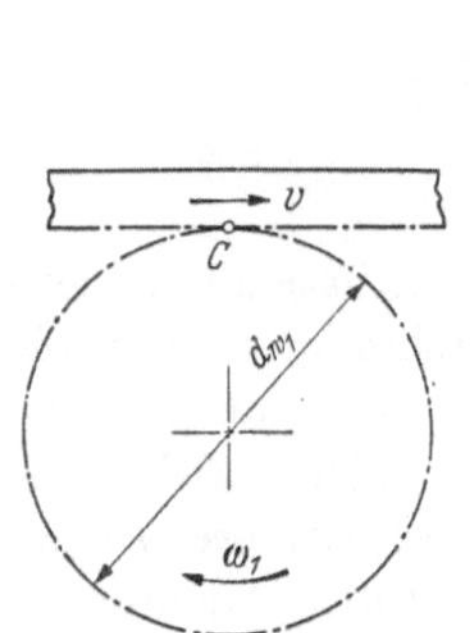

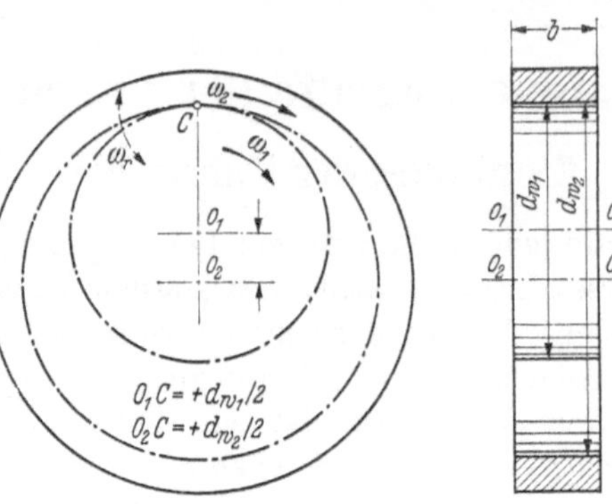

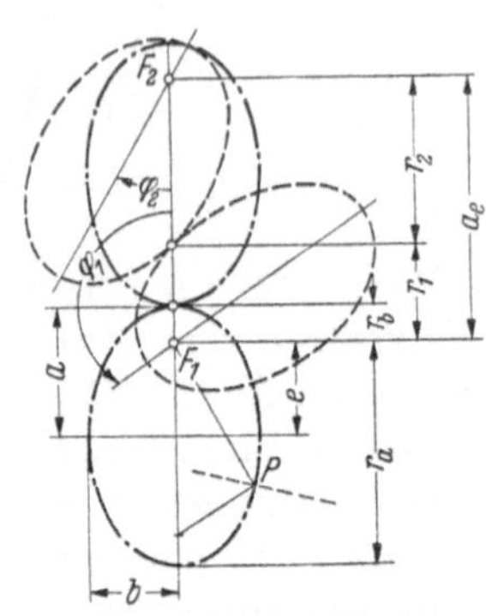

Abb. 1.02. Wälzkörper für Zahnstangentrieb.

Abb. 1.03. Wälzzylinder für Innenstirnräder.

Abb. 1.04. Elliptische Wälzkörper. Brennpunkte F_1 bzw. F_2 sind Drehpunkte.

Berühren sich die Wälzzylinder von innen, so ergeben sich *Innenräder* (Abb. 1.03). Die Radien nach den Berührungspunkten sind gleichgerichtet, tragen also gleiche Vorzeichen. An Stelle der Gln. (1.01) bis (1.04) treten daher die Gln. (1.01a) bis (1.04a).

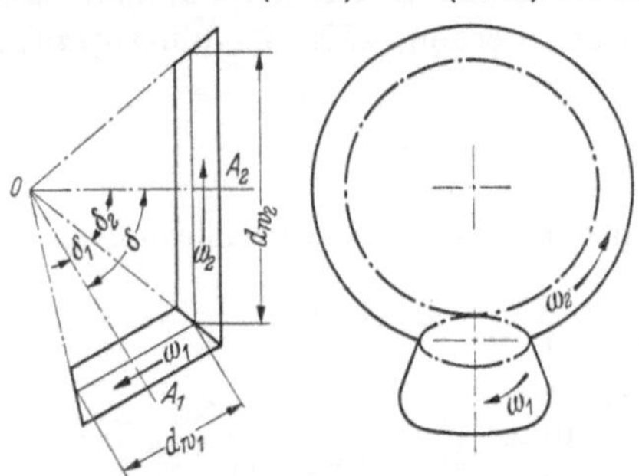

Abb. 1.05. Wälzkegel, außen berührend.

$$v = \frac{d_{w1}}{2}\,\omega_1 = \frac{d_{w2}}{2}\,\omega_2, \tag{1.01a}$$

$$\frac{\omega_1}{\omega_2} = \frac{d_{w2}}{d_{w1}} = i, \tag{1.02a}$$

$$\omega_r = \omega_1 - \omega_2, \tag{1.03a}$$

$$a = \frac{d_{w2}}{2} - \frac{d_{w1}}{2} = \frac{d_{w1}}{2}(i - 1). \tag{1.04a}$$

Punkt C teilt a *außen* im Verhältnis i.

Als Beispiel von unrunden Rädern zeigt Abb. 1.04 *Ellipsen*räder mit elliptischen Wälzkörpern. Zwei kongruente Ellipsen mit den Halbachsen a und b und der Exzentrizität e drehen sich um ihre Brennpunkte F_1 und F_2, so daß nach Abb. 1.04 der kleinste Radius r_b mit dem größten r_a zusammentrifft. Die Nullstellung der Phasenwinkel φ_1 und φ_2 ist um $180°$ verschoben. Das momentane Übersetzungsverhältnis ist durch das Verhältnis r_1/r_2 auszudrücken. Unter Verwendung der Polargleichung der Ellipse, bezogen auf den Brennpunkt, erhält man Gl. (1.05 und 1.06). (Weiteres siehe im Abschnitt über unrunde Räder.)

$$r_1 = b^2/a\,(1 + \sqrt{1 - (b/a)^2}\cos\varphi_1), \tag{1.05a}$$

$$r_2 = b^2/a\,(1 - \sqrt{1 - (b/a)^2}\cos\varphi_2), \tag{1.05b}$$

$$i = \frac{\omega_1}{\omega_2} = \frac{r_2}{r_1} = \frac{1 + \sqrt{1 - (b/a)^2}\cos\varphi_1}{1 - \sqrt{1 - (b/a)^2}\cos\varphi_2}. \tag{1.06}$$

Im allgemeinen Falle des reinen Wälzgetriebes ergeben sich Kegel als Wälzkörper, deren Achsen A_1 und A_2 unter dem Achswinkel δ sich in einem endlichen Punkte schneiden. Diese Wälzkegel bilden die Grundlage der *Kegelräder* (Abb. 1.05). Die Durchmesser d_{w1} und d_{w2} sind linear veränderlich und mit ihnen die Umfangsgeschwindigkeiten. Für zusammengehörige

Durchmesser gelten die Gln. (1.01), (1.02) und (1.03). Übersetzungsverhältnis i sowie die Kegelwinkel δ_1 und δ_2 sind voneinander abhängig. (Siehe Abschnitt über Kegelräder.) Allgemein gilt außerdem

$$\delta = \delta_1 + \delta_2. \tag{1.07}$$

Den Drehsinn erhält man durch Betrachtung von der Kegelspitze aus.

Innenkegel (Abb. 1.06) sind als Wälzkörper kaum gebräuchlich, für sie gelten die Gln. (1.01a), (1.02a), (1.03a). Es gilt ferner:

$$\delta = \delta_2 - \delta_1. \tag{1.08}$$

Zahnräder für sich kreuzende Achsen. α) *Schraubwälzgetriebe.* Unter Winkel δ kreuzende Achsen der Getriebe ergeben *Hyperboloide* als Schraubwälzkörper. Sie entstehen, wenn eine zu den Achsen A windschief im Grundriß unter den Winkeln δ_1 bzw. δ_2 liegende Gerade CC als Erzeugende um die beiden Achsen rotiert (Abb. 1.07). (In einem der beiden Hyperboloide ist die Erzeugungsgerade in einer Stellung eingezeichnet.) Die Gerade CC ist für beide Wälzlinie und Momentanachse. Bei den Schraubwälzgetrieben ist unter Wälzung einschränkend lediglich eine Übereinstimmung der Komponenten der Geschwindigkeiten $r_1\,\omega_1$ und $r_2\,\omega_2$ senkrecht zu den beiden Drehachsen A zu verstehen. Die andere Komponente tritt als Gleitung v_g in Erscheinung.

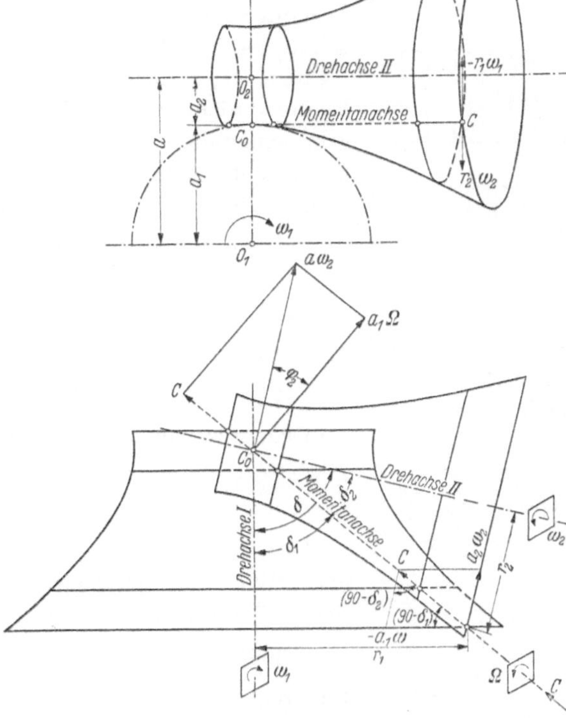

Abb. 1.06. Wälzkegel, innen berührend.   Abb. 1.07. Hyperboloide als Schraubwälzkörper.

Gekreuzte Schraubgetriebe werden bei Verwendung von Teilen des Hyperboloids in der Nähe des Achsenlotes mit den kleinsten Radien a_1 und a_2, den Kehlrädern, verwendet. Werden die Hyperboloide an dieser Stelle durch Zylinder angenähert, so wird deren Wälzlinie zum Punkt.

Geschränkte Schraubgetriebe bilden die weiter außen liegenden Teile des Hyperboloids, die sehr weitgehend durch Kegelräder angenähert werden können (s. Bd. II).

β) *Reine Schraubgetriebe.* Reine Schraubgetriebe werden mit sich kreuzenden Achsen als Schneckengetriebe ausgeführt. Bei ihnen bestehen keine kinematischen Bindungen für die Abmessungen der Radkörper (s. Bd. II).

2. Hauptbegriffe der Verzahnung und Abmessungen für geradverzahnte Stirnräder.

Bei der Verzahnung erhalten die Wälzkörper die Zähnezahlen z_1 bzw. z_2. Für jede Art von Verzahnung gilt Gl. (1.09), da immer Zahn um Zahn zum Eingriff kommt, bei Schneckengetrieben bedeutet z die Gangzahl. Auf dem *Umfang* des Wälzkörpers bildet die Verzahnung

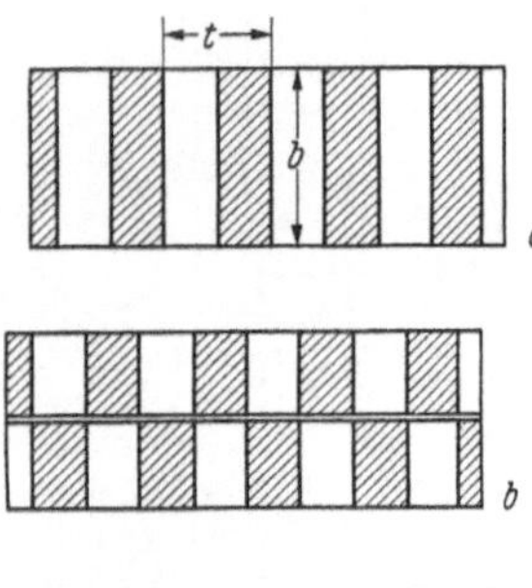

Abb. 1.08. Flankenlinien FL und PL auf dem *Umfang* des Wälzkörpers, senkrecht zu seiner *Mantelfläche* das Zahnprofil *FP*.

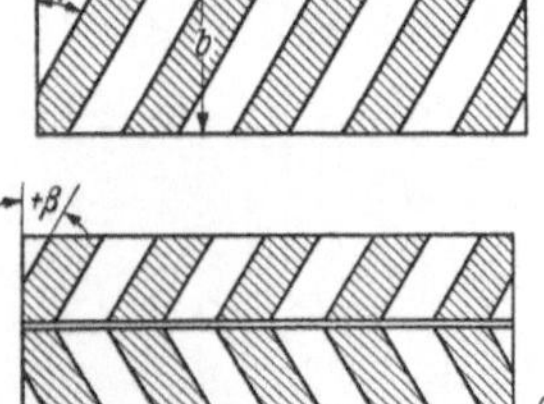

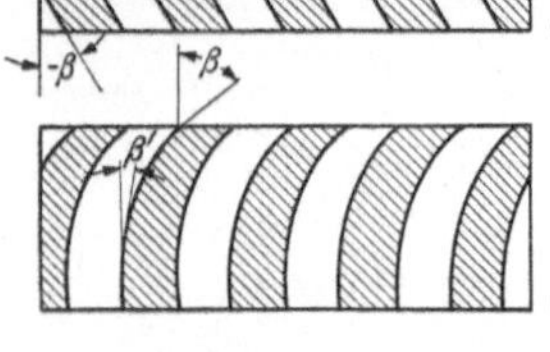

Abb. 1.09. Form der Flankenlinien.

a Geradzähne, *b* Stufenzähne, *c* Schrägzähne unter Steigungswinkel β linkssteigend, *d* Pfeilzähne, *e* Bogenzähne, Kreisbogen oder andere Kurven, β veränderlich.

die Flankenlinien FL und PL, *senkrecht zu seiner Mantelfläche* das Zahnprofil FP (Abb. 1.08).

$$i = z_2/z_1. \tag{1.09}$$

Die *Flankenlinien* in ihren verschiedenen Formen sind in Abb. 1.09 dargestellt. Ihre Länge ist durch die Radbreite b bestimmt. Die zunächst auf gerade Flankenlinien beschränkten Betrachtungen sind in einer Ebene senkrecht zur Achse des Wälzkörpers durchführbar.

Das *Flankenprofil*, gebildet von den beiden Flanken eines Zahnes, verläuft zwischen *Fußkreis d_f* und *Kopfkreis d_k*. Die Zahnhöhe h setzt sich zusammen aus der Kopfhöhe h_k zwischen Teilkreis und Zahnkopf und der Fußhöhe h_f zwischen Teilkreis und Zahnfuß.

Teilung. Modulteilung. Der Abstand zweier benachbarter gleichliegender Flanken wird im Bogenmaß als Umfangsteilung oder Kreisteilung — meist nur als Teilung bezeichnet — auf dem *Teilkreis* gemessen. Der Teilkreis mit dem Durchmesser d_0 als Maßgröße (Abb. 1.10) braucht nicht mit dem kinematisch bestimmten Wälzkreis d_w zusammenzufallen. (Siehe S. 28.) Die Teilung wird nach Gl. (1.10) durch den rechnerischen Hilfswert m, den Modul, in mm als Vielfaches von π ausgedrückt. Die gebräuchlichen Modulwerte sind in Tafel I angegeben. Der größte Teil von ihnen ist in DIN 780 enthalten.

$$t = m\pi. \tag{1.10}$$

In den angelsächsischen Ländern entspricht der Umfangsteilung die Bezeichnung *Circular-pitch*, C_p, gemessen in Zoll.

$$C_p = t/25{,}4 = m\pi/25{,}4 = m/8{,}09 = \pi d_0/z \quad \text{(Tafel II)}. \tag{1.11}$$

Außerdem ist dort noch der Begriff der Durchmesserteilung, *Diametralpitch*, D_p, gebräuchlich, bestimmt nach

$$D_p = z/d_0 = \pi/C_p \quad \text{(Tafel III)}. \tag{1.12}$$

Der *Teilungswinkel* τ ergibt sich nach Gl. (1.13a) in Grad oder nach Gl. (1.13b) im Bogenmaß. Die in der Messung meist notwendige Sehne t' errechnet sich entsprechend Abb. 1.10 nach Gl. (1.14).

$$\tau^\circ = 360/z, \quad (1.13\,\text{a}) \qquad \widehat{\tau} = 2\pi/z, \quad (1.13\,\text{b}) \qquad t' = d_0 \sin \tau/2. \quad (1.14)$$

Für den Unterschied $t - t'$ ergibt sich Gl. (1.15), wenn Gl. (1.14) verwendet wird und $\sin \tau/2$ in einer Reihe entwickelt wird.

$$t - t' = z\,m\,(\tau/2 - \sin \tau/2) \sim 5{,}1667\,(1 - 0{,}49348/z^2)\,m/z^2. \tag{1.15}$$

Nicht nur die Teilung, sondern auch alle übrigen Verzahnungsgrößen werden durch den Modul ausgedrückt. Da jeder Zahn das Stück t auf dem Umfang des Teilkreises beansprucht, muß $z \cdot t$ gleich dem ganzen Umfang sein. Also gilt $d_0 \cdot \pi = z\,t$ oder mit Gl. (1.10)

$$d_0 = m\,z. \tag{1.16}$$

Für die Zahnhöhe des Zahnkopfes setzt man mit dem Faktor ξ

$$h_k = \xi\,m, \tag{1.17}$$

in gewöhnlichen Fällen wird $\xi = 1$ gesetzt. Aus den beiden Gln. (1.16) und (1.17) ergibt sich für den Kopfkreis d_k

$$d_k = m\,(z + 2\,\xi). \tag{1.18}$$

Bei allen Getrieberädern ist die Lücke stärker,

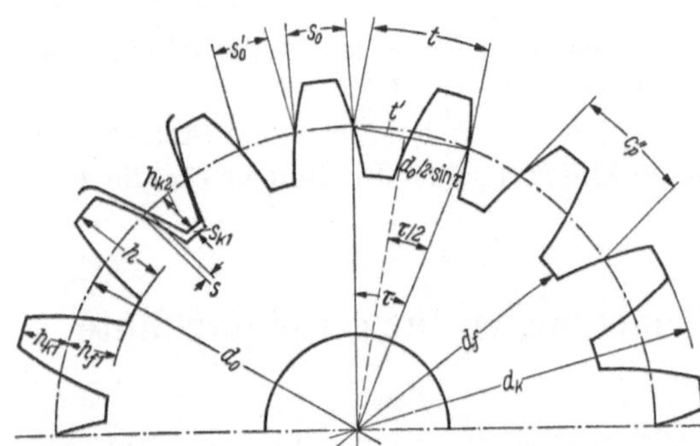

Abb. 1.10. Teilung t, circular-pitch C_p, Teilkreisdurchmesser d_0, diametral-pitch $D_p = \pi/C_p$, Flankenspiel s, Kopfspiel s_k.

der Zahn schwächer als $t/2$, um ein tangentiales Spiel s zwischen den beiden Flanken zur Aufnahme des Schmierfilmes und zum Ausgleich von Temperaturdehnung und etwaigen Herstellungsungenauigkeiten zu behalten. Die Größe von s ist daher in erster Linie abhängig von der Art der Herstellung und der Arbeitsgüte. Zu großes Flankenspiel schwächt die Zähne und ergibt Stöße beim Wechsel der Drehrichtung des Getriebes. Als Richtwerte können gelten: $s = 0{,}04$ m bis $0{,}05$ m für geschliffene oder geläppte Räder, $s = 0{,}14$ m für gegossene Zähne. Das Kopfspiel s_k ist nach Abb. 1.10 gleich dem Unterschied von Fußhöhe und Kopfhöhe des Gegenzahnes. Es wird $0{,}16$ bis $0{,}3$ m bemessen.

3. Grundgesetz der Verzahnung und Eingriffsverhältnisse.

Da die Bewegung der zusammengehörigen Zahnflanken, die sich im Punkte P berühren, im Sinne der Gl. (1.03) als Drehung um den Wälzpunkt C als Momentanzentrum aufgefaßt werden kann, muß beiden Profilen in P die ungehinderte Bewegung senkrecht zu $\overline{CP}$ möglich sein, d. h. $\overline{CP}$ muß Normale der beiden Profilkurven sein (Abb. 1.11). Anders ausgedrückt erhält man als Grundgesetz der Verzahnung:

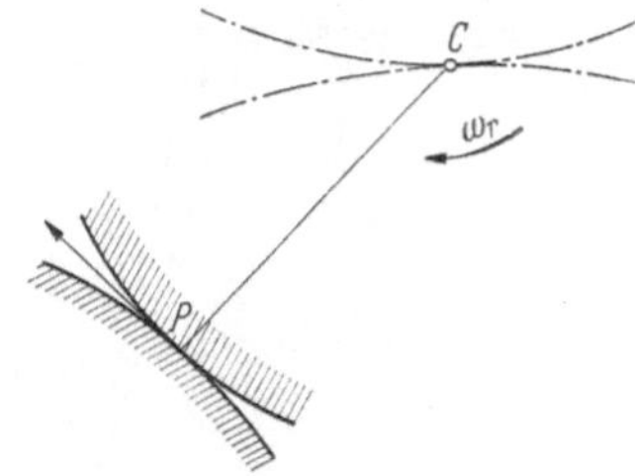

Abb. 1.11. Drehung um Momentanzentrum C (Grundgesetz).

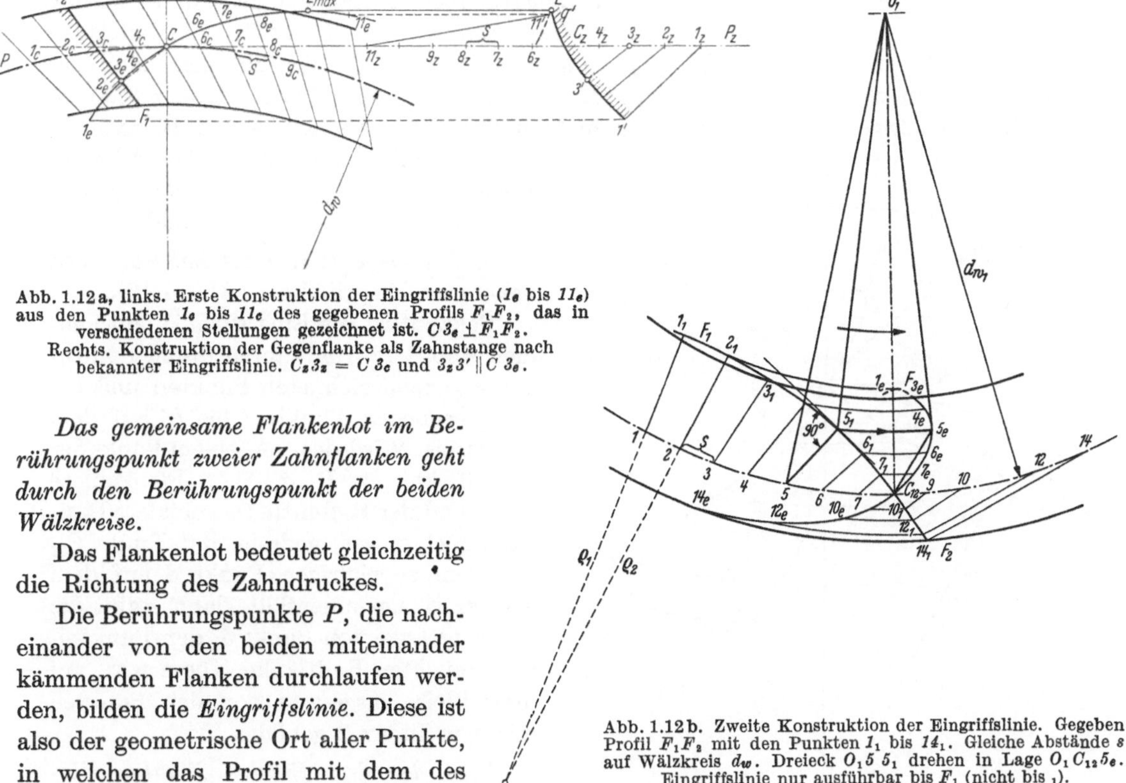

Abb. 1.12a, links. Erste Konstruktion der Eingriffslinie (1_e bis 11_e) aus den Punkten 1_c bis 11_c des gegebenen Profils F_1F_2, das in verschiedenen Stellungen gezeichnet ist. $C\,3_e \perp F_1 F_2$.
Rechts. Konstruktion der Gegenflanke als Zahnstange nach bekannter Eingriffslinie. $C_z\,3_z = C\,3_c$ und $3_z\,3' \parallel C\,3_e$.

Das gemeinsame Flankenlot im Berührungspunkt zweier Zahnflanken geht durch den Berührungspunkt der beiden Wälzkreise.

Das Flankenlot bedeutet gleichzeitig die Richtung des Zahndruckes.

Die Berührungspunkte P, die nacheinander von den beiden miteinander kämmenden Flanken durchlaufen werden, bilden die *Eingriffslinie*. Diese ist also der geometrische Ort aller Punkte, in welchen das Profil mit dem des Gegenzahnes bei der Drehung der Räder in Berührung tritt. Hiernach ist die Eingriffslinie zu einem gegebenen Zahnprofil ohne weiteres konstruierbar.

Abb. 1.12b. Zweite Konstruktion der Eingriffslinie. Gegeben Profil F_1F_2 mit den Punkten 1_1 bis 14_1. Gleiche Abstände s auf Wälzkreis d_w. Dreieck $O_1\,5\,5_1$ drehen in Lage $O_1 C_{12} 5_e$. Eingriffslinie nur ausführbar bis F_1 (nicht bis 1).

Konstruktion der Eingriffslinie. Zu einem gegebenen Flankenprofil ist zunächst der Wälzkreis d_w zu wählen.

Ausführung 1 (Abb. 1.12a).

Man zeichnet das gegebene Profil F_1F_2 in verschiedenen Stellungen zweckmäßig so, daß die Schnittpunkte 1 bis 9 mit dem Wälzkreis, gekennzeichnet mit dem Index c, um gleiche

Bogenlängen s voneinander entfernt sind, fällt vom Wälzpunkt C auf die verschiedenen Profilstellungen die Lote, dann bilden ihre Fußpunkte auf den Profilstellungen die Eingriffslinie, deren Punkte mit dem Index e versehen sind.

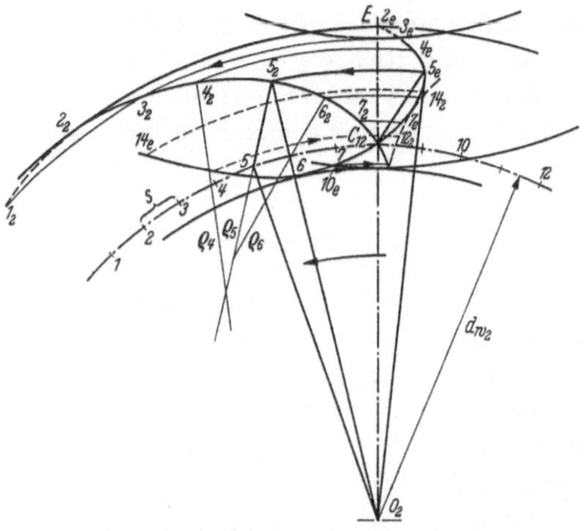

Ausführung 2 (Abb. 1.12b).

Das gegebene Profil $F_1 F_2$ wird durch den Wälzpunkt C_{12} gehend gezeichnet. Von den in gleichen Abständen s auf dem Wälzkreis (O_1, d_{w1}) aufgetragenen Punkten 1 bis 14 werden die Lote auf das Profil mit den Fußpunkten 1_1 bis 14_1 gefällt. Die entstehenden Dreiecke, z. B. $O_1\,5\,5_1$, werden in die Eingriffstellung gedreht, in der Punkt 5 in die Lage des Wälzpunktes C_{12} fällt. Die dann erreichte Lage von Punkt 5_1 ist als 5_e ein Punkt der Eingriffslinie. Diese wird insgesamt sonach von den Punkten 1_e bis 14_e gebildet.

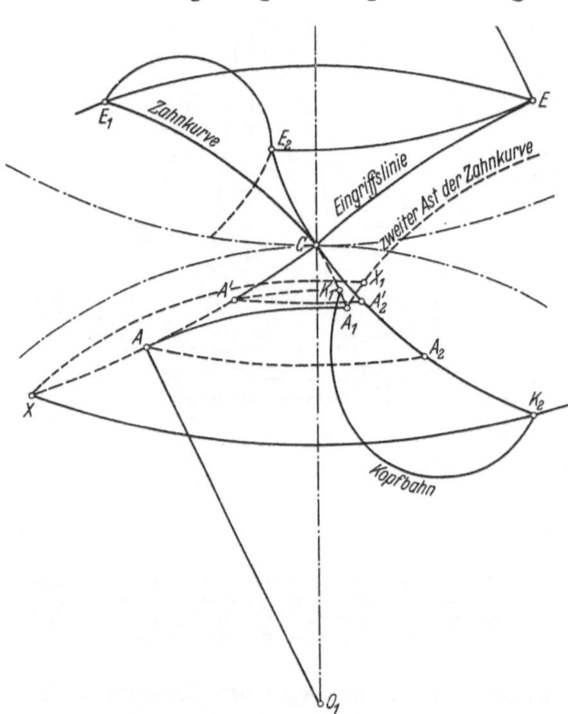

Abb. 1.13. Konstruktion des Gegenprofils (2_2 bis 10_2) als Zahnrad nach bekannter Eingriffslinie (2_e bis 10_e). Gleiche Abstände s auf Wälzkreis. Dreieck $O_2 C_{12} 5_e$ drehen in Lage $O_2 5\, 5_2$.

Konstruktion der Gegenflanke [1] [2]. α) Die Gegenflanke als *Zahnstange* nach bekannter Eingriffslinie (Abb. 1.12a).

Auf der geradlinigen Wälzbahn (Index z) der zu konstruierenden Zahnstangenflanke werden die Wälzbogenstrecken (Index c) der Radflanke des gegebenen Profils z. B. $C\,3_c$ gleich $C_z 3_z$ aufgetragen und die Verbindungslinien vom Wälzpunkt C zu dem zugehörigen Punkt der Eingriffslinie, d. h. die Flankenlote, z. B. $C\,3_e$ parallel in die zugehörigen Wälzpunkte der gesuchten Gegenflanke geschoben, z. B. nach 3_z.

Dann erhält 3_e die Lage $3'$ als Punkt der Gegenflanke. Diese wird somit insgesamt durch die Punkte $1'$ bis $9'$ gebildet.

β) Die Gegenflanke als *Zahnrad* nach bekannter Eingriffslinie (Abb. 1.13).

Bekannt ist die Eingriffslinie (entnommen Abb. 1.12a) mit ihren durch den Index e gekennzeichneten Punkten und die entsprechenden Punkte 1 bis 12 auf dem Wälzkreis. Wird das von einem Punkt der Eingriffslinie, z. B. 5_e, dem Flankenlote $5_e C_{12}$ und der Radmitte O_2 gebildete Dreieck um O_2 so weit gedreht, daß Punkt C_{12} mit dem zugehörigen Punkt 5 auf dem Wälzkreis zusammenfällt, dann ergibt die erreichte Lage von Punkt 5_e den Punkt 5_2 der gesuchten Radflanke. Diese wird auf diese Weise insgesamt von den Punkten mit dem Index 2 gebildet.

Eins der drei Stücke: Flanke, Eingriffslinie und Gegenflanke bestimmt die beiden anderen.

Verwendbarer Teil der Eingriffslinie. Bei den obigen Konstruktionen der Eingriffslinie oder Gegenflanke ist jedoch zu

Abb. 1.14. Eingriffsfähiger Teil der Eingriffslinie nur bis Punkt A. Überhöhter Kopf $A_2 K_2$ unterschneidet Gegenzahn, so daß $K_1 K_2$ wegfallen muß.

beachten, daß damit auch Punkte gefunden werden können, die unbrauchbare Teile der Flanke des Gegenzahnes ergeben. Für den benutzbaren Teil der Eingriffslinie ergeben sich nämlich noch folgende Bedingungen:

1. Die Zahnflanken müssen stetig von außen nach innen verlaufen; dementsprechend muß das auch die Eingriffslinie tun (Abb. 1.14). Nähert sich eine Eingriffslinie von C nach A dem Mittelpunkte O_1 des Rades, so entspricht ihr die ebenfalls auf die Radmitte zu laufende Gegenflanke CA_1; entfernt sich nun aber die Eingriffslinie in ihrem weiteren Verlaufe nach Punkt X wieder von O_1, so würde diesen Punkten X ein neuer Zweig der Gegenflanke mit Punkten X_1 entsprechen, der die Zahnlücke für den Gegenzahn versperren würde, also unmöglich ist.

2. Kämmt eine erhabene Flanke mit dem Krümmungshalbmesser ϱ_e mit einer hohlen Gegenflanke, deren Krümmungshalbmesser ϱ_h ist, so geht aus Abb. 1.15 die Bedingung hervor: $\varrho_e < \varrho_h$. Zu dieser Untersuchung ist die Konstruktion des *Krümmungshalbmessers* aus der Eingriffslinie erforderlich (Abb. 1.16). Die Tangente der Eingriffslinie in einem Punkte P bestimmt durch ihre Richtung die Krümmungen der dort eingreifenden Flankenteile. Die Verschiebung des Flankenlotes $\overline{PC}$ in die benachbarte Eingriffslage $\overline{P'C}$ entspricht nämlich der Verdrehung um einen Geschwindigkeitspol, der im Schnittpunkt M der beiden Senkrechten $\overline{PM}$ und $\overline{CM}$ auf die Richtungen $\overline{PP'}$ und $\overline{PC}$ liegt. Ein geometrischer Ort für den Krümmungsmittelpunkt K_1 ist die Gerade $\overline{PC}$ als Flankenlot, der zweite geometrische Ort ist dadurch bestimmt, daß sowohl M als auch K_1 die Drehung um die Radmitte O_1 mitmachen müssen, also gleiche Bewegungsrichtung hierbei haben müssen. Diese Bedingung für K_1 ist erfüllt durch seine Lage auf der Geraden $\overline{O_1 M}$. Der Krümmungsmittelpunkt K_2 des Gegenzahnes liegt auf MO_2. Bei schlingenartigem Verlauf der Eingriffslinie (Abb. 1.17) entsteht Gleichheit der Krümmung, da in den Punkten A und E, die vom Wälzpunkt C am weitesten abstehen, die Senkrechte auf der Eingriffslinie mit dem Flankenlot zusammenfällt. Auch bei innen verzahnten Evolventenrädern kann die Krümmung des außen verzahnten Gegenrades im Kopf zu groß werden.

Für Getriebeverzahnung darf die Krümmung nicht zu klein werden, da sonst sehr starke Flankenpressungen auftreten. Krümmungshalbmesser Null beendet auch theoretisch den brauchbaren Teil der Eingriffslinie, sofern kein zweiter Zahn im Eingriff ist.

3. Bei Getrieberädern darf ferner der Winkel zwischen Flankenlot und zugehöriger Tangente der Raddrehung, d. h. der Winkel zwischen Zahndruck N und Umfangsdruck U nicht zu groß werden (Abb. 1.18).

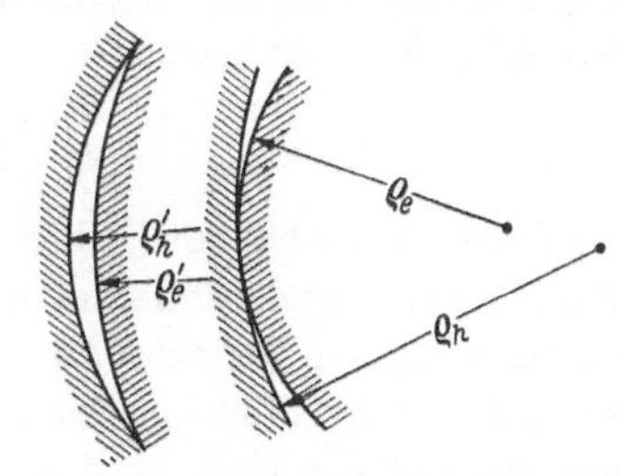

Abb. 1.15. Kämmt hohle Flanke mit erhabener Flanke, muß $\varrho_e < \varrho_h$ sein.

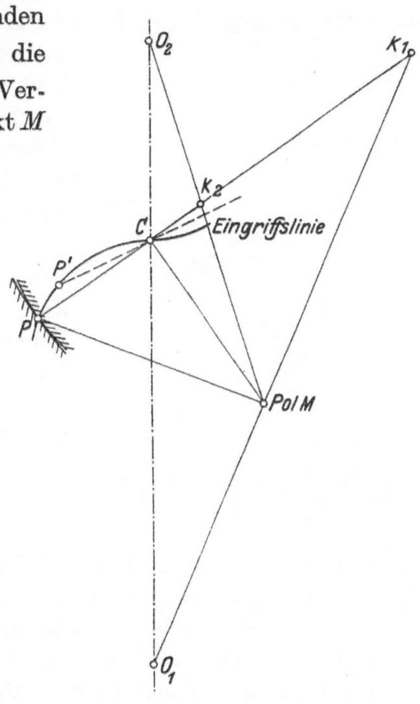

Abb. 1.16. Bestimmung der Mittelpunkte K_1 und K_2 der Flankenkrümmung aus der Eingriffslinie.

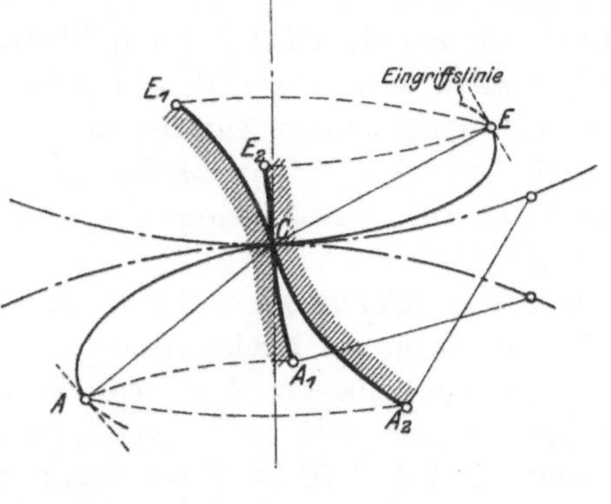

Abb. 1.17. Bei schlingenartigem Verlauf der Eingriffslinie begrenzt gleiche Flankenkrümmung in A und E den eingriffsfähigen Teil der Eingriffslinie.

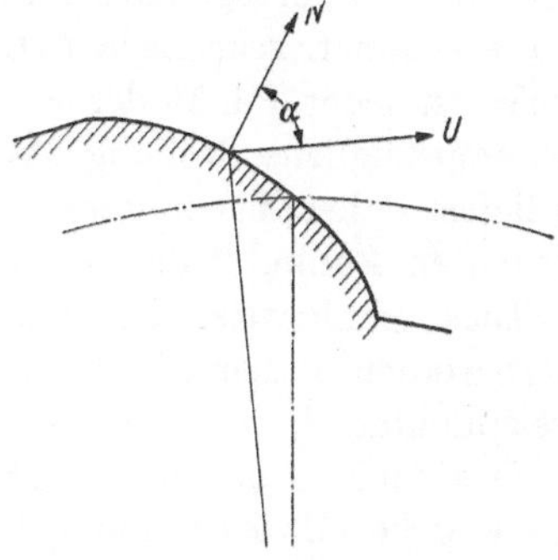

Abb. 1.18. Bei Getriebeverzahnungen darf Winkel α zwischen Zahndruck N und Umfangskraft U nicht zu groß werden.

4. Gehen die Kopfkreise der Räder über den eingriffsfähigen Teil AE der Eingriffslinie hinaus, so beschreiben die Kopfpunkte relative Bahnen, die den Zahnfuß unterschneiden und dabei eingriffsfähige Stücke des Zahnfußes zum Wegfall bringen. Die Zusammenhänge sind im folgenden Abschnitt dargestellt.

4. Ausbildung des Zahnfußes.

Wird ein Zahnprofil über die eingriffsfähige Zahnhöhe CA_2 um das Stück A_2K_2 überhöht (Abb. 1.14), dann schneidet der überhöhte Zahnkopf K_2 in seiner Bahn vom Fuß des Gegenzahnes CA_1 das Stück K_1A_1 weg. Für den freien Durchgang wird eine als *Unterschneidung* bezeichnete Ausnehmung des Zahnfußes erforderlich. Durch Wegfall des Fußendes K_1A_1 geht der Eingriff am Endteil AA' der Eingriffslinie verloren und ein weiterer Teil A_2A_2' der Kopfflanke wird überflüssig.

Eine Kopfüberhöhung über den Eingriffsbereich ist daher zwecklos und führt zu einer *Eingriffsminderung*. Sie erfordert eine Unterschneidung des eingreifenden Zahnfußes. Diese ist bei einer Herstellung durch Formfräser nicht ausführbar. Unterbleibt die Unterschneidung, so

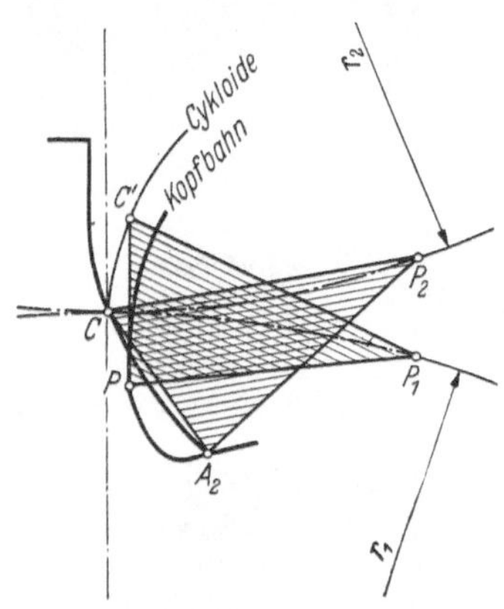

Abb. 1.19. Ermittlung der relativen Kopfbahn des Punktes A_2 als verlängerte Epizykloide.

kommen nicht nach dem Verzahnungsgesetz entworfene Flankenteile zur Berührung, und es treten im Abtrieb ungleichförmige Winkelgeschwindigkeiten auf. Gegebenenfalls ist von der üblichen Zahnbemessung abzusehen und die Kopfhöhe entsprechend zu kürzen; denn die Unterschneidung bedeutet auch stets eine Schwächung des Zahnfußes.

Unterschnittene Zähne liefert die Bearbeitung nach dem Wälzverfahren, wenn bei Herstellung von Rädern mit kleiner Zähnezahl die äußerste Schneidkante des Werkzeuges aus dem Eingriffsbereich des Zahnfußes heraustritt. Wird dadurch später im Getriebe eine Eingriffsminderung verursacht, so ist die Ausführung zu verwerfen; ist dies jedoch im Getriebe nicht der Fall, so ist eine geringe Unterschneidung zulässig. Die Kopfkanten des Gegenzahnes können dann auch noch bei abgenutzten Flanken frei auslaufen.

Die *relative Kopfbahn* des Kopfpunktes in der Zahnlücke des Gegenrades ist eine verlängerte Zykloide. Im Grenzfall des Kämmens zwischen Rad und Zahnstange ist die Kopfbahn eine verlängerte Evolvente. Für die Herstellung von Evolventenzähnen ist S. 25 eine analytische Berechnung der Unterschneidung gegeben.

Im allgemeinen Falle kann die Kopfbahn zeichnerisch bestimmt werden (Abb. 1.19). Rollt ein Kreis mit dem Halbmesser r_2 ab, so beschreibt Punkt C als Umfangspunkt des Kreises r_1 eine Epizykloide; der außerhalb r_2 liegende Kopfpunkt A_2 durchläuft eine verlängerte Epizykloide. Ihrer Aufzeichnung geht die Bestimmung der Epizykloide des Punktes C voraus. Ist das Abrollen von C nach P_1 fortgeschritten, so fällt P_2 mit P_1 zusammen, also ist $\overparen{CP_1} = \overparen{CP_2}$. Der Punkt C gelangt nach Punkt C', der am einfachsten durch Übertragen des Dreiecks CP_2P_1 in die symmetrische Lage P_1CC' erhalten wird, also $CP_2 = P_1C'$ und $P_1P_2 = CC'$. Auf diese Weise ist jeder Punkt der Epizykloide bestimmbar. Zur Bestimmung der Kopfbahn läßt man die ursprüngliche Stellung des Dreiecks CP_2A_2 beim Abrollen in die Lage $C'P_1P$ übergehen; es liefert daher das weitere Übertragen der Dreiecksseiten $CA_2 = C'P$ und $P_2A_2 = P_1P$ den gesuchten Punkt P der relativen Kopfbahn.

Diese punktweise Bestimmung der Kopfbahn kann durch ein vereinfachtes Verfahren ersetzt werden, indem die Bahn als *Einhüllende* der Kreise erscheint, die aus den einzelnen Wälzkreispunkten P_1 mit den zugehörigen Halbmessern A_2P_2 eingezeichnet werden.

Das Aufzeichnen der Kopfbahn läßt sich noch weiter vereinfachen durch die angenäherte Wiedergabe mit Krümmungskreisen. In Abb. 1.20 ist P ein Punkt der verlängerten Zykloide, bestimmt durch seine Entfernung y vom Wälzpunkt C und den Winkel β. Bei einer Wälzung von dem kleinen Betrage

$$\overparen{CC'} = r_1\,d\varphi_1 = r_2\,d\varphi_2$$

geht die Senkrechte PC der Kurve in die neue Lage $P'C'$ über. Im Schnittpunkt von beiden Loten liegt der Krümmungsmittelpunkt K. Die Winkeländerung $d\beta$ berechnet sich nach dem Sinussatz aus dem Dreieck PCC':

$$r_1\, d\varphi_1 \cos\beta = y \sin(d\beta - d\varphi_2).$$

Ersetzt man den sin durch den Bogen, ergibt sich

$$\frac{d\beta}{d\varphi_1} = \frac{r_1 \cos\beta}{y} + \frac{r_1}{r_2}.$$

Das Dreieck KCC' ergibt

$$r_1\, d\varphi_1 \cdot \cos\beta = (y - \varrho)(d\beta + d\varphi_1).$$

Daraus ist die Entfernung des Krümmungsmittelpunktes vom Wälzpunkt bestimmt mit

$$y - \varrho = \frac{y}{1 + y\,\dfrac{r_1 + r_0}{r_1 r_2 \cos\beta}}.$$

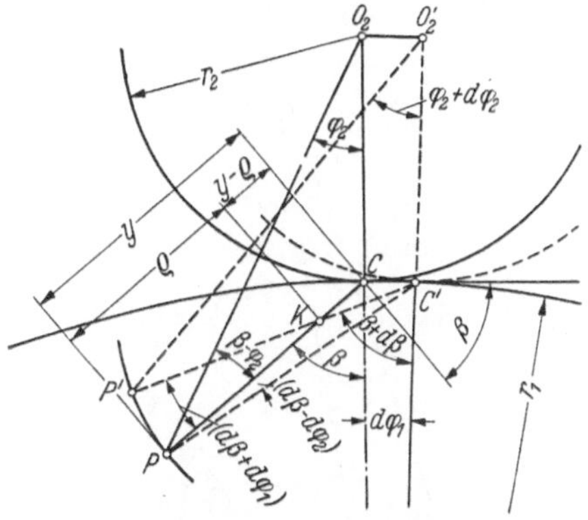

Abb. 1.20. Krümmung der relativen Kopfbahn.

Die Einführung der Hilfsgröße $x = \dfrac{r_1 r_2 \cos\beta}{r_1 + r_2}$ ermöglicht eine einfache zeichnerische Ermittlung aus $y - \varrho = \dfrac{x\,y}{x + y}$.

Man errichtet im Wälzpunkt C die Senkrechte und fällt von den beiden Radmittelpunkten Senkrechte auf die Richtung PC (Abb. 1.21). Der Abschnitt $CN_2 = r_2 \cos\beta$ wird hierauf nach $N_2 H_2$ übertragen und mit der Geraden $N_1 H_2$ auf der mittleren Senkrechten die Strecke $CE = x$ abgeschnitten. Das gleiche Ergebnis liefert das Übertragen des Abschnittes $N_1 C = r_1 \cos\beta$ nach $N_1 H'$. Für die Zahnstange $r_2 = \infty$ ist $x = r_1 \cos\beta$; man hat daher in diesem Sonderfalle den Abschnitt $N_1 C = r_1 \cos\beta$ unmittelbar auf der mittleren Senkrechten aufzutragen.

Führt man auf der mittleren Senkrechten zum Abstand x noch die Größe y hinzu, so führt gemäß der früheren Gleichung das Ziehen der beiden Parallelen PF und KE zur Feststellung des Krümmungsmittelpunktes K. Ein Kreis aus diesem Punkte mit dem Halbmesser ϱ ersetzt den Linienteil der verlängerten Epizykloide im Punkte P.

Für das Aufsuchen der Scheitelkrümmung hat man den Punkt P um den Radmittelpunkt O_2 nach P_0 einzudrehen und die Ermittlung in gleicher Weise durchzuführen. Da in dieser Stellung $\beta = 0$ ist, so erhält man den Abschnitt x_0 durch Einschneiden einer Geraden $O_1 H_0$, deren Punkt H_0 im Abstand r_2 von O_2 liegt. Zu x_0 addiert man die Strecke $E_0 F_0 = y_0 = P_0 C$. Die Parallele $E_0 K_0$ zu $P_0 F_0$ geht durch den Krümmungsmittelpunkt K_0 des Kurvenscheitels hindurch, dessen Verlauf durch einen Kreis mit dem Halbmesser ϱ ersetzt wird.

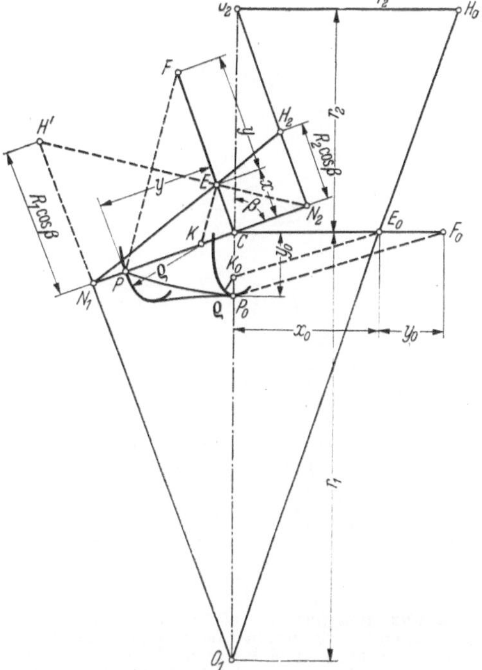

Abb. 1.21. Ersatz der relativen Kopfbahn durch Krümmungskreise.

Fußanschluß bei Verwendung von Formwerkzeugen. Infolge des Kopfspieles kommt der Zahnfuß nicht zum Eingriff, seine Form ist somit nicht durch die Verzahnungsgesetze bestimmt; besonders bei kleinen Zähnezahlen empfiehlt sich die Ausführung eines verstärkten Fußanschlusses zur Erhöhung der Festigkeit. Nach dem letzten Abschnitt ist lediglich darauf zu achten, daß dem Durchgang des Gegenkopfes genügend freier Raum bleibt. Eine geometrisch richtige Form erhält man, wenn auch hier eine verlängerte Epizykloide den Fußkreis mit dem

Flankenprofil verbindet, wobei an der Übergangsstelle gleiche Richtungen beider Kurven auftreten müssen. Eine solche Anschlußlinie stört die Kopfbahn des Gegenrades nicht. Endet die Zahnflanke in einem Fußpunkte, der außerhalb des Fußkreises liegt, dann wird eine derartige Überführung zur Notwendigkeit.

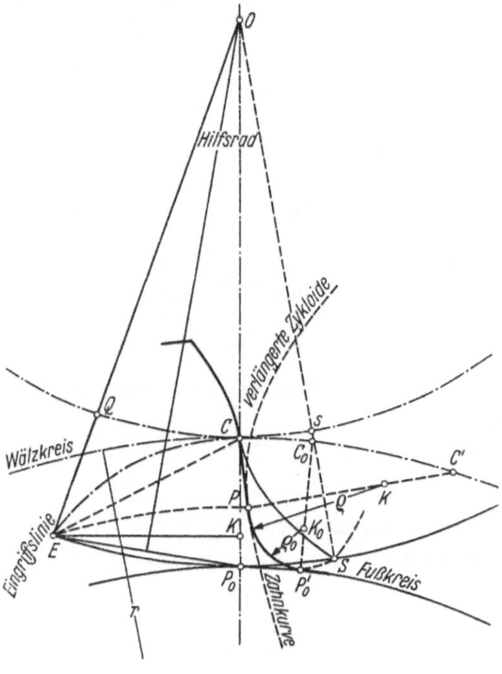

Dementsprechend sei in Abb. 1.22 vom Zahnpunkt P, dessen Eingriffsstelle in E liegt, der Fußanschluß als verlängerte Epizykloide auszuführen. Sie entspricht der relativen Bahn eines Kopfpunktes S_0 von einem Hilfsrade, dessen Kopfkreis durch den Eingriffspunkt E hindurchgeht und den Fußkreis des gegebenen Rades in P_0 berührt. Daher liegt der Mittelpunkt O des Hilfsrades auf der Mittelsenkrechten EP_0 und außerdem auf P_0C; Punkt S ist dann aus der gegebenen Eingriffslinie und Flanke als Punkt der Gegenflanke bekannt. (Siehe Abb. 1.13.) Die zeichnerische Ermittlung der von S durchlaufenen Kopfbahn erleichtert man sich durch Verwendung von Krümmungskreisen. Das Eindrehen der Strecke EC nach PC' liefert das Flankenlot, auf welchem der Krümmungsmittelpunkt K liegt. Die Lage des Scheitellotes $P_0'C_0$ ist von der geometrischen Gestalt der Eingriffslinie abhängig; ihre Lage wird dementsprechend in den Abschnitten über die ausgeführten Verzahnungen behandelt. Die Größe der Krümmungsradien ϱ und ϱ_0 wird entsprechend Abb. 1.21 ermittelt.

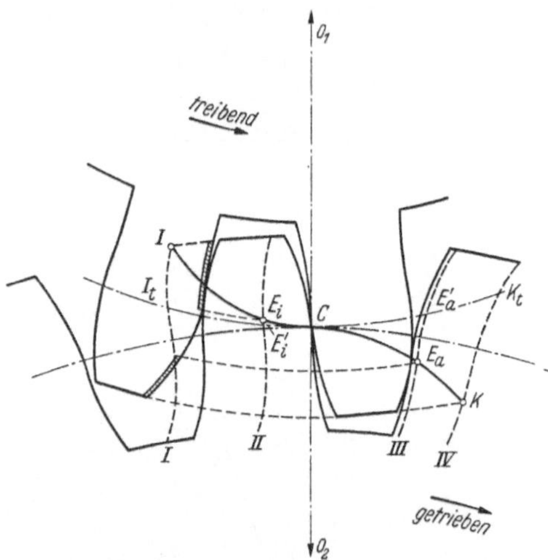

Abb. 1.22. Verstärkter Fußanschluß als verlängerte Epizykloide.

Abb. 1.23. Eingriffsbild. Auf Eingriffsstrecke ICK beginnt Fuß des Ritzels in I bei Stellung I der Radflanke an deren Kopf einzugreifen, Eingriff schreitet fort über C bis K in Stellung IV der Radflanke. Letztere schneidet in den Endstellungen I und IV den Teilkreis in den Punkten I_t bzw. K_t. Eingriffslänge $e = \widehat{I_t K_t}$; $K_t E_t' = I_t E_a' = t$ (Umfangsteilung). Punkte E_t' und E_a' bestimmen Stellung II und III der Radflanke, ihnen entsprechen die Punkte E_t' und E_a' auf der Eingriffslinie. Diese sind die *Eingriffswechselpunkte* (*EW*-Punkte), indem von I bis E_t und von E_a bis K *zwei* und von E_t bis E_a nur *ein* Zahn im Eingriff ist.

5. Eingriffsstrecke, Eingriffsdauer. *EW*-Punkte.

Von der an sich brauchbaren Eingriffslinie wird nur ein Teil, die *Eingriffsstrecke*, ausgenutzt. Diese Strecke IK ist derjenige Teil der Eingriffslinie, der beiden Flanken gemeinsam ist. Ihre größte Länge wird erreicht, wenn sie bei Getrieberädern durch die Kopfkreise von Rad und Gegenrad (Abb. 1.23) begrenzt wird. Bei der Zahnstange als Gegenprofil bestimmt die Kopfgerade den einen Endpunkt der Eingriffsstrecke (Abb. 1.12a). Ist jedoch nur ein Teil der Flanke eingriffsfähig, so wird die Eingriffsstrecke durch *den* Punkt auf der Eingriffslinie begrenzt, der dem Endpunkt des brauchbaren Flankenteiles entspricht. Dieser Fall tritt z. B. bei der Unterschneidung ein (Abb. 1.14). Der Eingriff beginnt in I (Abb. 1.23), wenn der Fuß des treibenden Zahnes mit dem Kopfpunkt des getriebenen Radzahnes zur Berührung kommt. Der Eingriff wandert dann längs IK, so daß die Berührungsstelle beim treibenden Zahn vom Fußpunkt I_1 zum Kopfende K_1, beim getriebenen Zahn umgekehrt vom Kopf zum Fuß fortschreitet. Die Begriffe des *stemmenden* und *ziehenden* Eingriffes sind im nächsten Abschnitt über Gleitung erläutert.

Der Weg, den die Räder im Wälzkreise durchlaufen, während ein Flankenpaar im Eingriff ist, bezeichnet man als den *Eingriffsbogen* oder *Eingriffslänge e*, der in Abb. 1.23 durch die Bogenstücke $I_t C K_t$ dargestellt ist. Um die Beständigkeit der Drehung zu wahren, muß spätestens beim Außereingrifftreten eines Flankenpaares das folgende zum Eingriff kommen. Der Eingriffsbogen muß bei Getriebeverzahnungen daher stets größer als die Teilung t sein. Zahlenmäßig gibt hierüber die *Profileingriffsdauer* ε (Überdeckung) Aufschluß. Sie ist bestimmt durch die Gleichung

$$\varepsilon = \frac{e}{t} > 1 \,. \tag{1.19}$$

Der vor dem Komma stehende Zahlenwert bedeutet die Mindestzahl der eingreifenden Zähne im Getriebe. ε kann für geradverzahnte Räder bei idealen Zähnen bis auf 1 herabgehen, die praktische Grenze liegt jedoch etwa bei 1,2. Nur bei Stufenzähnen (Abb. 1.09 b) kann $\varepsilon < 1$ sein, theoretisch bis 0,5, da der Eingriff abwechselnd von den Stufen übernommen wird. Ist ε eine gebrochene Zahl — meist zwischen 1 und 2 —, so ist um den Wälzpunkt C herum, z. B. zwischen den Punkten E_i und E_a, nur *ein* Zahn, vorher und nachher jedoch, also auf den Strecken IE_i bzw. E_aK, *zwei* Zähne im Eingriff, insofern als beim Eingriffsbeginn noch der vorhergehende und am Ende bereits der nächste Zahn eingreift. Diese Punkte E_i und E_a, bisher gewöhnlich als Doppeleingriffs- oder Einzeleingriffs-Punkte bezeichnet, sind im folgenden *Eingriffswechselpunkte*, abgekürzt *EW-Punkte*, genannt. Damit soll angedeutet werden, daß ebensogut die Eingriffsdauer über 2 liegen kann und dann 2 und 3 Zähne im Eingriff wechseln. Der im Ritzel nach dem Zahnfuß zu liegende *EW*-Punkt sei der innere, der nach dem Zahnkopf zu liegende der äußere Wechselpunkt. Diese Punkte sind für die Beanspruchung, für die elastischen Deformationen und Schwingungen von grundlegender Bedeutung.

6. Gleitung, Krümmung.

Gleitung. Die zur Konstruktion der Eingriffslinie und der Gegenflanke gleichmäßig großen auf den Wälzkreisen abgetragenen Bogenstücke s entsprechen gleichen Zeitabständen. Die zu ihnen gehörenden Flankenstücke (Abb. 1.24), z. B. Stück s_3' zwischen den Punkten *3* und *4* und Stück s_4' zwischen *4* und *5* oder auf der Gegenflanke s_3'' bzw. s_4'', sind nicht gleich s und sowohl untereinander als auch bei Flanke und Gegenflanke verschieden. Der Längenunterschied der miteinander kämmenden Flankenstücke ist die *Gleitstrecke* s_u, es gilt also z. B.

$$s_{u3} = s_3' - s_3'' \,. \tag{1.20}$$

Diese ist der Begriffsbestimmung entsprechend im Wälzkreis null. Die Gleitstrecke ist um so größer, je weiter das betrachtete Flankenstück vom Wälzpunkt entfernt ist. Entsprechend dem Vorzeichenwechsel in Gl. (1.20) ist die Richtung der Gleitung beiderseits des Wälzpunktes verschieden. Bis zum Wälzkreis ist der Eingriff deshalb „stoßend" oder stemmend, von da an im Auslauf „ziehend".

Setzt man die Gleitstrecke s_u in das Verhältnis zur zugehörigen Flankenstrecke s' bzw. s'', so erhält man die *relative Gleitung* g_s für Ritzel bzw. Rad.

$$g_{s1} = \frac{s_u}{s'}, \tag{1.21a}$$

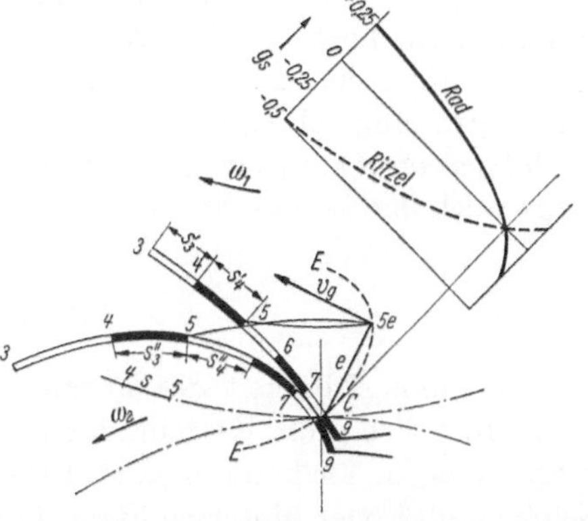

Abb. 1.24. Gleitung. Die miteinander kämmenden Flankenstücke des Ritzels s' und des Rades s'' sind verschieden lang. $g_{s1} = \dfrac{s' - s''}{s'}$; $g_{s2} = \dfrac{s' - s''}{s''}$. g_s wächst mit dem Abstand vom Wälzpunkt C, rechts oben aufgetragen über der Flankenhöhe.

$$g_{s2} = \frac{s_u}{s''} \,. \tag{1.21b}$$

Die relative Gleitung dient als wichtiges Merkmal für die Größe der Abnutzung an dem betrachteten Flankenteil. Die relative Gleitung verläuft ähnlich wie die Gleitstrecke. In Abb. 1.24 rechts oben ist der Funktionsverlauf gezeigt.

Die *Gleitgeschwindigkeit* v_g eines Punktes, z.B. des Punktes *5*, ist nach den Überlegungen der Gl. (1.03) bzw. für Innentriebe der Gl. (1.03a) unmittelbar aus dem Abstand y_5 des betrachteten Eingriffspunktes und der resultierenden Winkelgeschwindigkeit bestimmt.

$$v_g = y\,(\omega_1 + \omega_2), \qquad (1.22\,\text{a}) \qquad\qquad v_g = y\,(\omega_1 - \omega_2). \qquad (1.22\,\text{b})$$

Hierbei gilt Gl. (1.22a) für Außen-, Gl. (1.22b) für Innentriebe.

Krümmung. Mittelpunkt des Krümmungskreises und Krümmungshalbmesser können analytisch berechnet werden, wenn die Gleichung für die Flankenkurve vorliegt; sie können zeichnerisch mit ausreichender Annäherung ermittelt werden, der Krümmungsmittelpunkt als Schnittpunkt zweier benachbarter Flankenlote und der Krümmungshalbmesser als Strecke von ihm zur Flanke ϱ_1, ϱ_2 in Abb. 1.12b, ϱ_4, ϱ_5 in Abb. 1.13.

Bei Getrieberädern, die miteinander kämmen, sind zwei Fälle möglich: 1. Die Krümmungen haben gleiches Vorzeichen, es sind beide Flanken erhaben (Abb. 1.54); die Flächenpressungen werden verhältnismäßig hoch. 2. Die Krümmungen haben verschiedenes Vorzeichen, eine hohle Flanke kämmt mit einer erhabenen (Abb. 1.15 und 1.24); die Flächenpressungen werden wesentlich geringer.

7. Zusätzliche Bedingungen für Getrieberäder.

Sollen zwei Räder als Getrieberäder miteinander kämmend Leistungen übertragen, so bestehen über die Einhaltung des Verzahnungsgesetzes und über die Beachtung der erwähnten Verwendbarkeit der Eingriffslinie hinaus noch folgende Bedingungen:

1. Abmessungen. Beide Räder müssen gleichen Modul, d. h. auch gleiche Teilung, haben. Die Zahndicke ist um das Flankenspiel gegenüber der Lückenbreite zu verringern. Die Fußhöhe ist um das Kopfspiel größer als die Kopfhöhe zu halten.

2. Form der Eingriffslinie. Da der Kopf des Rades mit dem Fuß des Gegenrades zusammen kämmt, muß die Eingriffslinie der Kopfflanke mit derjenigen der Fußflanke des Gegenrades übereinstimmen.

Für *Satzräder*, das sind Räder, die sich bei gleichem Modul unabhängig von der Zähnezahl untereinander beliebig zu Getrieben vereinigen lassen, wird für die Eingriffslinie weiterhin gefordert, daß ihre Zweige beiderseits des Wälzpunktes zu diesem spiegelbildlich, verkehrt symmetrisch, liegen (Abb. 1.23).

Dementsprechend sind für Getrieberäder nach der Form der Eingriffslinie nur wenige Verzahnungen eingeführt: *Zykloidenverzahnung* mit einer Eingriffslinie aus zwei Kreisbögen und *Evolventenverzahnung* mit gerader Eingriffslinie. In Sonderfällen (Schneckengetriebe) wird neuerdings auch *Kreisbogenverzahnung* verwendet.

8. Verzahnte Formteile.

Die Mannigfaltigkeit der Formteile, die als Verzahnungen hergestellt werden können, ist außerordentlich groß: Kettenräder verschiedener Ausführung, Keilwellenfräser, Sperräder, Kerbverzahnungen, Vielkante u. a. m. (Abb. 1.25). Als Werkzeuge zur Herstellung kommen in Frage Schneidräder oder hinterschliffene Fräser. Die ersteren können auch innen verzahnte Teile erzeugen, die letzteren sind namentlich für Profile mit großer Verzahnungsbreite wie Keilwellen vorzuziehen.

Das *Schneidrad* bekommt ein Profil als Gegenrad zu dem herzustellenden Profil nach Abb. 1.13. Der *Fräser* wird als Zahnstange aufgefaßt, seine Verzahnung ist deshalb nach Abb. 1.12a zu entwerfen.

Besondere Sorgfalt ist auf die *Wahl des Wälzkreises* zu legen, der hier nicht wie bei den Getrieben kinematisch bestimmt ist. Seine Lage soll die größtmögliche Eingriffsdauer ergeben. Dies läßt sich zeichnerisch und in Sonderfällen rechnerisch ermitteln. An und für sich wächst die Eingriffsdauer mit kleiner werdendem Wälzkreis [Stück CE_a der Eingriffslinie in Abb. 1.27 und Betrachtung zu Gl. (1.25d)]. Die Größe des Wälzkreises ist jedoch durch die Bedingung des stetig von außen nach innen Verlaufens der Eingriffslinie begrenzt, wie in Abb. 1.14 erläutert war. Ein Wendepunkt von ihr darf nicht innerhalb des Profilaußendurchmessers liegen. (Punkt E_g in Abb. 1.27.)

Berechnung des Werkzeugprofiles für geradliniges Werkstückprofil [35, 36].

Für ein geradflankiges Profil des Werkstückes ist im folgenden (Abb. 1.27) das Wälzfräserprofil als Zahnstange ermittelt (Abb. 1.26).

Gegeben: Werkstückflanke $P_a P_i$, Kopfkreishalbmesser r_a, Fußkreishalbmesser r_t, Berührungshalbmesser ϱ, Berührungspunkt B, Winkel α zwischen Flanke und Außenhalbmesser, Phasenwinkel φ als Parameter bei Drehung der Flanke.

Vorerst angenommen: Wälzkreishalbmesser r_w und Wälzpunkt C.

Gesucht: 1. Gleichung der Flankenlinie.

Nach der Abbildung ergibt sich

$$y = OG + GF.$$

Nach dem Sinussatz im Dreieck OGP_a gilt OG $= \dfrac{r_a \sin \alpha}{\sin (90° + \varphi)} = r_a \dfrac{\sin \alpha}{\cos \varphi}$. Aus Dreieck GFE folgt $GF = x \operatorname{tg} \varphi$. Mithin

$$y = \frac{r_a \sin \alpha}{\cos \varphi} + x \operatorname{tg} \varphi. \tag{1.23}$$

2. Gleichung des Flankenlotes durch Wälzpunkt C.

$$y = r_w - x \cdot \operatorname{ctg} \varphi. \quad \text{(Das letztere aus } \varDelta CEF.) \tag{1.24}$$

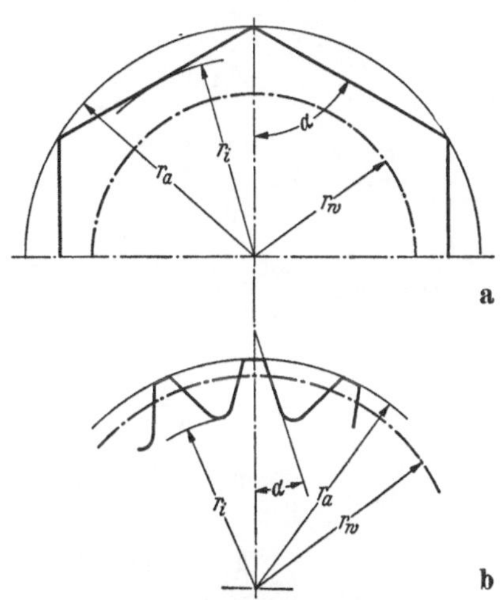

a

b

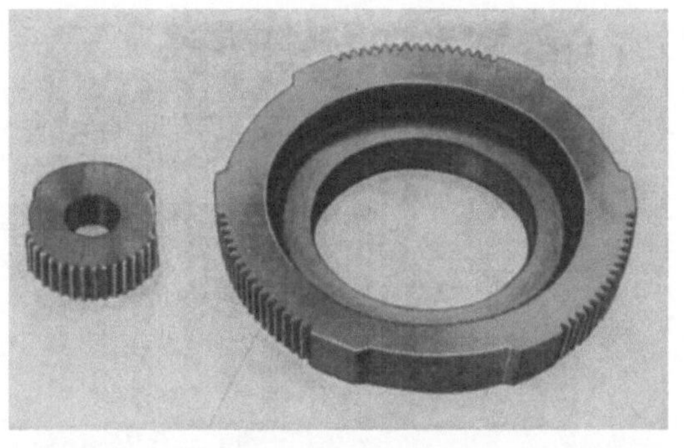

c

d

Abb. 1.25 a bis d. Im Wälzverfahren nach den Gesetzen der Verzahnung hergestellte Wälzteile. Teile c und d mit Schneidrad gestoßen. (Werkfoto der Maschinenfabrik Lorenz.)

3. Gleichung der Eingriffslinie. a) In rechtwinkligen Koordinaten, x_e, y_e. Die Punkte der Eingriffslinie liegen auf der gegebenen Flanke und auf dem Flankenlot entsprechend dem Verzahnungsgesetz. Die Eingriffspunkte ergeben sich daher durch Gleichsetzen der Gln. (1.23) und (1.24).

$$\frac{r_a \sin \alpha}{\cos \varphi} + x_e \operatorname{tg} \varphi = r_w - x_e \operatorname{ctg} \varphi.$$

$$x_e = r_w \sin \varphi \cos \varphi - r_a \sin \alpha \sin \varphi. \tag{1.25a}$$

Der Wert von Gl. (1.25a) in Gl. (1.24) eingesetzt, ergibt

$$y_e = r_w \sin^2 \varphi + r_a \sin \alpha \cos \varphi. \tag{1.25b}$$

b) Ausgedrückt durch den Radiusvektor r und φ

$$r^2 = x_e^2 + y_e^2.$$

Nach Einsetzen obiger Werte unter Verwendung des Winkels α' zwischen Profil und Radius des Wälzkreises.

$$r^2 = r_w^2 (\sin^2 \varphi + \sin^2 \alpha'). \tag{1.25c}$$

oder

$$\sin\varphi = \sqrt{\left(\frac{r}{r_w}\right)^2 - \sin^2\alpha'} \tag{1.25d}$$

oder bei Benutzung von Gl. (1.25f)

$$\sin\varphi = \frac{1}{r_w}\sqrt{r^2 - r_a^2 \sin^2\alpha}. \tag{1.25e}$$

Der Winkel α' bestimmt sich aus der Beziehung in den Dreiecken $P_a O B$ und $P_w O B$

$$\varrho = r_a \sin\alpha = r_w \sin\alpha',$$

mithin

$$\sin\alpha = \frac{r_a}{r_w}\sin\alpha. \tag{1.25f}$$

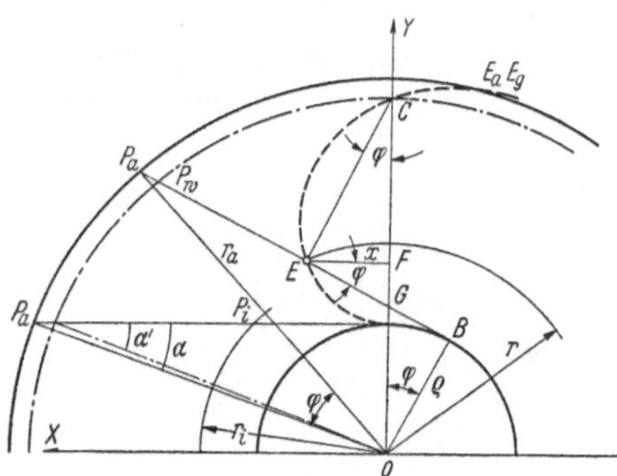

Abb. 1.26. Gegebenes geradflankiges Profil zur analytischen Berechnung der Eingriffslinie und des Gegenprofils.

Auch die Gln. (1.25a) und (1.25b) lassen sich durch Einführung dieses Winkels vereinfachen.

Drückt man nach den Beziehungen der Gl. (1.25d) die Differenz des größten und kleinsten Winkels $(\varphi_a - \varphi_i)$ als Wert, der die Eingriffsdauer wiedergibt, durch die gegebenen Größen von r_a und r_i aus, so ergibt sich aus der ersten Ableitung von $(\varphi_a - \varphi_i)$ oder aus der Tatsache, daß r_w im Nenner steht, daß seine Größe mit kleiner werdendem r_w steigt.

4. *Bestimmung des Größtwertes φ_g und y_g der Eingriffslinie.* Aus Gl. (1.25b) ergibt sich:

$$\frac{dy}{d\varphi} = 2 r_w \sin\varphi_g \cos\varphi_g - r_a \sin\alpha \sin\varphi_g = 0.$$

$$\cos\varphi_g = \frac{r_a}{2 r_w}\sin\alpha = \frac{\sin\alpha'}{2}. \tag{1.25g}$$

$$y_g = r_w\left(1 - \frac{r_a^2}{4 r_w^2}\sin^2\alpha\right) + \frac{r_a^2 \sin^2\alpha}{2 r_w} = r_w + \frac{r_a^2}{4 r_w}\sin^2\alpha. \tag{1.25h}$$

$$x_g = -\frac{r_a \sin\alpha}{4 r_w}\sqrt{4 r_w^2 - r_a^2 \sin^2\alpha}. \tag{1.25i}$$

Für r_a ergibt sich nach Gl. (1.25c), wenn dafür der Höchstwert r_g gewählt wird und dementsprechend φ_g nach Gl. (1.25g) eingesetzt wird:

$$r_a^2 = x_e^2 + y_e^2.$$

$$r_w = r_a\sqrt{1 - 0{,}75\sin^2\alpha}. \tag{1.26}$$

Ist der Wälzkreis nach dieser Beziehung gewählt, dann erhält man die größtmögliche Eingriffsdauer.

5. *Gleichung der Werkzeugflanke (Fräser) als Zahnstangenprofil* mit den Ordinaten x_z, y_z.

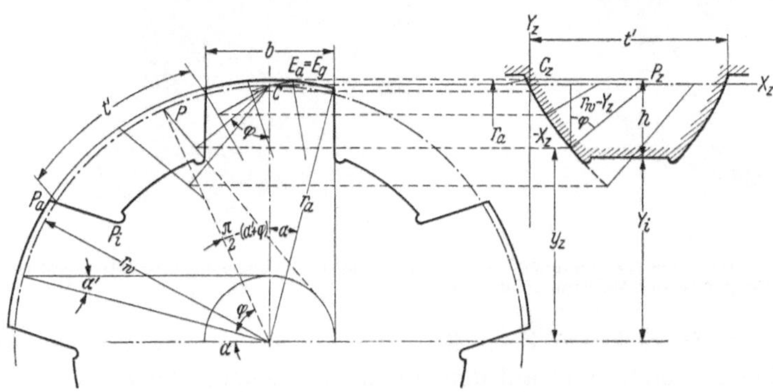

Abb. 1.27. Keilwelle zum Rechenbeispiel. Form nach DIN 2223.
$C P = [\pi/2 - (\alpha' + \varphi)] r_w.$

Entsprechend der Konstruktion der Gegenflanke (Abb. 1.12a) sind die Wälzbögen $b' = C P$ des gegebenen Profiles (Werkstück) gleich dem abgewickelten Bogen der Zahnstange (Werkzeug) $C_z P_z$. Die Ordinaten y_e der Eingriffslinie gelten auch für die Ordinaten y_z der Zahnstange. Dementsprechend nach Gl. (1.25b):

$$y_z = r_w(\sin^2\varphi + \sin\alpha' \cos\varphi). \tag{1.27}$$

Nach Abb. 1.27 ist die variable Bogenlänge $b' = r_w\left(\frac{\pi}{2} - (\alpha' + \varphi)\right)$. Nach der Abb. 1.28 ist:
$- x_z = b' - (r_w - y_z)\,\mathrm{tg}\,\varphi.$

$$x_z = (r_w - y_z)\,\mathrm{tg}\,\varphi - r_w\left(\frac{\pi}{2} - (\alpha' + \varphi)\right). \tag{1.28}$$

Hiernach sind die Abszissen zu berechnen. Mit den Werten für y_z nach Gl. (1.27) kann x in Abhängigkeit von Parameter φ ausgedrückt werden.

6. Höhe des Fräserprofiles. Das Profil ist bis B auswälzbar. Für einen gewünschten Innenradius r_i kommt Punkt e_i zum Eingriff. Man bestimmt φ_i nach Gl. (1.25d) für r gleich r_i und y_i nach Gl. (1.25b) mit φ_i. Dann ist:

$$h = r_a - y_i. \tag{1.29}$$

Beispiel. Es ist das Fräserprofil für eine Keilwelle nach Abb. 1.27 mit $r_a = 40$ mm, $r_i = 30$ mm, Breite $b = 20$ mm zu entwerfen. (Nicht genormte Werte.) $\quad \sin\alpha = \dfrac{b}{2\,r_a} = \dfrac{20}{2\cdot 40} = 0{,}25\,;$

$$r_w = 40\sqrt{1 - 0{,}75\cdot 0{,}25^2} = 39{,}1 \text{ mm}. \tag{1.26}$$

$$\sin\alpha' = \frac{40}{39{,}1}\cdot 0{,}25 = 0{,}25575\,; \qquad \alpha' = 14°\,49'5''. \tag{1.25f}$$

$$\cos\varphi_g = \frac{\sin\alpha'}{2} = 0{,}12787\,; \qquad \varphi_g = 82°\,39'11''. \tag{1.25g}$$

$$\sin\varphi_i = \sqrt{\left(\frac{r_i}{r_w}\right)^2 - \sin^2\alpha'} = \sqrt{\left(\frac{30}{39{,}1}\right)^2 - 0{,}25575^2} = 0{,}724\,; \qquad \varphi_i = 46°\,23'. \tag{1.25d}$$

$$y_i = 39{,}1\,(\sin^2 46°23' + 0{,}25575\cos 46°23') = 27{,}55 \text{ mm}. \tag{1.27}$$

$$h = 40 - 27{,}55 = 12{,}45 \text{ mm}. \tag{1.29}$$

Zur Bestimmung der Ordinaten x_z und y_z gibt man φ verschiedene Werte zwischen $82°\,39'11''$ und $46°23'$, z. B. $\varphi = 50°$:

$$y_z = 39{,}1\,(\sin^2 50° + 0{,}25575\cos 50°) = 29{,}37 \text{ mm}\,; \tag{1.27}$$

$$x_z = (39{,}1 - 29{,}37)\,\mathrm{tg}\,50° - 39{,}1\,(1{,}57 - (\widehat{\alpha' + 50°})) = 5{,}59 \text{ mm}. \tag{1.28}$$

Auf diese Weise lassen sich so viele Punkte berechnen, wie zur Bestimmung des Fräserprofiles notwendig erscheinen.

B. Stirnräder mit geraden Zähnen.

I. Die geometrische Form des starren Getriebezahnes.

1. Zykloidenverzahnung.

Verwendet man als Eingriffslinie innerhalb eines Wälzkreises $(O_1 r_w)$ ein Stück eines Eingriffskreises $(M_1 \varrho_1)$ (Abb. 1.28), so gehen die Flankentangenten eines beliebigen Punktes B der Eingriffslinie, die nach dem Verzahnungsgesetz senkrecht PC (C Wälzpunkt) stehen müssen, durch den anderen Endpunkt D des Durchmessers CM_1, da CPD ein rechter Winkel sein muß. Beim Durchlaufen der Eingriffslinie dreht sich somit die Kurventangente um D und hüllt dabei das Zahnprofil ein. Beträgt ihre Winkelgeschwindigkeit ω_1', so gilt

$$r_w\,\omega_1 = 2\,\varrho_1\,\omega_1'.$$

Da der Winkel $\delta = 2\,\gamma$ ist, dreht sich dabei der Halbmesser $M_1 P$ des Eingriffskreises mit einer Geschwindigkeit $\omega_1'' = 2\,\omega_1'$, so daß die vorstehende Gleichung auch geschrieben werden kann:

$$r_w\,\omega_1 = \varrho_1\,\omega_1''.$$

Dies besagt, daß die Geschwindigkeit im Wälzkreise gleich jener ist, mit der der Eingriff im Eingriffskreise fortschreitet. Dieses Verhalten bedeutet, daß der Eingriffskreis sich am Umfang des Wälzkreises abwälzt. Punkt C des Eingriffskreises beschreibt somit eine *Zykloide* als Zahnflanke.

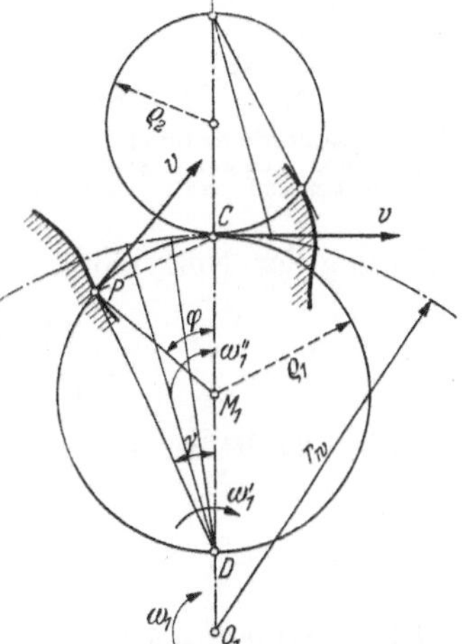

Abb. 1.28. Kreisförmige Eingriffslinie führt zur Zykloidenverzahnung.

Die kreisförmige Eingriffslinie führt somit zur Zykloidenverzahnung.

a) Zeichnerische Ermittlung der Zykloidenverzahnung.

Um Kopf und Fuß der Flanken zu erhalten, werden zwei zu beiden Seiten des Wälzpunktes C liegende Kreise mit den Halbmessern ϱ_1 und ϱ_2 als Eingriffslinie gewählt (Abb. 1.29). Die Zahnflanken entstehen als Bahnen des Punktes C beim Wälzen dieser beiden Kreise auf den Wälzkreisen r_{w1} und r_{w2}. Bei Außenrädern liefert das Abrollen des außenliegenden Kreises den Kopfteil als Epizykloide, das Wälzen des innenliegenden Kreises in entgegengesetzter Richtung den Fußteil der Zahnflanke als Hypozykloide.

Zunächst werden auf den Wälz- und Eingriffskreisen gleiche Bogenstücke, z. B. *3 4*, *3'4'* und *3''4''*, abgetragen. Zwei in gleicher Bogenentfernung vom Wälzpunkt C abstehende Punkte des Wälz- und Eingriffskreises bilden mit C ein Dreieck, das nun auf gleicher Grundlinie symmetrisch übertragen wird. Die übertragene Dreieckspitze ist dann der gesuchte Zykloidenpunkt.

Nach den Bezeichnungen und der Beschriftung von Abb. 1.30 erhält man als

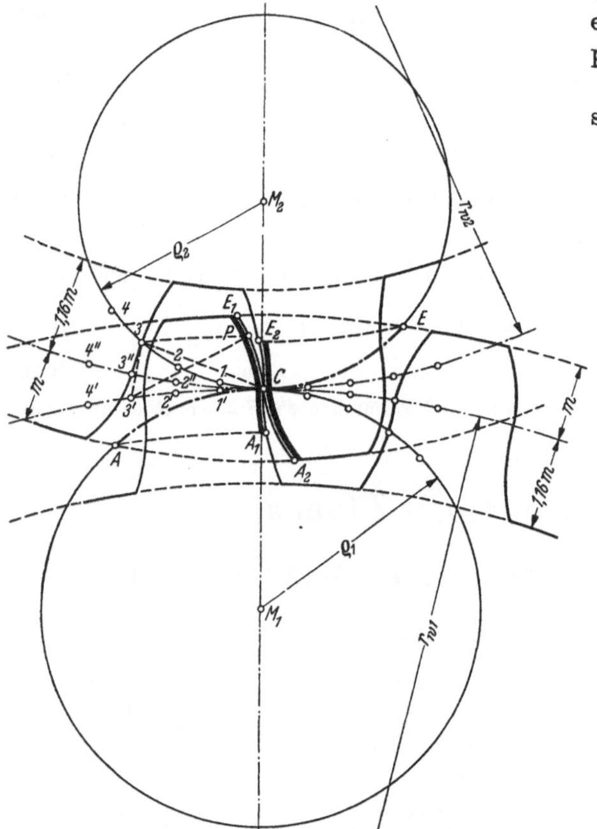

Abb. 1.29 Zeichnerische Ermittlung der Zykloidenverzahnung des Außengetriebes. Flankenpunkt *P* wird aus Dreieck *C 3'3* dadurch erhalten, daß man *C 3 = 3'P* und *3'3 = C P* macht.

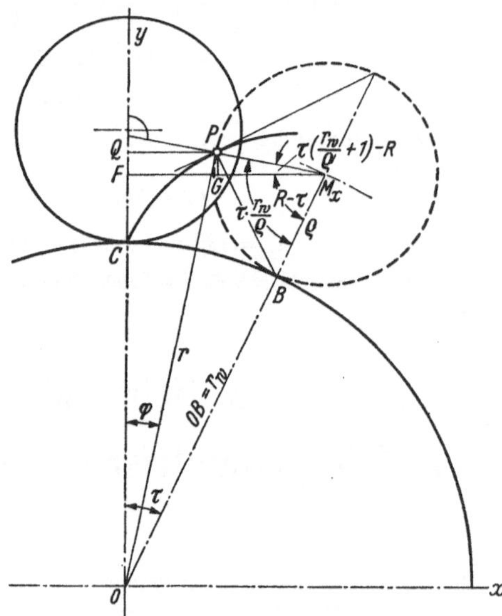

Abb. 1.30. Gleichung der Epizykloide. (Kopf der Außen- und Fuß der Innenverzahnung.) $\widehat{CB} = \widehat{BP}$, Winkel $PM_xB = \tau\, r_w/\varrho$.

$$y = OQ = OF + FQ;\ FQ = PG$$
$$= (r_w + \varrho)\cos\tau + \varrho \sin[\tau(r_w/\varrho + 1) - R]$$
$$= (r_w + \varrho)\cos\tau - \varrho \cos[\tau(r_w/\varrho + 1)],$$
$$x = FM_x - M_xG$$
$$= (r_w + \varrho)\sin\tau - \varrho\cos[\tau(r_w/\varrho + 1) - R]$$
$$= (r_w + \varrho)\sin\tau - \varrho\sin[\tau(r_w/\varrho + 1)].$$

Gleichung der Epizykloide mit Parameter τ, dem Wälzwinkel ($\varrho = \varrho_1$ gesetzt):

$$x = \varrho_1(r_w/\varrho_1 + 1)\sin\tau - \varrho_1\sin[\tau(r_w/\varrho_1 + 1)]. \tag{1.30a}$$

$$y = \varrho_1(r_w/\varrho_1 + 1)\cos\tau - \varrho_1\cos[\tau(r_w/\varrho_1 + 1)]. \tag{1.30b}$$

Abb. 1.31 liefert entsprechend die Gleichung der Hypozykloide:

$$x = \varrho_2(r_w/\varrho_2 - 1)\sin\tau - \varrho_2\sin[\tau(r_w/\varrho_2 - 1)]. \tag{1.31a}$$

$$y = \varrho_2(r_w/\varrho_2 - 1)\cos\imath + \varrho_2\cos[\tau(r_w/\varrho_2 - 1)]. \tag{1.31b}$$

In Polarkoordinaten (r, φ) folgt aus $r^2 = x^2 + y^2$ und $\operatorname{tg}\varphi = y/x$ für die Epizykloide:

$$r = \varrho_1\sqrt{r_w/\varrho_1(r_w/\varrho_1 + 2) - 2(r_w/\varrho_1 + 1)\cos(r_w/\varrho_1\,\tau) + 2}\,; \tag{1.30c}$$

$$\operatorname{tg}\varphi = \frac{(r_w/\varrho_1 + 1)\cos\tau - \cos(r_w/\varrho_1 + 1)\,\tau}{(r_w/\varrho_1 + 1)\sin\tau - \sin(r_w/\varrho_1 + 1)\,\tau}; \tag{1.30d}$$

für die Hypozykloide:

$$r = \varrho_2 \sqrt{r_w/\varrho_2 \, (r_w/\varrho_2 - 2) - 2\,(r_w/\varrho_2 - 1)\cos(r_w/\varrho_2 \cdot \tau) + 2}\,; \qquad (1.31\,\mathrm{c})$$

$$\operatorname{tg}\varphi = \frac{(r_w/\varrho_2 - 1)\cos\tau + \cos(r_w/\varrho_2 - 1)\,\tau}{(r_w/\varrho_2 - 1)\sin\tau - \sin(r_w/\varrho_2 - 1)\,\tau}\,; \qquad (1.31\,\mathrm{d})$$

Die Eingriffslinie besteht aus den beiden Bogenstücken $\widehat{AC}$ und $\widehat{CE}$, die durch ihre Abwälzung auf den Wälzkreisen hier auch gleich der Eingriffslänge e sind (Abb. 1.29). Im Sinne der Gl. (1.19) gilt sonach für die *Eingriffsdauer:*

$$\varepsilon = \frac{\widehat{ACE}}{t}. \qquad (1.32)$$

Der *Zahndruck* N, der senkrecht auf der Flanke steht, ist im Wälzpunkt C tangential gerichtet, fällt also in Größe und Richtung dort mit der Umfangskraft U zusammen; je weiter der Eingriffspunkt von C entfernt liegt, desto mehr weichen die Richtungen von N und U voneinander ab.

b) Verhältnis r_w/ϱ.

Die Gestalt der Zykloidenflanke ist abhängig vom Verhältnis r_w/ϱ, wie die Gln. (1.30) und (1.31) zeigen. Alle Zykloiden mit dem gleichen Wert dieses Verhältnisses sind untereinander ähnlich. Dementsprechend ist die Wahl dieses Verhältnisses maßgebend für die Verzahnungseigenschaften.

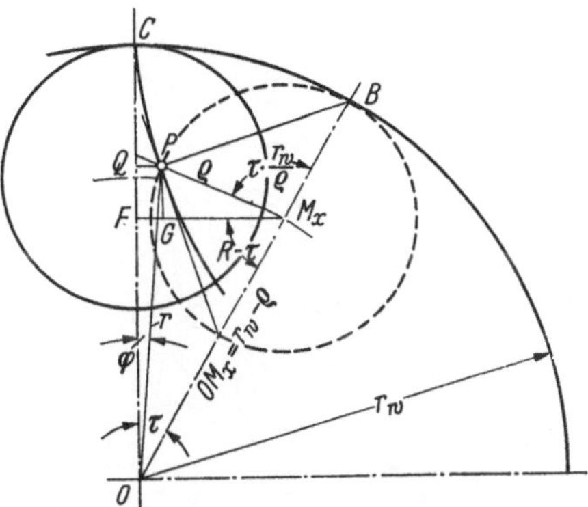

Abb. 1.31. Gleichung der Hypozykloide. (Fuß der Außen- und Kopf der Innenverzahnung.)
$\widehat{CB} = \widehat{BP}$, Winkel $PM_xB = \tau\,r_w/\varrho$.　Winkel
$PM_xG = 2\,R - (R - \tau) - \tau\cdot r_w/\varrho$
$\quad = R - \tau\,(r_w/\varrho - 1).$
$y = OQ = OF + FQ = (r_w - \varrho)\cos\tau +$
$\quad + \varrho\sin[R - \tau\,(r_w/\varrho - 1)] = (r_w - \varrho)\cos\tau +$
$\quad + \varrho\cos[(r_w/\varrho - 1)\,\tau],$
$x = FM_x - M_xG = (r_w - \varrho)\sin\tau -$
$\quad - \varrho\cos[R - \tau\,(r_w/\varrho - 1)] = (r_w - \varrho)\sin\tau -$
$\quad - \varrho\sin[(r_w/\varrho - 1)\,\tau].$

Bei kleinerem Verhältnis r_w/ϱ nähert sich die Fußflanke mehr der radialen Richtung (Abb. 1.32). Die Festigkeit des Zahnfußes wird geringer. Auch die Gleitung wird vergrößert, da der Fußteil A_1C und der Kopfteil A_2C (Abb. 1.29) stärkeren Längenunterschied voneinander erhalten.

Dagegen führt die Vergrößerung des Eingriffskreises zu einer Erhöhung der Eingriffsdauer, zu geringeren Winkeln zwischen den Kräften N und U. Der Krümmungsunterschied zwischen den miteinander kämmenden Flankenteilen von Rad und Gegenrad wird geringer, so daß sich die Anschmiegung etwas verbessert.

Für $r_w/\varrho = 2$ wird die Fußflanke eine radiale Gerade (Uhrenzahnräder) [3] [4].

Als günstiges Verhältnis gilt $r_w/\varrho = 3$.

Für *Satzräder* begnügt man sich jedoch meist mit der Bemessung:

$$r_w/\varrho = 2{,}75\ \mathrm{m}.$$

Macht man so die Rollkreise unabhängig von der Zähnezahl nur vom Modul abhängig, so bekommt man gleiche Eingriffskreise für Kopf und Fuß, verzichtet jedoch darauf, das Beste aus der Verzahnung herauszuholen. Immerhin ergeben sich bis herab zu elf Zähnen leidlich brauchbare Eigenschaften.

Die Zahnhöhe wird gewöhnlich nach Abb. 1.29 ausgeführt.

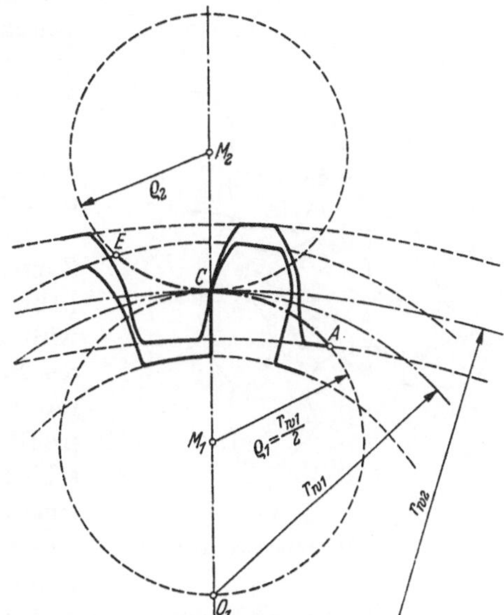

Abb. 1.32. Das Verhältnis $r_w/\varrho = 2$ ergibt als Fußflanken eine radiale Gerade. (Uhrenverzahnung.) Zykloidenverzahnung des Innengetriebes.

Für $r_w/\varrho < 2$ wird der Zahn im Fuß unterschnitten.

Deshalb ist es zweckmäßig, bei Rädern mit kleinster Zähnezahl eine Profilverschiebung vorzunehmen, d. h., den Zahnkopf des Ritzels zu erhöhen und den Zahnfuß in seiner Höhe zu verringern. Dadurch ist ein Ritzel mit nur vier Zähnen (Abb. 1.33) noch ausführbar. Mit den eingetragenen Größen der Eingriffskreise erreicht man die günstigsten Verzahnungsverhält-nisse. Neben der Profilverschiebung muß im Teilkreis, der gleichzeitig Wälzkreis ist, die Zahndicke auf etwa $0{,}6\,t$ vergrößert werden. Die Zahnspitze rundet man ab; ebenso zweckmäßig ist eine Ausrundung der Zahnstangenlücken, weil dadurch die im Teilkreis geschwächten Zähne hinreichend starke Fußansätze erhalten.

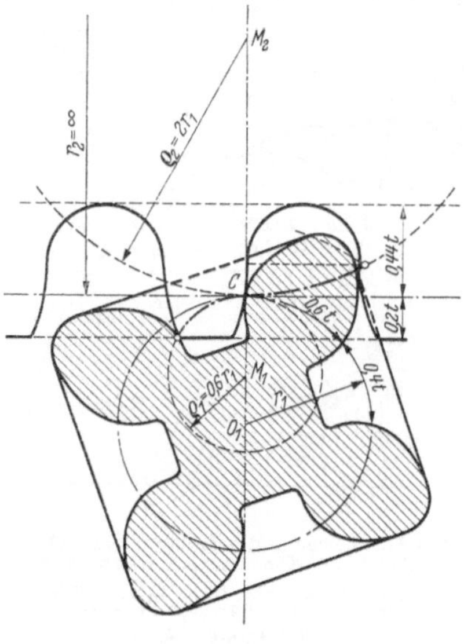

Die Flanken einer *Zahnstange* (Abb. 1.33) erhält man durch das Wälzen des Kopf- und Fußeingriffskreises auf der Wälzgeraden als gemeine Zykloiden. Nach Abb. 1.34 ergeben sich ihre Ordinaten $x,\,y$ zu:

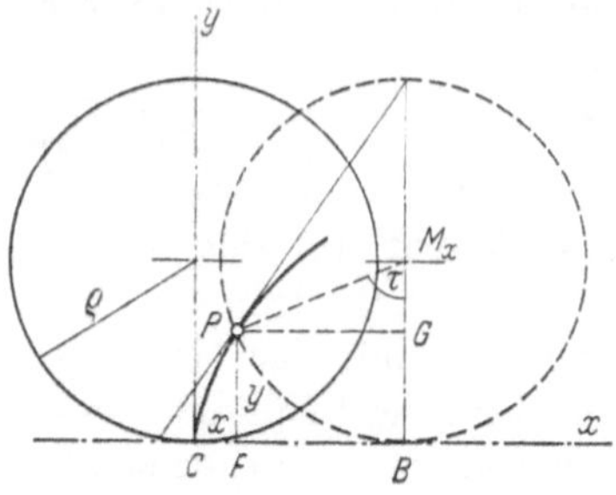

Abb. 1.34. Gleichung der gemeinen Zykloide am Kopf und Fuß der Zahnstange.
$\overline{CB} = \widehat{PB} = \varrho\,\tau, FB = PG = \varrho \sin\tau,$
$x = CB - FB, \; y = PF = BG = BM_x - M_x G = \varrho\,(1 - \cos\tau).$

$$x = \varrho\,(\tau - \sin\tau), \quad (1.33\,\mathrm{a})$$
$$y = \varrho\,(1 - \cos\tau). \quad (1.33\,\mathrm{b})$$

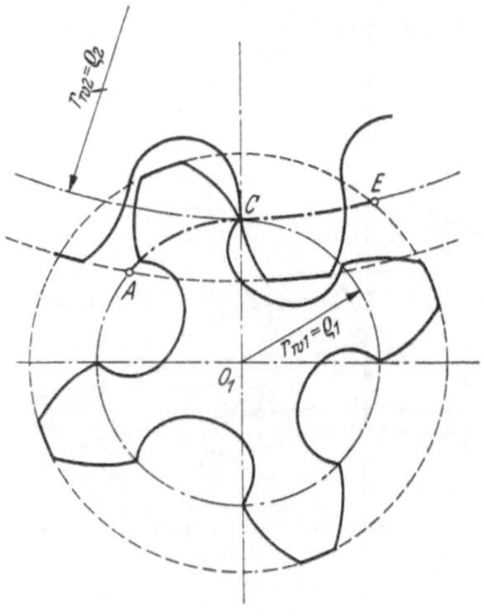

Abb. 1.33. Vierzähniges Ritzel mit Zahnstange in Zykloidverzahnung.

Die in der Abbildung gezeigte Ausrundung des Zahngrundes der Zahnstange ist nur bei sehr kleinen Zähnezahlen des Gegenrades wünschenswert.

c) Einseitige Zykloidenverzahnung.

Bei dem Verhältnis r_w/ϱ gleich 1, also bei gleicher Größe von Eingriffs- und Wälzkreis, schrumpft die Fußflanke in einen am Wälzkreis liegenden Punkt zusammen. Eine derartige Verzahnung nennt man *Punktverzahnung* (Abb. 1.35), der Anschluß des Zahnfußes an den Radkranz erfolgt hier unter Berücksichtigung der relativen Kopfbahn. Da die ganze Kopfflanke nur am Fußpunkt des Gegenzahnes abgleitet, so wird die Wälzkreisstelle rasch abgenutzt. Aus diesem Grunde kann die Punktverzahnung nur für untergeordnete Zwecke ausgeführt werden.

Die Abnutzung wird verringert, wenn Punkt C zu einem Zapfen oder noch besser zu einer Zapfenrolle erweitert wird (Abb. 1.36). Dies führt zur *Triebstockverzahnung*, das Ritzel wird auch als Zapfenzahnrad bezeichnet. Der Mittelpunkt C des Bolzens beschreibt eine Epizykloide, wenn das Triebstockrad auf dem Wälzkreis des Gegenrades abrollt; das Zahnprofil entsteht als Einhüllende der Bolzenkreise in ihren verschiedenen Stellungen. Der Fuß der Zahnlücke wird durch einen Halbkreis begrenzt und die Kopfhöhe so groß bemessen, daß der Eingriffsbogen größer als die Teilung wird.

Abb. 1.35. Punktverzahnung. $r_w/\varrho = 1$.

Diese Verzahnung wird nur für untergeordnete Zwecke verwendet, z. B. für Schützenaufzüge mit Zahnstange (Abb. 1.37). Genaue Herstellung dieser Verzahnung ist möglich, wenn das Schneidwerkzeug als Fräser mit dem Bolzendurchmesser versehen wird und sich wie die Zahnbolzen bewegt.

Einen Sonderfall der Triebstockverzahnung bildet das *Malteserkreuz* [5]. Es wird als *unterbrochener* Trieb vielfach als Schaltelement gebraucht. Der einzige Ritzelzahn besteht aus einem Bolzen; am Rad ist ein radialer Schlitz mit Fußausrundung als Zahnlücke, in den der Bolzer radial ein- und austritt. Je mehr Schlitze das Rad trägt, desto kleiner wird der Durchmesser des Ritzels. Meist werden 4 bis 6 Schlitze verwendet. Der Abtrieb ist periodisch. Bei n Schlitzen und einem Bolzen legt das Rad $1/n$ Umläufe bei jeder vollen Ritzeldrehung zurück. Erfordert der Umlauf T min, so steht das Rad während der Zeit $T(n-1)/n$ min still (Abb. 1.38).

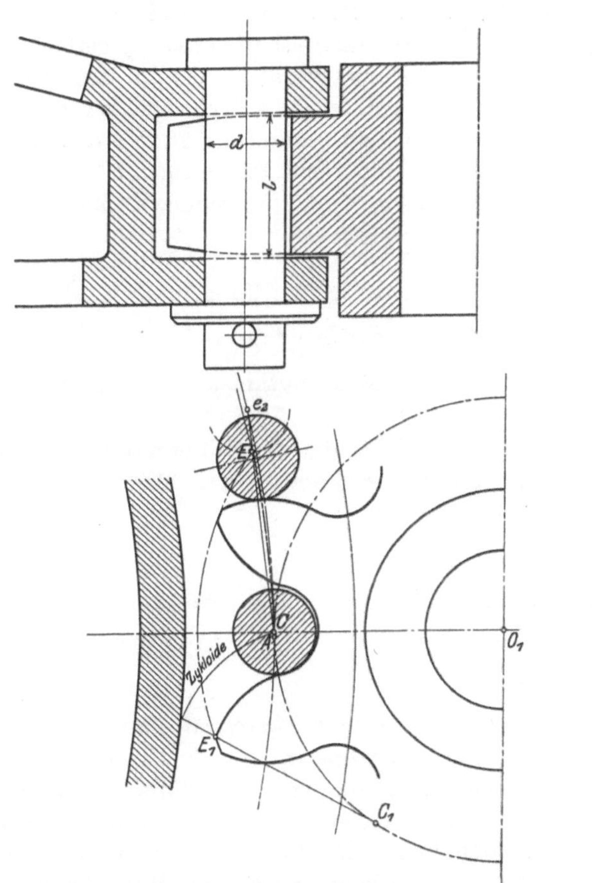

Abb. 1.36. Triebstockrad.

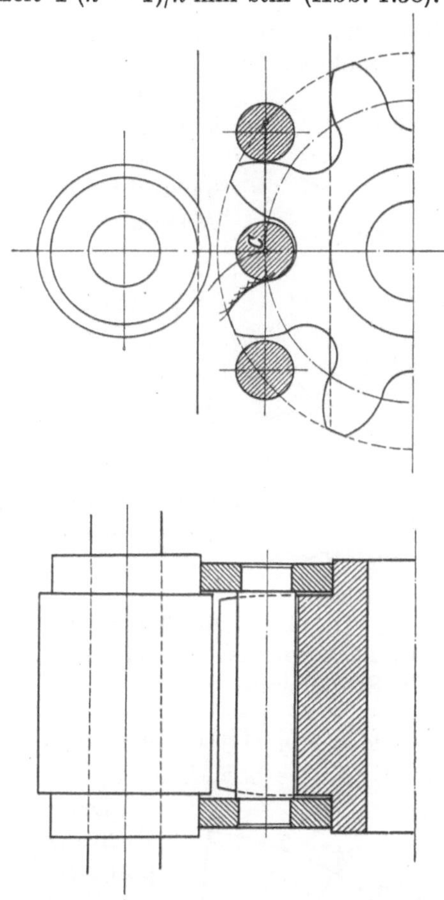

Abb. 1.37. Triebstockzahnstange. Bolzenlänge $l = 3,6\,d$ für GE-Zähne, $l = 1,8\,d$ für Zähne aus St. oder Stg.

Auch für größere Leistungen werden Zykloidverzahnungen *einseitig* ausgeführt, d.h., der Zahn des einen Rades besteht nur aus dem Kopf, der des Gegenrades nur aus dem Fußteil. Der Wegfall der wechselnden Krümmung an einer Zahnflanke erleichtert die Herstellung wesentlich. Der verringerte Überdeckungsgrad kann durch Verwendung von schrägen Zähnen ausgeglichen werden. (Siehe Bd. 2.) Satzräder sind so nicht ausführbar, da die Eingriffslinie unsymmetrisch zum Wälzpunkt liegt [6].

d) Verzahnungseigenschaften der Zykloidräder.

Vorteilhaft ist die Möglichkeit, sehr kleine Zähnezahlen zu verwenden. *Nachteilig* wirkt sich die Notwendigkeit aus, den rechnerischen Achsabstand ge-

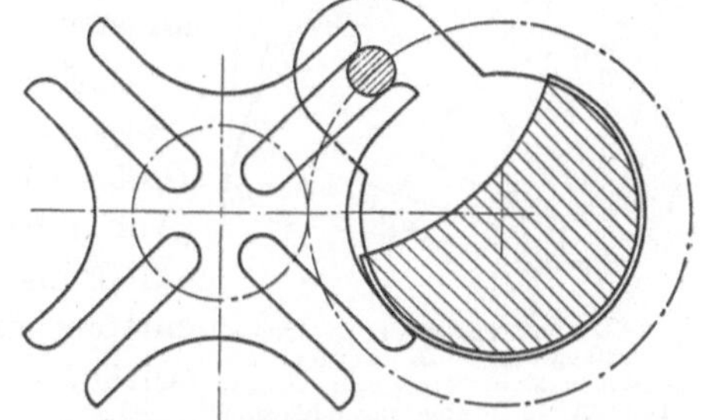

Abb. 1.38. Malteserkreuz als Zapfenzahnrad.

nauestens einzuhalten. Kleine Einbauungenauigkeiten und elastische Durchbiegungen verhindern die günstige Auswirkung der guten Flankenanschmiegung. Die Doppelkrümmung der Flanken (mit Ausnahme der einseitigen Verzahnung), die auch bei der Zahnstange vorhanden ist, erschwert die genaue Herstellung.

Aus diesen Gründen ist die Zykloidverzahnung nahezu ausschließlich durch die Evolventenverzahnung verdrängt worden. Zykloidräder sind fast nur bei Instrumenten, Uhren u. dgl. in Gebrauch.

2. Evolventenverzahnung.

a) Die Geometrie der Evolvente [12, 13].

Die Evolvente. Im meist verwendeten Falle bildet die Eingriffslinie eine Gerade E_1E_2 durch den Wälzpunkt C, deren Abstand von der Radmitte O als Grundkreishalbmesser r_g bezeichnet wird. Für einen beliebigen Eingriffspunkt P der Flanke mit den Polarkoordinaten r und φ fällt dann das Flankenlot nach dem Wälzpunkt mit der Eingriffslinie zusammen, die Flankentangente T_1T_2 steht somit senkrecht auf E_1E_2. Halbmesser r bildet mit der Tangente und dem Abstand OB (Abb. 1.39) den gleichen Winkel α, demnach gilt:

$$r = r_g/\cos\alpha. \tag{1.34}$$

In Polarkoordinaten gilt allgemein für den Tangentenwinkel α

$$\operatorname{tg}\alpha = r\,d\varphi/dr = r\,d\varphi/d\alpha \cdot d\alpha/dr.$$

Aus Gl. (1.34) folgt $dr/d\alpha = r_g\,\sin\alpha/\cos^2\alpha$, mithin $d\varphi/d\alpha = \operatorname{tg}^2\alpha$ oder $\int \operatorname{tg}^2\alpha\,d\alpha = \int d\varphi$.

Führt man die Integration zur Lösung der Differentialgleichung durch und bestimmt die Integrationskonstante so, daß für $\alpha = 0$ auch $\varphi = 0$ wird, so ergibt sich:

$$\varphi = \operatorname{tg}\alpha - \operatorname{arc}\alpha, \tag{1.35a}$$

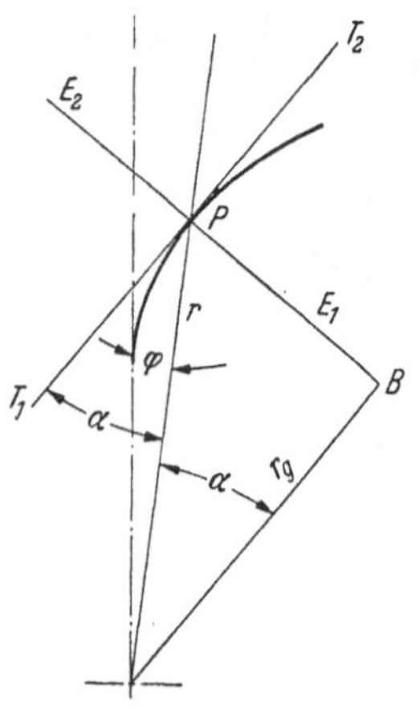

Abb. 1.39. Gerade Eingriffslinie ergibt Evolventen als Zahnflanken.

für die rechte Seite dieser Gleichung ist die Bezeichnung evα (sprich evolvens, im englischen Sprachgebiet inv) eingeführt. Siehe Zahlentafel IV. Es ergibt sich somit die Schreibweise

$$\varphi = \operatorname{ev}\alpha. \tag{1.35b}$$

Die beiden Gln. (1.34) und (1.35) sind die Gleichungen einer *Kreisevolvente* (im folgenden kurz als Evolvente bezeichnet) in Polarkoordinaten mit *Pressungswinkel* α als Parameter.

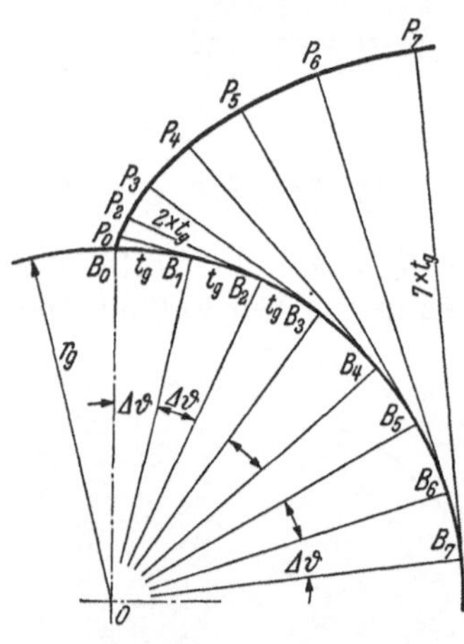

Die Evolvente ist eine Spirale, die vom Grundkreis in radialer Richtung ausgeht. Sie besteht aus zwei Zweigen, und zwar einem positiven mit positiven Drehungswinkeln α, ϑ und φ, und einem negativen Zweig mit entsprechend negativen Winkelwerten. Beide Zweige bilden eine Spitze am Grundkreis (Abb. 1.42).

Satz 1. *Ist die Eingriffslinie eine Gerade, so sind die Zahnflanken Kreisevolventen.*

Die Zahnflanken können somit unmittelbar als Evolventen konstruiert werden.

2. Satz. *Die Evolvente wird durch den Endpunkt eines straff gezogenen Fadens beschrieben, der von einem Grundkreis mit dem Halbmesser r_g abgewickelt wird. (Allgemeine Begriffsbestimmung.)* (Abb. 1.40.) Trägt man gleiche Strecken t_g auf dem Grundkreis auf (Punkte B_0 bis B_7), die jeweils dem gleichen *Fadenwinkel* $\Delta\vartheta$ entsprechen, zieht in B die Kreistangenten und trägt die Bogenstücke, z. B. B_0B_2, als abgewickelte Stücke der Fadengeraden auf den Tangenten vom Berührungspunkt B_2 aus ab bis P_2, so erhält man insgesamt die Punkte P_1 bis P_7 als Evolventenpunkte. Die Tangenten stellen die verschiedenen Stellungen der Fadengeraden dar.

Abb. 1.40. Konstruktion der Evolvente. Vom Anfangspunkt B_0 werden die Bogenstücke z. B. $2 \cdot B_0B_1$ usw. auf der Tangente in B_2 abgetragen bis zum Evolventenpunkt P_2 usw.

Weitere mathematische Beziehungen neben den Polargleichungen 35 der Evolvente mit dem Parameter α entstehen, wenn die Kurve mit dem *Fadenwinkel* ϑ als Parameter ausgedrückt wird. Der Zusammenhang zwischen dem Pressungswinkel α und dem Wälzwinkel ϑ ist durch G. (1.36) gegeben.

$$\operatorname{tg}\alpha = \vartheta. \tag{1.36}$$

In rechtwinkligen Koordinaten ergibt Abb. 1.41 die Beziehungen für den allgemeinen Fall der abgeänderten Evolvente. Diese wird von einem Punkt P beschrieben, der einen senkrechten Abstand p von dem Endpunkt E der Fadengeraden hat, der selbst die gewöhnliche Evolvente beschreibt. Ist p positiv nach innen gerichtet, so erhält man eine *Schleifenevolvente*[1], liegt p negativ nach außen, so erscheint eine *Wellenevol-vente*[1]. Für die Schleifenevolvente ergibt sich in rechtwinkligen Koordinaten:

$$x_s = r_g (\sin\vartheta_s - \vartheta \cos\vartheta_s) - p \sin\vartheta_s, \quad (1.37\,\text{a})$$

$$y_s = r_g (\cos\vartheta_s + \vartheta_s \sin\vartheta_s) - p \cos\vartheta_s. \quad (1.37\,\text{b})$$

In Polarkoordinaten:

$$r_s = \sqrt{x_s^2 + y_s^2} = r_g \sqrt{\vartheta_s^2 + (1 - p/r_g)^2}, \quad (1.38\,\text{a})$$

$$\operatorname{tg}\varphi = x_s/y_s = \frac{\operatorname{tg}\vartheta_s (1 - p'r_g) - \vartheta_s}{\vartheta_s \operatorname{tg}\vartheta_s + (1 - p,r_g)}. \quad (1.38\,\text{b})$$

Setzt man für p den Wert $(-p)$, so ergeben sich die entsprechenden Gleichungen für die Wellenevolvente.

Für $p = 0$ erhält man die Gleichungen der gewöhnlichen Evolvente:

$$x = r_g (\sin\vartheta - \vartheta \cos\vartheta), \quad (1.39\,\text{a})$$

$$y = r_g (\cos\vartheta + \vartheta \sin\vartheta), \quad (1.39\,\text{b})$$

$$r = r_g \sqrt{\vartheta^2 + 1}, \quad (1.40\,\text{a})$$

$$\operatorname{tg}\varphi = \frac{\operatorname{ev}\vartheta}{1 + \vartheta \operatorname{tg}\vartheta}. \quad (1.40\,\text{b})$$

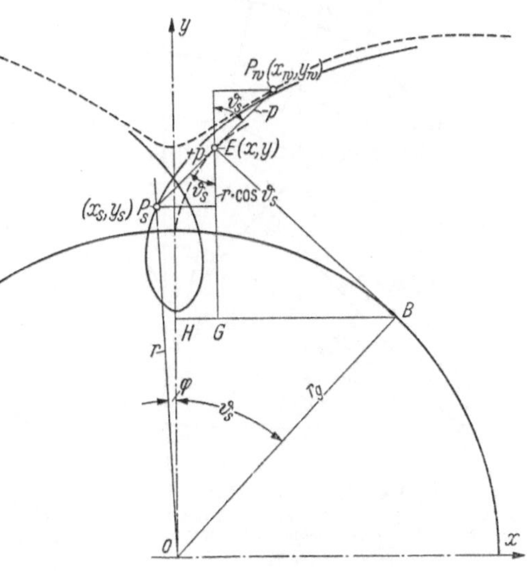

Abb. 1.41. Gleichung der Evolvente und der abgeänderten Evolvente. (Schleifenevolvente ausgezogen, Wellenevolvente gestrichelt.)

Evolvente $\qquad x = HB - BG,\ y = OH + GE,$
Schleifenevolvente $x_s = x - p \sin\vartheta_s,\ y_s = y - p \cos\vartheta_s,$
Wellenevolvente $\ x_w = x + p \sin\vartheta_s,\ y_w = y + p \cos\vartheta_s.$

Krümmung. Die Bewegung des Punktes P der Fadengeraden hat nach Abb. 1.40 im Berührungspunkt B ihr Momentanzentrum. B ist somit der Mittelpunkt des Krümmungskreises. Für den Krümmungshalbmesser gilt:

$$\varrho = r_g \operatorname{tg}\alpha = r_g \vartheta, \quad (1.41\,\text{a}) \qquad\qquad \varrho = r \sin\alpha. \quad (1.41\,\text{b})$$

Satz 3. *Der Berührungspunkt B der Fadengeraden ist Krümmungsmittelpunkt.* Der Krümmungshalbmesser ist sonach am Grundkreis null und wächst von da an stetig. Beide miteinander

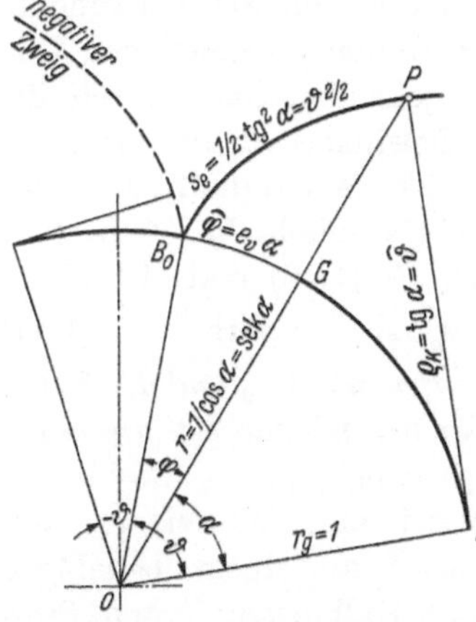

Abb. 1.42. Größenbezeichnungen der Einheitsevolvente mit $r_g = 1$. Für gegebene Werte von r_g sind die Strecken mit r_g zu vervielfachen. Die Winkel bleiben unverändert.

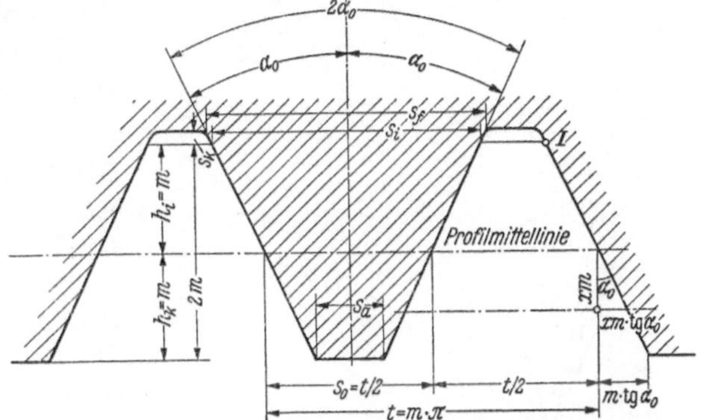

Abb. 1.43. Evolventenzahnstange mit geradlinigen Flanken. Eingriffswinkel α_0, Flankenwinkel $2 \cdot \alpha_0$. Profilhöhe nach DIN, allgemein $h_k = \xi m$.

kämmenden Flanken sind bei Außengetrieben erhaben — ungünstig für die Flächenpressungen — für Innengetriebe kämmt eine hohle mit einer erhabenen Flanke. Bei der Zahnstange wird r_g und somit auch ϱ unendlich. Mithin:

Satz 4. *Die Zahnstangenflanke mit Evolventenverzahnung ist eine gerade Linie* (Abb. 1.43).

---

[1] Diese Ausdrücke sind von KUTZBACH an Stelle der unklaren älteren Bezeichnungen als verkürzte und verlängerte Evolvente eingeführt.

Für den *Evolventenbogen* s_e gilt [Gl. 1.39)] nach allgemeinen mathematischen Gesetzen $ds_e^2 = dx^2 + dy^2 = r_g^2\,\vartheta^2\,d\vartheta^2$.

$$s_e^2 = r_g \int_0^\vartheta \vartheta\,d\vartheta = r_g\,\frac{\vartheta^2}{2}. \tag{1.42}$$

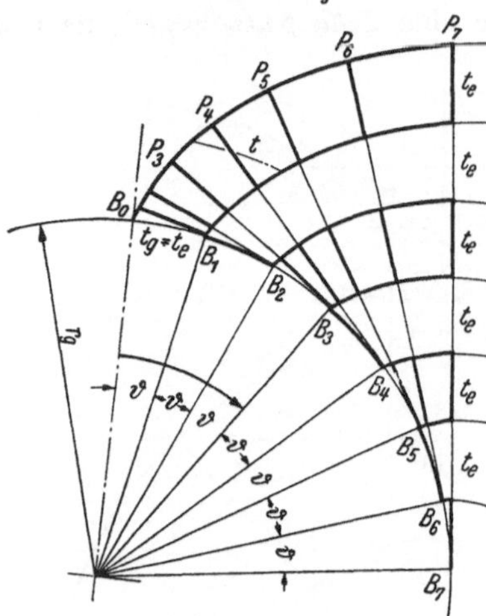

Abb. 1.44. Evolventenschar. t Umfangsteilung, t_e Eingriffsteilung, t_g Grundkreisteilung. Die Kurvenschar ist äquidistant. $\overline{B_3 P_3} = \overparen{B_0 B_3}$.

Die Bogenlänge wächst also sehr rasch mit ϑ^2. Zu gleichen Winkelzunahmen gehören in Abb. 1.40 außen wesentlich größere Bogenstücke als innen nahe am Grundkreis.

Die in gleiche Abstände $t_e = t_g$ geteilte Fadengerade erzeugt die auf derselben Seite liegenden Flanken eines Zahnrades. Ihr Abstand ist die *Eingriffsteilung* t_e, sie erscheint auf dem Grundkreis als Grundkreisteilung t_g (Abb. 1.44). Zur Umfangsteilung t besteht die Beziehung

$$t_e = t_g = t\cos\alpha_0 = 2\,\pi \cdot r_g/z. \tag{1.43}$$

Für die Teilung t_r an einem beliebigen Halbmesser r und dem Pressungswinkel α gilt:

$$t_r = t\,r/r_0 = t\,r_g/\cos\alpha : r_g/\cos\alpha_0 = t\cos\alpha_0/\cos\alpha. \tag{1.43a}$$

Aus der Konstruktion der Evolventen aus der in gleiche Abstände t_e eingeteilten Fadengeraden ergibt sich nach Abb. 1.44:

Satz 5. *Eine Schar von Evolventen ist abstandsgleich (äquidistant).*

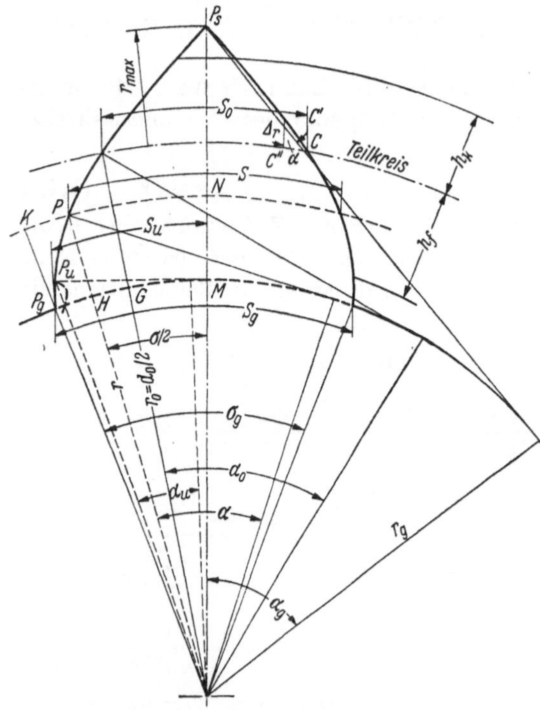

Abb. 1.45. Der Evolventenzahn vom Grundkreis bis zum Schnittpunkt P_s der Flanken.
$$s/2 = PN = HM \cdot r/r_g = (P_g M - P_g H)\,r/r_g,$$
$$P_g M = r_g \cdot \mathrm{ev}\,\alpha_g,\quad P_g H = r_g\cos\alpha;\quad r = m/z_2 \cdot \frac{\cos\alpha_0}{\cos\alpha}.$$

b) Der Evolventenzahn.

Zwei gegeneinander laufende Evolventen des gleichen Grundkreises r_g schließen den Evolventenzahn ein (Abb. 1.45). Äußersten Falles können die Flanken innen am Grundkreis beginnen und außen bis zum Schnittpunkt P_s der Flanken reichen. Der verwendete Evol'vententeil wird in den verschiedenen Verzahnungssystemen gekennzeichnet durch die Angabe des Eingriffswinkels α_0 als des Pressungswinkels am Teilkreis und die Angabe der Kopfhöhe h_k und der Fußhöhe h_f. Es besteht die Beziehung [vgl. Gl. (1.16) und (1.34)]

$$\cos\alpha_0 = r_g/r_0 = 2\,r_g/mz. \tag{1.44}$$

Die Wahl des Eingriffswinkels α_0 und der Zahnhöhen ermöglicht eine weitgehende Beeinflussung der Verzahnungseigenschaften.

Die *Zahndicke* sei am Teilkreis $\widehat{s}_0$, am Grundkreis $\widehat{s}_g$ und $\widehat{s}$ an einem beliebigen Flankenpunkt P mit Halbmesser r und Pressungswinkel α. Der größtmögliche Pressungswinkel in Punkt P_s sei α_g. Nach Abb. 1.45 gilt im Sinne von Gl. (1.35b) für die Zahndicke $\widehat{s}$ an einem beliebigen Halbmesser $\widehat{s}/2 = (\mathrm{ev}\,\alpha_g - \mathrm{ev}\,\alpha)\,r$

$$\widehat{s} = (\mathrm{ev}\,\alpha_g - \mathrm{ev}\,\alpha)\,\frac{\cos\alpha_0}{\cos\alpha}\,mz. \tag{1.45}$$

Ist die Dicke s_0 am Teilkreis gegeben, tritt in obiger Gleichung an Stelle von α der Wert α_0; zur Bestimmung von α_g ergibt sich dann:

$$\mathrm{ev}\,\alpha_g = \widehat{s}_0/mz + \mathrm{ev}\,\alpha_0. \tag{1.46}$$

Wird im allgemeinen Falle die Flankenevolvente außerhalb des Grundkreises am Pressungswinkel α_u unterschnitten, reicht sie also nur bis zum Punkt P_u in Abb. 1.45 (siehe auch S. 26), so geht Gl. (1.45) zur Bestimmung der Fußdicke s_u an der Unterschnittstelle über in

$$\widehat{s}_u = (\mathrm{ev}\,\alpha_g - \mathrm{ev}\,\alpha_u)\,\frac{\cos\alpha_0}{\cos\alpha_u}\,z\,m\,. \tag{1.47}$$

Reicht die Flanke ohne Unterschneidung bis zum Grundkreis, also bis zum Pressungswinkel $\alpha = 0$, Punkt P_g in Abb. 1.45, so erhält man die Zahndicke am Grundkreis als größte vorkommende Zahndicke überhaupt [Gl. (1.45) für $\alpha = 0$].

$$\widehat{s}_g = \mathrm{ev}\,\alpha_g\,\cos\alpha_0\,mz = 2\,r_g\,\mathrm{ev}\,\alpha_g\,. \tag{1.48a}$$

Für radiale Zahnflanke innerhalb des Grundkreises ergibt sich nach Abb. 1.67 für die Fußstärke s_f

$$\widehat{s}_f = \widehat{s}_g\,r_f/r_g\,. \tag{1.48b}$$

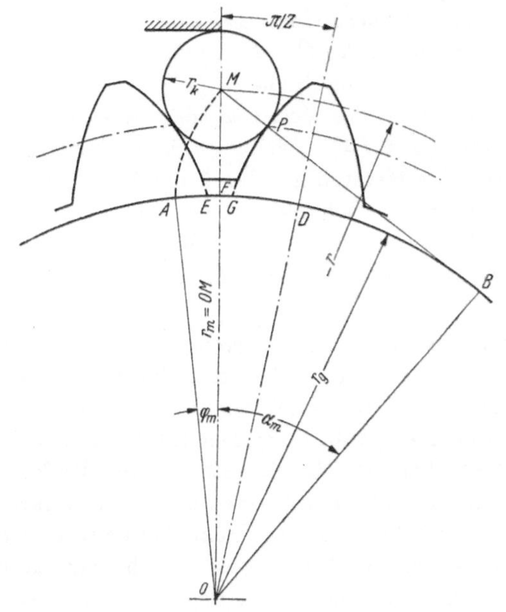

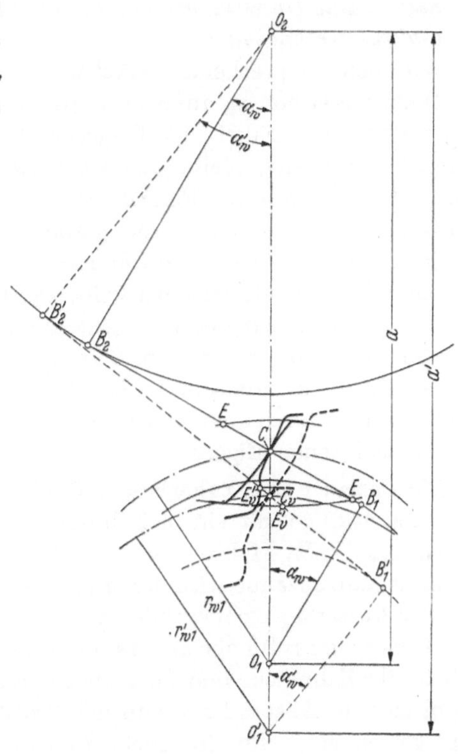

Abb. 1.46. Bestimmung der Lückenweite durch eingelegte Kugel.
$r_g\,\varphi_m = AG + GD - DF,\; AG = r_k,\; GD = s_g/2,\; DF = r_g\,\pi/z.$

Abb. 1.47. Vergrößerung des Achsabstandes von a auf a'.

Aus den Bogenmaßen s der Gln. (1.45), (1.47) und (1.48) sind auch die zugehörigen Dickenwinkel σ (Abb. 1.45) und die Sehnen $\overline{s}$ bestimmt zu:

$$\sigma^\circ = 360\,\widehat{s}/2\,r_g\,\pi = 57{,}3\,\widehat{s}/r_g\,, \tag{1.49a}$$

$$\overline{s} = 2\,r\,\sin\sigma/2\,. \tag{1.49b}$$

Die Lückenweite zwischen den Zahnflanken kann durch den Mittenabstand einer Kugel oder Rolle mit dem Halbmesser r_k zur Messung benutzt werden, die in der Lücke liegt (Abb. 1.46). Der Kugelmittelpunkt M liegt auf einer zur Flanke abstandsgleichen Evolvente. Nach den Beziehungen der Abbildung erhält man für den Pressungswinkel α_m, der für den Kugelmittelpunkt gilt,

$$\varphi_m = \mathrm{ev}\,\alpha_m = r_k/r_g + \widehat{s}_g/2\,r_g - \pi/z\,. \tag{1.50a}$$

Für den Halbmesser der Kugelmitte r_m besteht die allgemeine Beziehung

$$r_m = r_g/\cos\alpha_m\,. \tag{1.50b}$$

c) Die Paarung der Evolventenräder.

Satz 6. *Zwei Räder mit evolventischen Zahnflanken können gepaart werden, wenn sie gleiche Grundkreisteilung haben.*

Zur Eingriffslinie wird dann diejenige Fadengerade, die bei beiden Rädern die gleiche Richtung hat. Dies ist die gemeinschaftliche Tangente an beide Grundkreise (Abb. 1.47).

Satz 7. *Eingriffslinie miteinander kämmender evolventischer Zahnräder wird die Tangente an die Grundkreise dieser Evolventenflanken.*

Der Schnittpunkt dieser Tangente mit der Mittellinie O_1O_2 wird zum Wälzpunkt C. In ihm berühren sich die Wälzkreise beider Räder. O_1C bzw. O_2C sind die Wälzkreishalbmesser. Der Pressungswinkel im Wälzpunkt C ist Wälzwinkel α_w. Auf Grund der Begriffsbestimmung der Gl. (1.02) und der Zusammenhänge der Gl. (1.34) läßt sich für das Übersetzungsverhältnis i schreiben:

$$i = d_{w2}/d_{w1} = d_{w2} \cos\alpha_w / d_{w1} \cos\alpha_w = r_{g2}/r_{g1}. \tag{1.51}$$

In Worten heißt das:

Satz 8. *Das Übersetzungsverhältnis der Evolventenzahnräder ist durch das Verhältnis der Grundkreishalbmesser bestimmt.*

Wird dementsprechend der Achsabstand dieser Zahnräder von a auf a' vergrößert, so wachsen die Wälzwinkel von α_w auf α'_w und die Wälzkreishalbmesser von r_w auf r'_w, aber infolge der unveränderten Ähnlichkeit der Dreiecke O_1B_1C und O_2B_2C einerseits, der Dreiecke $O'_1B'_1C'$ und $O'_2B'_2C'$ andrerseits, bleibt das Übersetzungsverhältnis i unverändert. Es wird lediglich eine andere Fadengerade zur Eingriffsgeraden und die Eingriffsstrecke EE wird auf $E'_vE'_v$ verkürzt. Deshalb kommen praktisch nur geringe Veränderungen von a in Frage.

Satz 9. *Die Evolventenverzahnung ist gegen Veränderungen des Achsabstandes unempfindlich.*

Diese Eigenschaft tritt bei keiner anderen Verzahnung auf und ist ein wesentlicher Grund für die Überlegenheit der Evolventenverzahnung. Bei der Herstellung durch ein Verzahnungselement im Wälzverfahren, z. B. durch eine Zahnstange als Schneidwerkzeug, kann der *Erzeugerwälzkreis* anders sein als bei dem späteren Lauf im Getriebe, also anders als der *Getriebwälzkreis*. Hierdurch können bei Verwendung eines einzigen genormten Werkzeuges Verzahnungen mit verschiedenen Eigenschaften erzeugt werden.

Die Paarung mit Zahnstange. Profilverschiebung. Besondere Wichtigkeit hat die Paarung einer Zahnstange mit einem Zahnrad, weil sie den Grenzfall darstellt und außerdem bei verschiedenen Wälzverfahren die Grundlage der Fertigung für die Radflanken bildet. Die Form der Zahnstangenzähne wird daher als *Bezugsprofil* bezeichnet (Abb. 1.43). Der Eingriffswinkel α_0 und der Abstand gleichliegender Zahnflanken — entsprechend der Umfangsteilung des Rades — bleibt über die Profilhöhe unverändert. Bevorzugt ist nur die *Profilmittellinie*, und zwar dadurch, daß auf ihr Zahndicke und Lückenweite die gleiche Größe $t/2$ haben. Bei einem Flankenwinkel α_0 ergibt sich im Abstand xm von der Profilmittellinie — positive Werte von x nach dem Zahnkopf gerechnet — für die Lückendicke s der Zahnstange, die nach dem folgenden der Zahndicke des Rades im Teilkreis entspricht:

$$s = t/2 + 2\,xm\,\mathrm{tg}\alpha_0 = 2\,m\,(\pi/4 + x\,\mathrm{tg}\alpha_0). \tag{1.52}$$

Profilverschiebung. Kämmt eine Zahnstange mit einem Rade oder wird sie als Schneidwerkzeug im Wälzverfahren zur Erzeugung der Zahnlücken verwendet, immer ist ihre geradlinige Wälzgeschwindigkeit v an jeder Stelle der Profilhöhe gleich groß. Die Lage des Wälzpunktes C ist also allein von der Drehung des Rades abhängig, er liegt dort, wo die Umfangsgeschwindigkeit des Rades mit v übereinstimmt. Im einfachsten Falle als Ausgangslage für alle Betrachtungen legt man C auf die Profilmittellinie der Zahnstange. Der Wälzkreis des Rades ist auch sein Teilkreis, $d_w = d_0$. Wird beim Schneiden eines Rades die Erzeugungszahnstange um das Maß xm vom Radmittelpunkte O weggeschoben, dann spricht man von *positiver Profilverschiebung*. Eine Verschiebung nach der Radmitte ergäbe eine *negative* Profilverschiebung des Radprofiles. Auch jetzt stimmen auf dem *Erzeugungswälzkreis* des Rades Umfangsgeschwindigkeit und Verschiebungsgeschwindigkeit der Zahnstange überein, ebenso erscheint dort der Eingriffswinkel α_0 der Zahnstange und ihre Teilung t als Umfangsteilung, aber die Zahndicke s_0 des Radzahnes wird jetzt dort um das Maß $2\,xm\,\mathrm{tg}\alpha_0$ vergrößert [(Abb. 1.43) Gl. (1.52)]. Mithin

$$s_0 = 2\,m\,(\pi/4 + x\,\mathrm{tg}\alpha_0). \tag{1.53}$$

Zur Bestimmung des größten Pressungswinkels α_g erhält Gl. (1.46) dann mit dem Wert der Gl. (1.53) die Form:

$$\mathrm{ev}\,\alpha_g = 2\,x/z \cdot \mathrm{tg}\alpha_0 + \pi/2\,z + \mathrm{ev}\,\alpha_0. \tag{1.54}$$

Die Größe der Profilverschiebung bestimmt denjenigen Teil des Evolventenastes, der als eingreifende Flanke benutzt werden soll. Bei allen Verzahnungssystemen handelt es sich darum, das Maß x so zu wählen, daß die für den betreffenden Fall günstigsten Verzahnungseigenschaften erreicht werden.

Grenzzähnezahl. Der innerste Punkt der Eingriffslinie ist ihr Berührungspunkt B mit dem Grundkreis; sollen keine Schwierigkeiten eintreten, muß also dort der Kopf der Zahnstange zum Eingriff kommen. Bei Verwendung einer Zahnstange mit dem Eingriffswinkel α_0 und der Kopfhöhe $h_k = \xi\, m$ — Abrundung für Kopfspiel unberücksichtigt — ergibt sich bei der Profilverschiebung xm nach Abb. 1.48 die Beziehung

$$h_k = \xi\, m = xm + r_0 \sin^2\alpha_0 = m\,(x + z_g/2 \cdot \sin^2\alpha_0).$$

Drückt man den Teilkreishalbmesser r_0 durch die Zähnezahl des Rades aus und bezeichnet diese als die kleinste noch mögliche als Grenzzähnezahl z_g, so geht die erwähnte Beziehung über in

$$z_g = 2\,\frac{\xi - x}{\sin^2\alpha_0}. \tag{1.55}$$

Wird $h_k = m$, also $\xi = 1$, und $x = 0$, ergibt sich:

$$z_g = 2/\sin^2\alpha_0. \tag{1.55a}$$

Je kleiner der Eingriffswinkel und je kleiner x, desto höhere Werte muß die Grenzzähnezahl behalten (Abb. 1.49). Wird die Grenzzähnezahl unterschritten, so erhält die Flanke überflüssige Teile, die nicht zum Eingriff kommen können, oder bei Herstellung im Wälzverfahren durch ein Zahnstangenwerkzeug wird der Zahn „unterschnitten", sofern nicht eine Profilverschiebung angewendet wird, durch die der Eingriff in B endet.

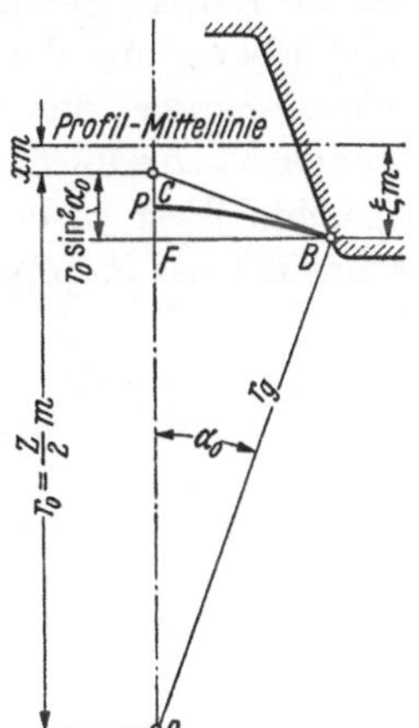

Abb. 1.48. Bestimmung der Grenzzähnezahl. Kopfhöhe der Zahnstange $h_k = \xi\, m$, xm Abstand der Profilmittellinie der Zahnstange vom Wälzpunkt, „Profilverschiebung".

Da die Evolvente jedoch nur bis zum Grundkreis reicht und deshalb die Zahnflanke auch nur bis dort eingriffsfähig ist, bleibt bei der Grenzzähnezahl nur das Stück CP wirksam, während die Lücke viel tiefer, nämlich bis F', zerspant werden muß. Dem Aufwand einer großen Zerspanungstiefe entspricht also nur ein kurzes Nutzstück. Dieser ungünstige Zusammenhang beginnt bereits sobald der Innenkreis (Kopfspiel ungerechnet) kleiner als der Grundkreis ist.

Für den noch eingreifenden Ritzeldurchmesser d_i gilt also als wünschenswert:

$$d_i/2 \geqq r_g = m\,z/2 \cdot \cos\alpha_0$$

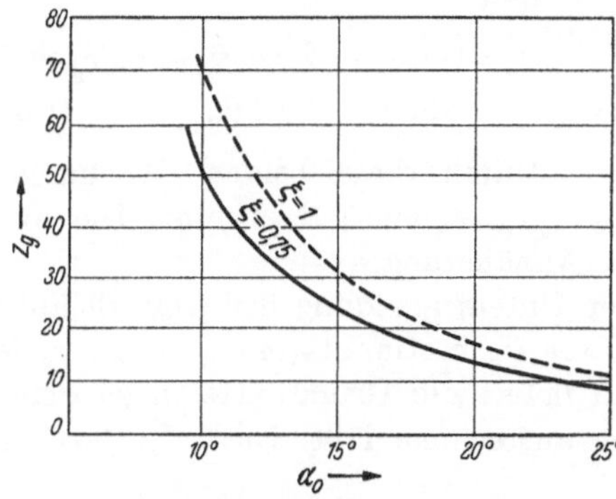

Abb. 1.49. Grenzzähnezahl z_g in Abhängigkeit vom Eingriffswinkel α_0.

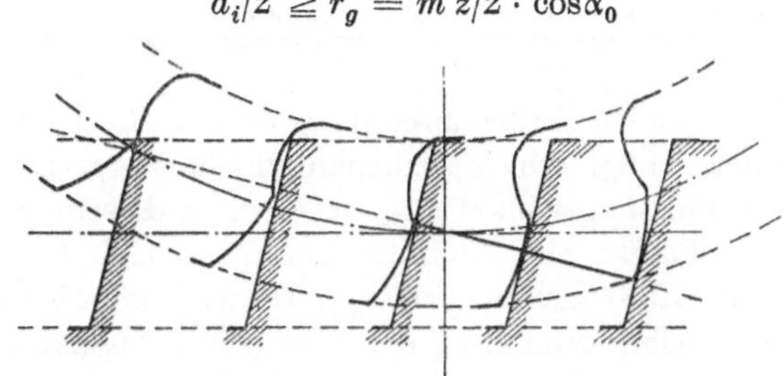

Abb. 1.50. Entstehung der Unterschneidung durch Zahnstange im Wälzverfahren.

oder bei normaler eingreifender Fußtiefe m mit $d_i/2 = m\,z/2 - m$

$$z \geqq 2/(1 - \cos\alpha_0). \tag{1.55b}$$

(Für $\alpha_0 = 20$ ist $z \geqq 33$, wenn $x = 0$.)

Ist die Zähnezahl kleiner, so wird die Gleitung, siehe S. 32, erst unwesentlich, aber dann schneller ungünstig.

Unterschneidung. Sind die Zähnezahlen kleiner als z_g nach Gl. (1.55), so muß das Gegenrad, um seinem Zahnkopf Platz zu schaffen, die innerhalb eines Halbmessers r_u liegenden Fußteile des Zahnes am kleinen Rad unterschneiden. Die Unterschneidung ist um so stärker, je größer die Zähnezahl des unterschneidenden Gegenrades ist. Siehe Abb. 1.50. Bei einer Zahnstange werden die höchsten Werte erreicht. Dieser Fall ist in Abb. 1.51 zugrunde gelegt. Als rechnerisch einfachster Fall ist dort eine Zahnstange zunächst mit dem Eingriffswinkel $\alpha_0 = 0$ der Flanke FK betrachtet, der Grundkreis ist also gleichzeitig Wälzkreis. Dann wälzt sich diese bei stillstehend gedachtem Rad senkrecht auf der Fadengeraden des Grundkreises auf den Mittelpunkt O zu und hüllt dabei in ihren verschiedenen Stellungen die Evolventenflanke des Radzahnes ein. Die Zahnstangenflanke FK tritt als *Erzeugende* auf. Im Punkt G auf dem Grundkreise erreicht sie die radiale Stellung und ragt mit dem Stück $GF_f = u_0$ in den Grundkreis herein. Bei der Weiterbewegung der Zahnstange wälzt sich nun die Zahnflanke aus der Zahnlücke des Rades wieder heraus, den negativen Zweig der Evolvente berührend. Der Kopfpunkt F der Zahnstange beschreibt hierbei eine Schleifenevolvente im Sinne der Gln. (1.37a) bis (1.38b). Der allgemeine Wert p dieser Gleichungen nimmt in diesem Falle die Größe u_0 an. Im Punkte P_u schneidet der Kopfpunkt den eben erzeugten positiven Evolventenzweig, d. h., er zerstört dabei

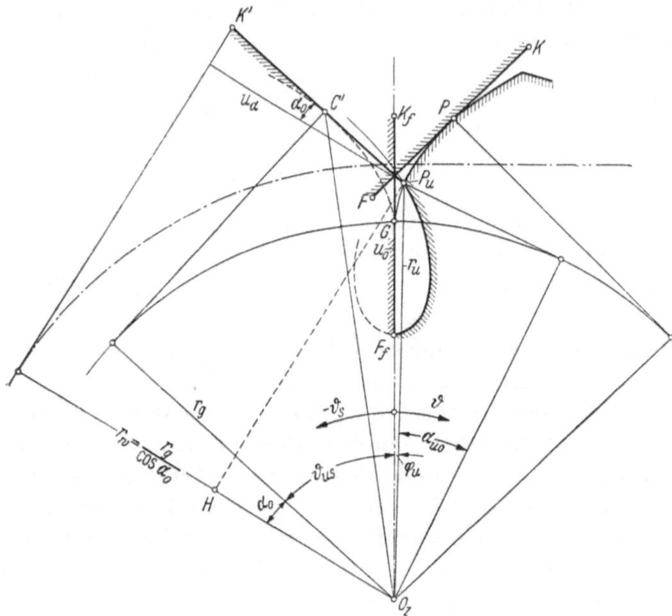

Abb. 1.51. Kopfpunkt der Zahnstange beschreibt eine Schleifenevolvente, wenn er am Berührungspunkt der Eingriffslinie in den Grundkreis hereinragt.

den Fußteil des Radzahnes auf der Strecke GP_u durch *Unterschneidung*.

Da Punkt P_u sowohl dem positiven Evolventenzweig der Flanke als auch der zu dem negativen Zweig gehörigen Schleifenevolvente angehört, gelten für seine Koordinaten r_u, x_u mit dem Parameter ϑ_u sowohl die Gln. (1.38a) und (1.40a) wie auch die Gln. (1.37a) und (1.39a):

$$r_u/r_g = \sqrt{\vartheta_s^2 + (1 - u_0/r_g)^2}$$
$$= \sqrt{\vartheta^2 + 1}$$

oder

$$\vartheta_s^2 = \vartheta^2 + 1 - (1 - u_0/r_g)^2 \quad (1.56)$$

und

$$x_u = \sin\vartheta_s - \vartheta_s \cos\vartheta_s - u_0/r_g \sin\vartheta_s$$
$$= \sin\vartheta - \vartheta \cos\vartheta. \quad (1.57)$$

Durch diese beiden Gleichungen sind die beiden Unbekannten ϑ_s und ϑ für jede Größe u_0/r_g eindeutig bestimmt. Die Ausrechnung erfolgt durch Reihenentwicklung mit beliebiger Annäherung.

Der Pressungswinkel α_{u0}, bei dem in diesem Falle der Unterschneidung der eingriffsfähige Teil der Flanke erst beginnen kann, ist nach Gl. (1.36) aus ϑ_u bestimmt ($\mathrm{tg}\,\alpha_{u0} = \vartheta_u$). r_u ist nach Gl. (1.34) gleich $r_g/\cos\alpha_{u0}$. Dieser vereinfachte Fall liefert die Grundwerte, nach denen sich für jeden Winkel α_0 der Unterschneidungswinkel α_u ausrechnen läßt. Diese Grundwerte sind in Abb. 1.52 aufgetragen.

Geht man im allgemeinen Falle vom Wälzkreis des Rades aus mit seinem Eingriffswinkel α_0, der dem der Zahnstange gleicht, so ergibt sich nach den Beziehungen der Abb. 1.51 für das Stück u_α, um das bei einem beliebigen Eingriffswinkel α_0 der Zahnstangenkopf vom Wälzkreis des Rades nach der Radmitte hineinragt:

$$u_\alpha = r_w - r_u \cos(\alpha_0 + \vartheta_{us} + \varphi_u). \quad (1.58)$$

$$u_\alpha/r_g = 1/\cos\alpha_0 - \frac{\cos(\alpha_0 + \vartheta_{us} + \varphi_u)}{\cos\alpha_u}, \quad (1.58a)$$

diese allgemeinen Gleichungen umschließen auch den bereits berechneten Fall der Unterschneidung mit dem Wert u_0/r_g für den Eingriffswinkel $\alpha_0 = 0$. Sie erhalten dann die Form:

$$\cos(\vartheta_{us} + \varphi_u) = (1 - u_0/r_g) \cos\alpha_{u0}. \quad (1.58b)$$

Aus den bekannten Grundwerten der Abb. 1.52 für α_u bei gegebenem u_0/r_g läßt sich aus dieser Gleichung $(\vartheta_{us} + \varphi_u)$ berechnen, ebenfalls in Abb. 1.52 dargestellt [7]. Damit läßt sich für jeden beliebigen Eingriffswinkel α_0 die Summe $(\alpha_0 + \vartheta_{us} + \varphi_u)$ bilden, und nach Gl. (1.58a) derjenige Wert u_α berechnen, der zu dem gleichen Unterschneidungswinkel α_u gehört wie das in den Gln. (1.56) und (1.57) gegebene u_0. Für $\alpha_0 = 15°$ und $20°$ ist in Abb. 1.53 das Ergebnis der Rechnung dargestellt. Der Unterschneidungswinkel wird 0 für $u_\alpha/r_g = 1/\sin^2\alpha_0$ im Sinne von Abb. 1.49.

Beispiel. Es soll nach den Grundwerten u_0 diejenige Unterschneidung u_α für den Eingriffswinkel $\alpha_0 = 20°$ ermittelt werden, die bei $u_0/r_g = 0{,}1$ denselben Unterschneidungswinkel α_u aufweist.

Nach Abb. 1.52 ist für $u_0/r_g = 0{,}1$ der Unterschneidungswinkel $\alpha_u = 14°50'$ und $\vartheta_{us} + \varphi_u = 29°20'$. Man erhält somit für die Winkelsumme $\alpha_0 + \vartheta_{us} + \varphi_u = 49°20'$ und Gl. (1.58a) lautet:

$$u_\alpha/r_g = 1/\cos 20° -$$
$$- \cos 49°20'/\cos 14°50' = 0{,}389.$$

Auf diese Weise läßt sich für jeden Eingriffswinkel eine entsprechende Kurve der Abhängigkeiten zeichnen. Wird ein Rad mit 14 Zähnen mit $\alpha_0 = 20°$ ohne Profilverschiebung geschnitten, so gilt für Modul 1: $r_0 = 7$; $h_k = u_\alpha = 1$; $r_g = 7 \cos 20° = 6{,}578$; also $u_\alpha/r_g = 1/6{,}578 = 0{,}152$. Dafür ist aus Abb. 1.53 abzulesen: $\alpha_{u0} = 2°$.

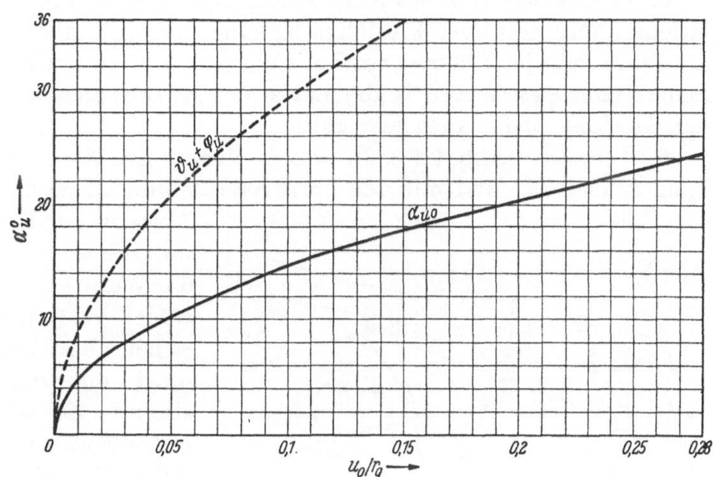

Abb. 1.52. Unterschneidungswinkel α_{u0} für den Eingriffswinkel $\alpha_0 = 0$ der Erzeugungszahnstange und Winkel $\vartheta_{us} + \varphi_u$ der Gl. (1.58b) in Abhängigkeit von u_0/r_g als Grundwerte der allgemeinen Berechnung.
$u_\alpha = CO - HO$, $CO = r_w = r_g/\cos\alpha_0$, $HO = r_u \cos(\alpha_0 + \vartheta_{us} + \varphi_u)$.   Abb. 1.51.

Der Kopfpunkt eines Schneidrades bildet beim Herauswälzen eine verlängerte Epizykloide (Abb. 2.51). Der Unterschneidungspunkt P_u läßt sich in entsprechender Weise ermitteln als Schnittpunkt dieser Zykloide mit der Flankenevolvente.

d) Getriebearten und Achsabstand.

Wenn auch der Achsabstand bei der Evolventenverzahnung nach den Angaben zu Abb. 1.47 keine kinematisch bestimmte Größe darstellt, so ist er doch für die Herstellung der Getriebe grundlegend und wirkt auf die Zahndicke der beiden Räder und auf ihr Flankenspiel zurück.

Als Ausgangspunkt für die Betrachtungen wird das spielfreie Getriebe zugrunde gelegt. Es sind durch die Anwendung

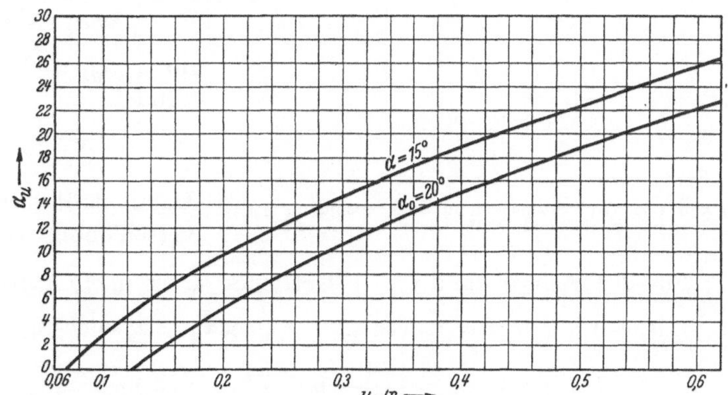

Abb. 1.53. Unterschneidungswinkel α_u für die Eingriffswinkel 15° und 20° in Abhängigkeit vom Abstand $u_\alpha r_g$ vom Erzeugungswälzkreis.

der Profilverschiebung drei verschiedene Fälle möglich (nach den Bezeichnungen von Prof. Kutzbach, die sich allgemein eingeführt haben):

1. O-Getriebe (sprich: Nullgetriebe) (Abb. 1.54). Die Profilverschiebung ist bei beiden Rädern null. $x_1 = x_2 = 0$. Bei der Herstellung im Wälzverfahren berührt bei beiden Rädern die Profilmittellinie der Erzeugungszahnstange den Erzeugungswälzkreis. Im kämmenden Getriebe fällt dieser als Betriebswälzkreis auch mit dem Teilkreis zusammen. Das O-Getriebe galt früher ausschließlich und heute noch vielfach als die normale Getriebeausführung. Unter seinem Einfluß sind im älteren Schrifttum die Begriffe „Teilkreis" und „Wälzkreis" meist nicht unterschieden. Da sich die Teilkreise als gleichzeitige Wälzkreise berühren, gelten die Gln. (1.04), (1.09) und (1.16). Für den Achsabstand a_0 erhält man:

$$a_0 = d_{01/2} + d_{02/2} = (z_1 + z_2)\, m/2 = (1 + i)\, z_1\, m/2 . \tag{1.59}$$

2. VO-Getriebe. Hier wird das Ritzel mit *positiver* Profilverschiebung, das Rad mit absolut gleicher, aber negativer Profilverschiebung geschnitten $x_1 = -x_2$. Dadurch wird beim Ritzel die Zahnstärke im Teilkreis um $2\, x_1\, \mathrm{tg}\,\alpha_0$ vergrößert, beim Rad um denselben Betrag verkleinert. Seine Zähne passen also in die Lücke des Ritzelzahnes am Teilkreis und der Achsabstand a_0 der Gl. (1.59) bleibt auch hier gültig.

3. V-Getriebe (Abb. 1.55). In diesem allgemeinen Falle ist das Ritzel mit der Profilverschiebung x_1 und das Rad mit der Profilverschiebung x_2 geschnitten, dabei gilt $x_1 + x_2 \not\equiv 0$. Der Abstand der Erzeugungswälzkreise von der Profilmittellinie der Erzeugungszahnstange ist durch die Werte x_1 und x_2 gegeben. Beim Einbau der Räder im Getriebe ergibt sich jedoch als gemeinsamer Betriebswälzkreis ein anderer Kreis, der nicht mit den Erzeugungswälzkreisen übereinstimmt. Zu seiner Berechnung ist zunächst der Getriebewälzwinkel α_w zu bestimmen. Die Umfangsteilung t_w auf dem Wälzkreise ist nach Gl. (1.43a) $t_w = t\, \cos\alpha_0/\cos\alpha_w = m\pi\, \cos\alpha_0/\cos\alpha_w$. Sind auf ihm die Zahnstärken von Ritzel und Rad s_{w1} bzw. s_{w2}, so gilt:

$$s_{w1} + s_{w2} = t_w = t\, \cos\alpha_0/\cos\alpha_w .$$

Für die Zahnstärken die Werte der Gl. (1.45) eingesetzt:

$$(\mathrm{ev}\,\alpha_{g1} - \mathrm{ev}\,\alpha_w)\, m\, z_1\, \cos\alpha_0/\cos\alpha_w + (\mathrm{ev}\,\alpha_{g2} -$$
$$- \mathrm{ev}\,\alpha_w)\, m\, z_2\, \cos\alpha_0/\cos\alpha_w = m\,\pi\, \cos\alpha_0/\cos\alpha_w ,$$

$$z_1\, \mathrm{ev}\,\alpha_{g1} + z_2\, \mathrm{ev}\,\alpha_{g2} - \mathrm{ev}\,\alpha_w\, (z_1 + z_2) = \pi ,$$

für $\mathrm{ev}\,\alpha_{g1}$ und $\mathrm{ev}\,\alpha_{g2}$ die Werte der Gl. (1.46) verwendet:

$$\mathrm{ev}\,\alpha_w = \frac{2\,(x_1 + x_2)}{z_1 + z_2}\, \mathrm{tg}\,\alpha_0 + \mathrm{ev}\,\alpha_0 . \tag{1.60}$$

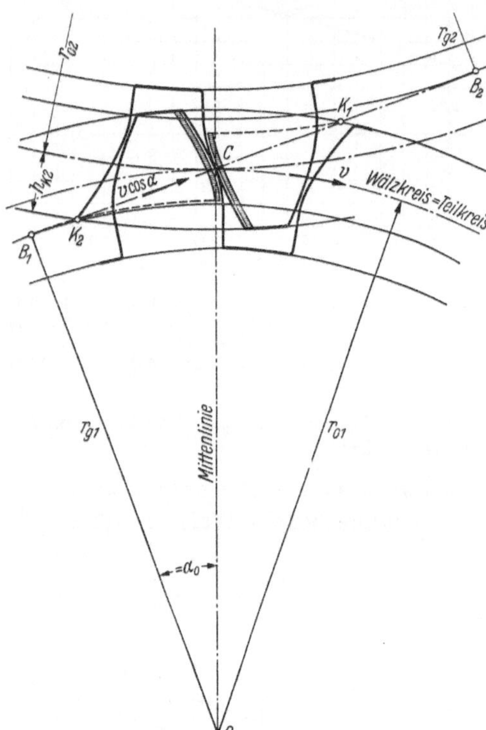

Abb. 1.54. Evolventenverzahnung bei Ausbildung des Außengetriebes als Nullgetriebe. $x_1 = x_2 = 0$.

Damit läßt sich der Wälzwinkel für jede Profilverschiebung von Rad und Ritzel bestimmen.

Für den Achsabstand des *V*-Getriebes a_v ist nach Abb. 1.55:

$$a_v = r_{w1} + r_{w2} = r_{g1}/\cos\alpha_w + r_{g2}/\cos\alpha_w = z_1\, m\, \cos\alpha_0/2\cos\alpha_w + z_2\, m\, \cos\alpha_0/2\cos\alpha_w ,$$

$$a_v = \frac{z_1 + z_2}{2}\, m\, \frac{\cos\alpha_0}{\cos\alpha_w} = a_0\, \cos\alpha_0/\cos\alpha_w . \qquad \text{(Tafel V.)} \tag{1.61}$$

Gegenüber dem Achsabstand a_0 des *O*-Getriebes ergibt sich also beim *V*-Getriebe ein Abstand der Radmittelpunkte, der bei spielfreiem Lauf durch den Faktor $\cos\alpha_0/\cos\alpha_w$ vergrößert wird, wenn $\alpha_w > \alpha_0$ oder, anders ausgedrückt, wenn die Summe der Profilabrückungen positiv bleibt; im anderen Falle erscheint a_v gegenüber a_0 verkleinert.

Auch die Zahnhöhen sind beim *V*-Getriebe besonders zu bestimmen. Die Fußhöhe h_f innerhalb der Teilkreise ergibt sich bei einem Kopfspiel von $s_k m$ zu:

$$h_{f1} = m\,(1 + s_k - x_1), \quad h_{f2} = m\,(1 + s_k - x_2). \tag{1.62a}$$

Die Kopfhöhen h_k werden so gehalten, daß zwischen Kopf und Fuß die Größe $s_k m$ als Spiel bleibt und der Unterschied des Achsabstandes $a_v - a_0$ ausgefüllt wird. Nach Abb. 1.55 erhält man

dann:
$$h_{k1} = a_v - a_0 + h_{f2} - s_k m,$$

$$h_{k1} = a_v - a_0 + m(1 - x_2) = m\left[\frac{z_1 + z_2}{2}\left(\frac{\cos\alpha_0}{\cos\alpha_w} - 1\right) + (1 - x_2)\right]; \qquad (1.62\,\text{b})$$

$$h_{k2} = a_v - a_0 + m(1 - x_1) = m\left[\frac{z_1 + z_2}{2}\left(\frac{\cos\alpha_0}{\cos\alpha_w} - 1\right) + (1 - x_1)\right]. \qquad (1.62\,\text{c})$$

$$d_k = mz + 2h_k, \qquad (1.63\,\text{a}) \qquad\qquad d_f = mz - 2h_f. \qquad (1.63\,\text{b})$$

Ungenauigkeiten der Ausführung und Wärmedehnung nötigen zum Freilassen eines Flankenspieles s_t in tangentialer Richtung am Wälzkreis.

Das notwendige Flankenspiel ergibt sich am einfachsten dadurch, daß man das Erzeugungswerkzeug durch einen entsprechend verstärkten Zahn eine vergrößerte Lücke am Zahnrad schneiden läßt oder um den dreifachen Betrag des gewünschten Flankenspieles tiefer schneidet.

Man erreicht das Flankenspiel auch durch die Vergrößerung der Achsentfernung a um den Betrag Δa. Hierbei rücken die Wälzkreise um die Beträge Δr_{w1} bzw. Δr_{w2} weiter nach außen. Diese Abrückung (Abb. 1.45) $\Delta r = C''C'$ mindert im neuen Wälzkreis die halbe Zahndicke um die Größe $C''C$. Dadurch wird in Umfangsrichtung ein Spiel frei von $C''C = \Delta r \cdot \mathrm{tg}\,\alpha_w$. Die Summe der Beträge von beiden Rädern ist das gesamte tangentiale Flankenspiel s_t.

$$\begin{aligned} s_t &= 2\,(\Delta r_{w1} + \Delta r_{w2})\,\mathrm{tg}\,\alpha_w \\ &= 2\,\Delta a\,\mathrm{tg}\,\alpha_w. \end{aligned} \qquad (1.64)$$

Ein gewünschtes Flankenspiel s_t in der Nähe von $\alpha_w = 20°$ bestimmt Δa somit zu:

$$\Delta a = 1{,}4\,s_t. \qquad (1.64\,\text{a})$$

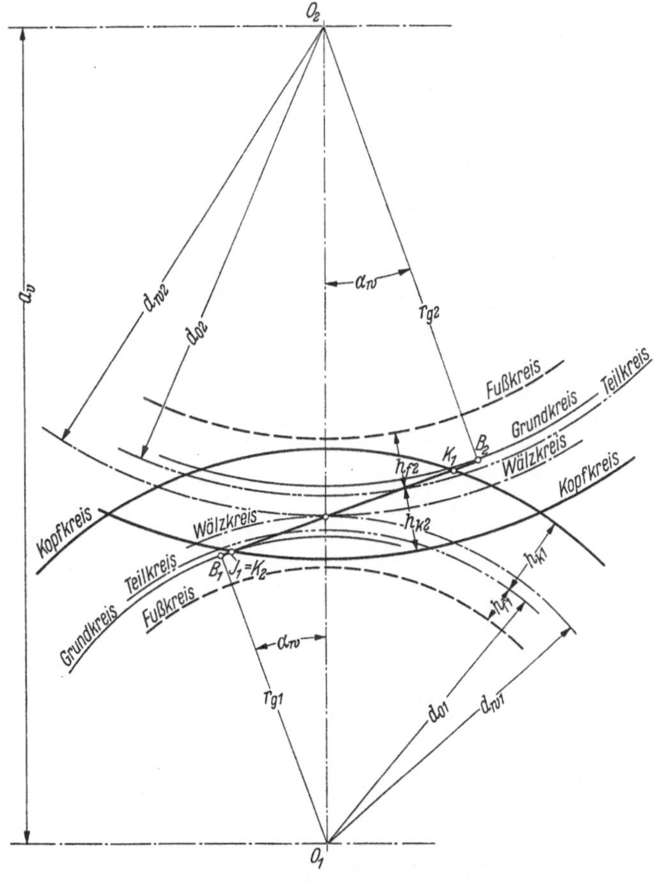

Abb. 1.55. V-Getriebe. Die algebraische Summe der Profilverschiebungen beider Räder ist ungleich null.

Für a ist in obigen Gleichungen beim Nullgetriebe der Wert a_0 Gl. (1.59) und für das V-Getriebe der Wert a_v [Gl. (1.61)] einzusetzen.

Diese nachträgliche Vergrößerung von a um Δa verändert rückwirkend α_w auf α_{ws} und a_v auf a_{vs}, wenn auch gewöhnlich diese geringfügigen Verschiebungen vernachlässigt werden können.

Der Abstand einer Getriebe*zahnstange* entspricht naturgemäß dem der Erzeugungszahnstange.

Mit diesen Angaben sind die geometrischen Abmessungen der Getriebe für die Herstellung beendet.

Gegenwinkel gepaarter Räder. Die weiteren Berechnungen dienen zur Untersuchung der Verzahnungseigenschaften. Die Herleitung der Funktion $\alpha_1 = f(\alpha_2)$ erleichtert die weitere Betrachtung, wobei α_1 und α_2 zu miteinander kämmenden Flankenpunkten an Ritzel bzw. Rad gehören, sie sind im folgenden als *Gegenwinkel* bezeichnet. Es gilt nach Abb. 1.56:

$$\mathrm{tg}\,\alpha_w\,(r_{g1} + r_{g2}) = r_{g2}\,\mathrm{tg}\,\alpha_2 + r_{g1}\,\mathrm{tg}\,\alpha_1.$$

Setzt man $r_g = mz \cos\alpha_0$, teilt durch $z_2\, m\, \cos\alpha_0$ und schreibt $z_2/z_1 = i$; so lautet die gewünschte Beziehung:

$$\operatorname{tg}\alpha_2 = \operatorname{tg}\alpha_w\,(1 + 1/i) - 1/i \cdot \operatorname{tg}\alpha_1 \tag{1.65a}$$

bzw.

$$\operatorname{tg}\alpha_1 = (i + 1)\,\operatorname{tg}\alpha_w - i\,\operatorname{tg}\alpha_2. \tag{1.65b}$$

Für Innenverzahnungen ergibt sich nach Abb. 1.60 und infolge des negativen Vorzeichens von i

$$\operatorname{tg}\alpha_2 = \operatorname{tg}\alpha_w\,(1 - 1/i) + 1/i \cdot \operatorname{tg}\alpha_1. \tag{1.65c}$$

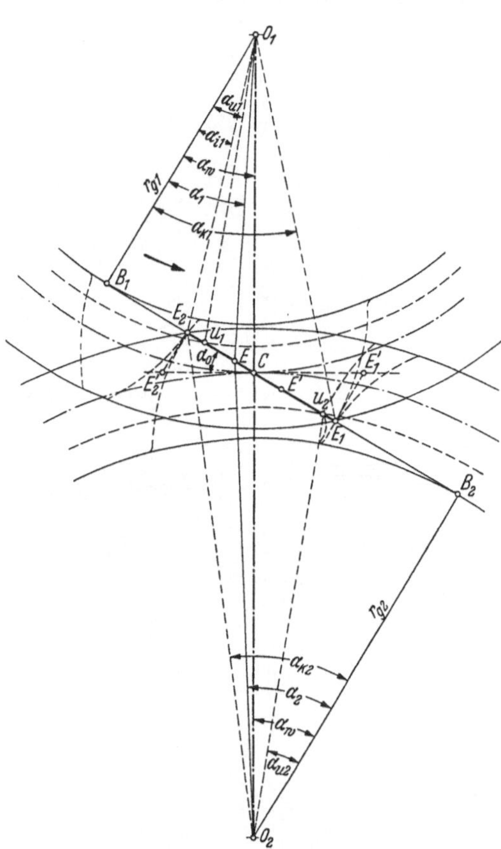

Abb. 1.56. Beziehung zwischen den Pressungswinkeln α_1 und α_2 an „Gegenpunkten", d. h. an Punkten, die zu im gemeinsamen Punkt E der Eingriffslinie miteinander kämmenden Flankenpunkten von Rad und Ritzel gehören.

$$B_1 C - E B_1 = E C = E B_2 - B_2 C,$$
$$r_{g_1}\operatorname{tg}\alpha_w - r_{g_1}\operatorname{tg}\alpha_1 = r_{g_2}\operatorname{tg}\alpha_2 - r_{g_2}\operatorname{tg}\alpha_w.$$

Bestimmung der Eingriffsdauer $\varepsilon = e/t$.

I. $e = E_2 E_1 = E_2 C + C E_1,\quad E_2 C = B_2 E_2 - B_2 C$
$\quad = r_{g_2}(\operatorname{tg}\alpha_{k_2} - \operatorname{tg}\alpha_w),\quad C E_1 = B_1 E_1 - B_1 C$
$\quad = r_{g_1}(\operatorname{tg}\alpha_{k_1} - \operatorname{tg}\alpha_w).$

II. $C U_1 < C E_2,\quad e = U_1 U_2 = U_1 C + C U_2$
$\quad = r_{g_1}(\operatorname{tg}\alpha_w - \operatorname{tg}\alpha_{u_1}) + r_{g_2}(\operatorname{tg}\alpha_w - \operatorname{tg}\alpha_{u_2}).$

Eingriffsdauer. α) *Eingriffsdauer des Außentriebes.* Für die Eingriffsdauer sind drei Fälle möglich:

1. Beide Räder sind *unterschnittfrei*. In Abb. 1.56 ist die Eingriffsstrecke $E_1 E_2$ für diesen Fall dargestellt. Sie wird durch die Kopfkreise von Rad und Ritzel aus der gesamten Eingriffslinie herausgeschnitten. Der Eingriff beginnt dann am Kopfwinkel α_{k_2} des Rades und endet am Kopfkreis des Ritzels, also am Winkel α_{k_1}. Zur Vereinfachung des Ausdruckes für ε kann man nach Gl. (1.65) für α_{k_2} den zugehörigen Ritzelwinkel α_{i_1} einführen. Allgemein sei α_i der kleinste noch am Fuß zum Eingriff kommende Pressungswinkel

$$\operatorname{tg}\alpha_{k_2} = \operatorname{tg}\alpha_w\,(1 + 1/i) - 1/i \cdot \operatorname{tg}\alpha_1. \tag{1.65d}$$

Der Eingriffsbogen der Räder auf dem Wälzkreis kann durch den geradlinigen Eingriffsweg e einer Zahnstange größenmäßig ersetzt werden. Man erhält dann $e = E_1' E_2' = E_1 E_2 / \cos\alpha_w$. Nach den Beziehungen der Abbildung und Gl. (1.43a) ergibt sich für die Eingriffsdauer [vgl. Gl. (1.19)] in diesem Falle:

$$\varepsilon_I = \frac{e}{t_e} = \frac{E_1 E_2}{t \cos\alpha_0}$$
$$= \frac{r_{g_1}(\operatorname{tg}\alpha_{k_1} - \operatorname{tg}\alpha_w) + r_{g_2}(\operatorname{tg}\alpha_{k_2} - \operatorname{tg}\alpha_w)}{m\,\pi\,\cos\alpha_0}.$$

$$\varepsilon_I = [z_1 \operatorname{tg}\alpha_{k_1} + z_2 \operatorname{tg}\alpha_{k_2} - (z_1 + z_2)\operatorname{tg}\alpha_w]\,1/2\pi$$
$$= z_1/2\pi \cdot (\operatorname{tg}\alpha_{k_1} - \operatorname{tg}\alpha_{i_1}). \tag{1.66a}$$

Die Eingriffsdauer ist somit von Werten beider Räder abhängig. Sie fällt außerdem mit wachsendem Wälzwinkel und steigt mit wachsenden Zähnezahlen.

2. Beide Räder sind *unterschnitten*. Der Eingriff kann erst am Ende des Ritzelunterschnittes in U_1 beginnen und endet schon in U_2, wo der Unterschnitt des getriebenen Rades wirksam wird. Für die Punkte U_1 und U_2 gelten die Pressungswinkel α_u nach Abb. 1.53: $e = U_1 U_2$. Nach Abb. 1.56:

$$\varepsilon_{II} = [(z_1 + z_2)\operatorname{tg}\alpha_w - z_1 \operatorname{tg}\alpha_{u_1} - z_2 \operatorname{tg}\alpha_{u_2}]\,1/2\pi. \tag{1.66b}$$

Auch hier ist die Eingriffsdauer von Werten beider Räder abhängig.

3. Nur Rad 1 ist unterschnitten. Die Eingriffsstrecke ist $U_1 E_1$, also nur durch das unterschnittene Rad bestimmt. Man erhält

$$\varepsilon_{III} = (\operatorname{tg}\alpha_{k_1} - \operatorname{tg}\alpha_{u_1})\,z_1/2\pi. \tag{1.66c}$$

β) *Eingriffsdauer des Rades mit einer Zahnstange.* Beim Eingriff eines Rades mit einer Zahnstange ist nur der erste und der dritte Fall möglich. Die wirksame Höhe der Zahnstange sei $h_k = \xi m$. Nach Abb. 1.57 ergibt sich

$$\varepsilon_{Iz} = (\mathrm{tg}\,\alpha_{k1} - \mathrm{tg}\,\alpha_0)\, z_1/2\,\pi + \xi/\pi\,\sin\alpha_0\,\cos\alpha_0. \tag{1.67}$$

Falls das Rad unterschnitten ist, bleibt Gl. (1.66c) gültig.

γ) *Eingriffsdauer bei Innenverzahnung.* Für die Eingriffsdauer der nicht unterschnittenen Räder ist in Gl. (1.66a) die Zähnezahl z_2 mit negativem Vorzeichen einzusetzen. Ist das kleine Rad unterschnitten, bleibt Gl. (1.66c) gültig.

Wechselpunkte bei Außenverzahnung. Sind in Abb. 1.58 E_i und E_a die *EW*-Punkte zur Eingriffsstrecke IK (vgl. S. 11), dann sind die Strecken $K_1 E_i$ und $I_2 E_a$ gleich der Eingriffsteilung t_e. Die Lage der *EW*-Punkte ist zeichnerisch und rechnerisch zu bestimmen. Im letzteren Falle werden die zugehörigen Pressungswinkel α_{ea} und α_{ei} und die Radien r_a und r_i bestimmt. α_{ei} und α_{ea} sind stets auf das Ritzel bezogen. Auch hier sind drei Fälle, wie bei der Eingriffsdauer, möglich.

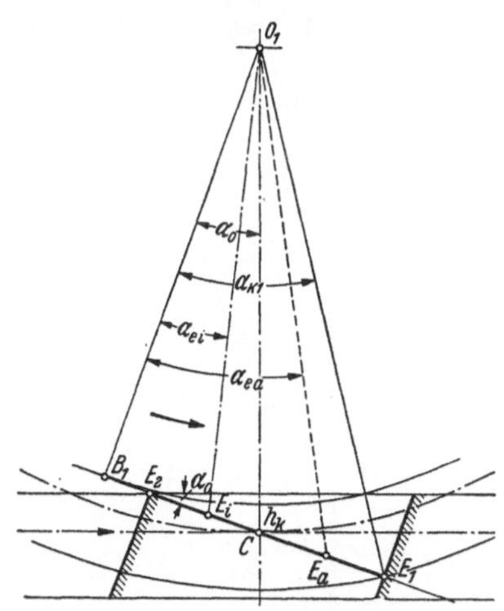

Abb. 1.57. Eingriff einer Zahnstange mit einem Rad.
$E_1 E_2 = C E_1 + C E_2 = r_{g1}\,(\mathrm{tg}\,\alpha_{k1} - \mathrm{tg}\,\alpha_0) + \xi\, m/\sin\alpha_0$,
wobei $h_k = \xi\, m$.

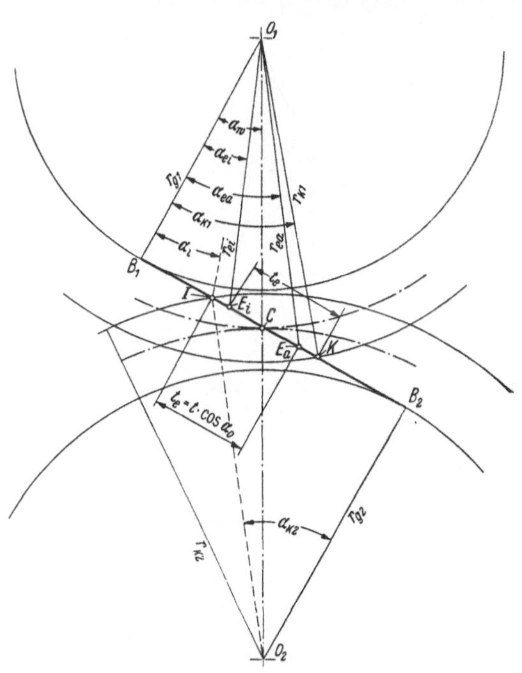

Abb. 1.58. Eingriffswechselpunkte. „*EW*-Punkte" für nicht unterschnittene Räder.
$\mathrm{tg}\,\alpha_{ei} = B_1 E_i/r_{g1} = (B_1 K_1 - t\cos\alpha_0)/r_{g1}$
$\mathrm{tg}\,\alpha_{ea} = B_1 E_a/r_{g1} = (B_1 C + C B_2 - B_2 I + t\cos\alpha_0)/r_{g1}$.

Für *nicht unterschnittene* Räder ergibt sich nach den Bezeichnungen der Abbildung

$$\mathrm{tg}\,\alpha_{ei} = \frac{r_{g1}\,\mathrm{tg}\,\alpha_{k1} - m\,\pi\cos\alpha_0}{r_{g1}},$$

$$\mathrm{tg}\,\alpha_{ei} = \mathrm{tg}\,\alpha_{k1} - 2\,\pi/z_1 \tag{1.68a}$$

$$\mathrm{tg}\,\alpha_{ea} = \frac{r_{g1}\,\mathrm{tg}\,\alpha_w + r_{g2}\,\mathrm{tg}\,\alpha_w - r_{g2}\,\mathrm{tg}\,\alpha_{k2} + t\cos\alpha_0}{r_{g1}},$$

$$\mathrm{tg}\,\alpha_{ea} = (1 + i)\,\mathrm{tg}\,\alpha_w - i\,\mathrm{tg}\,\alpha_{k2} + 2\,\pi/z_1. \tag{1.68b}$$

Nach den allgemeinen Beziehungen ergibt sich für die Wechselradien in jedem Falle:

$$r_{ei} = m\,z_1\,\cos\alpha_0/2\,\cos\alpha_{ei}, \tag{1.69a}$$

$$r_{ea} = m\,z_1\,\cos\alpha_0/2\,\cos\alpha_{ea}. \tag{1.69b}$$

Sind *beide* Räder *unterschnitten*, ist die Eingriffsstrecke $U_1 U_2$ (Abb. 1.59). Man erhält nach den Bezeichnungen der Abbildung:

$$\mathrm{tg}\,\alpha_{ei} = (1 + i)\,\mathrm{tg}\,\alpha_w - i\,\mathrm{tg}\,\alpha_{u2} - 2\,\pi/z_1. \tag{1.70a}$$

$$\mathrm{tg}\,\alpha_{ea} = \mathrm{tg}\,\alpha_i + 2\,\pi/z_1. \tag{1.70b}$$

Ist *nur das Ritzel unterschnitten*, so behält Gl. (1.68a) für $\mathrm{tg}\,\alpha_{ei}$ ihre Gültigkeit, $\mathrm{tg}\,\alpha_{ea}$ ist durch Gl. (1.70b) bestimmt.

β) *Wechselpunkte bei Zahnstange.* Für *unterschnittfreies* Rad ergeben sich für die Pressungswinkel α_{ei} und α_{ea} nach Abb. 1.57 die Werte:

$$\mathrm{tg}\,\alpha_{ei} = \mathrm{tg}_{k1} - 2\,\pi/z, \tag{1.71a}$$

$$\mathrm{tg}\,\alpha_{ea} = \mathrm{tg}\,\alpha_0 + (\pi - 2\,\xi/\sin 2\,\alpha_0)\,2/z. \tag{1.71b}$$

Für *unterschnittenes* Ritzel bleibt Gl. (1.71a) bestehen, an Stelle von Gl. (1.71b) tritt:

$$\mathrm{tg}\,\alpha_{ea} = \mathrm{tg}\,\alpha_{u1} + 2\,\pi/z. \tag{1.72}$$

γ) *EW-Punkte bei Innenverzahnung.* Bei Innenverzahnung wird häufig ε zwischen 2 und 3 liegen, dann sind auf der Strecke $E_i E_a$ zwei Zähne, außerhalb jedoch drei Zähne im Eingriff.

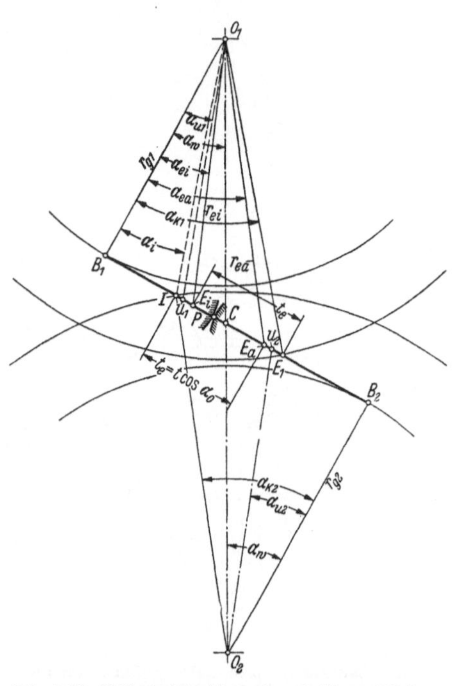

Abb. 1.59. *E W*-Punkte für unterschnittene Räder.

$$\mathrm{tg}\,\alpha_{ei} = B_1 E_i/r_{g1} = (B_1 U_2 - t\cos\alpha_0)/r_{g1},$$
$$B_1 U_2 = B_1 C + B_2 C - B_2 U_2 = r_{g1}\,\mathrm{tg}\,\alpha_w + r_{g2}\,\mathrm{tg}\,\alpha_w - r_{g2}\,\mathrm{tg}\,\alpha_{u2} +$$
$$+ \mathrm{tg}\,\alpha_{ea} = B_1 E_a/r_{g1} = (B_1 I_i + t\cos\alpha_0)/r_{g1}.$$

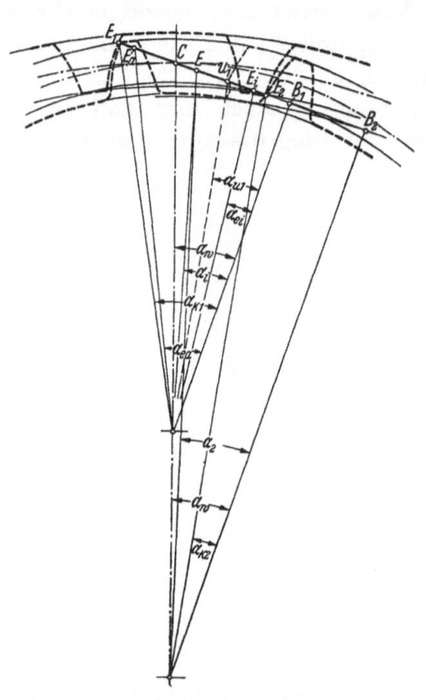

Abb. 1.60. *E W*-Punkte für Innenverzahnung.

In der Gl. (1.73) ist dies durch den Faktor c zum Ausdruck gebracht. Liegt ε zwischen 1 und 2, ist $c = 1$; liegt es zwischen 2 und 3, ist $c = 2$ zu setzen.

Für *unterschnittfreies* Ritzel gilt nach Abb. 1.60:

$$\mathrm{tg}\,\alpha_{ei} = \mathrm{tg}\,\alpha_{k1} - 2\,c\,\pi/z_1, \tag{1.73a}$$

$$\mathrm{tg}\,\alpha_{ea} = i\cdot\mathrm{tg}\,\alpha_{k2} - \mathrm{tg}\,\alpha_0\,(i - 1) + 2\,c\,\pi/z_1. \tag{1.73b}$$

Für unterschnittenes Ritzel bleibt Gl. (1.73a) gültig, in Gl. (1.72) ist der Faktor c einzuführen:

$$\mathrm{tg}\,\alpha_{ea} = \mathrm{tg}\,\alpha_{k1} + 2\,c\,\pi/z_1. \tag{1.74}$$

Relative Gleitung. *Außenverzahnung.* Zur Bestimmung der Gleitung — deutlicher gesagt des Gleitweges — ist von der Bogenlänge $s_e = r_g\,\vartheta^2/2$ [Gl. (1.42)] der Evolvente ausgegangen. Für ein beliebig kleines Bogenstück ds_1 des Ritzels gilt dann $ds_1 = r_{g1}\,\vartheta_1\,d\vartheta_1$, entsprechend ist der Radbogen $ds_2 = r_{g2}\,\vartheta_2\,d\vartheta_2$. Die relative Gleitung g_{s1} am Ritzel als Unterschied der Bogenlängen bezogen auf die Ritzelbogenlänge im Sinne von Gl. (1.21) ist demnach:

$$g_{s1} = (r_{g1}\,\vartheta_1\,d\vartheta_1 - r_{g2}\,\vartheta_2\,d\vartheta_2)/r_{g1}\,\vartheta_1\,d\vartheta_1 = 1 - \vartheta_2/\vartheta_1.$$

Berücksichtigt man, daß $d\vartheta_2/d\vartheta_1 = 1/i$ gesetzt werden kann und verwendet Gl. (1.40) ($\vartheta = \mathrm{tg}\,\alpha$) und Gl. (1.65), so erhält man:

$$g_{s1} = (1 + 1/i)\,(1 - \mathrm{tg}\,\alpha_w/\mathrm{tg}\,\alpha_1) \tag{1.75a}$$

und entsprechend:

$$g_{s2} = (1 + i)\,(1 - \mathrm{tg}\,\alpha_w/\mathrm{tg}\,\alpha_2). \tag{1.75b}$$

Die Gleitung am Ritzel fällt nach diesen Gleichungen, wenn i steigt. Am Wälzwinkel ist sie, wie zu erwarten null, und wächst, je mehr α_1 sich vom Wälzwinkel entfernt. Das Vorzeichen wechselt, wenn α_1 den Wälzwinkel durchläuft. Für $\alpha_1 = 0$, also am Grundkreis, ist die Gleitung unendlich groß.

Für die Gleitung g_z einer *Zahnstange* ergibt sich nach Gl. (1.75) bei $i = \infty$ für das Ritzel:

$$g_{z1} = 1 - \mathrm{tg}\,\alpha_0/\mathrm{tg}\,\alpha_1. \tag{1.76}$$

Für die relative Gleitung bei *Innenverzahnung* lauten die entsprechenden Gleichungen, wenn z_2 und damit i ein negatives Vorzeichen erhält:

$$g_{s1} = (1 - 1/i)\,(1 - \mathrm{tg}\,\alpha_w/\mathrm{tg}\,\alpha_1), \tag{1.77a}$$

$$g_{s2} = (1 - i)\,(1 - \mathrm{tg}\,\alpha_w/\mathrm{tg}\,\alpha_2). \tag{1.77b}$$

Bei Innengetrieben sind somit die Gleitungen geringer, und zwar um so mehr, je mehr sich i dem Werte 1 nähert.

Die Gleitgeschwindigkeit ist nach der allgemeinen Gl. (1.22) bestimmt. Der Abstand y eines beliebigen Punktes $P\,(r, \alpha)$ vom Wälzpunkt C ist das Stück der Eingriffslinie EC, und nach Abb. 1.61 gilt für Außenverzahnung:

$$v_g = (\omega_1 + \omega_2)\,r_g\,(\mathrm{tg}\,\alpha - \mathrm{tg}\,\alpha_w)$$
$$= \omega_1\,(1 + 1/i)\,(\mathrm{tg}\,\alpha - \mathrm{tg}\,\alpha_w)\,r_{g1}. \tag{1.78a}$$

Bei Innenverzahnungen erhält ω_2 bzw. i ein negatives Vorzeichen. Wird $\omega = v/r_0 = 2\,v/zm$ gesetzt, so erhält man:

$$v_g/v = \cos\alpha_w\,(\mathrm{tg}\,\alpha - \mathrm{tg}\,\alpha_w)\,(1 \pm 1/i). \tag{1.78b}$$

Das untere Vorzeichen gilt für Innenverzahnung. Für Zahnstangeneingriff ergibt sich:

$$v_g/v = \cos\alpha_0\,(\mathrm{tg}\,\alpha - \mathrm{tg}\,\alpha_0). \tag{1.78c}$$

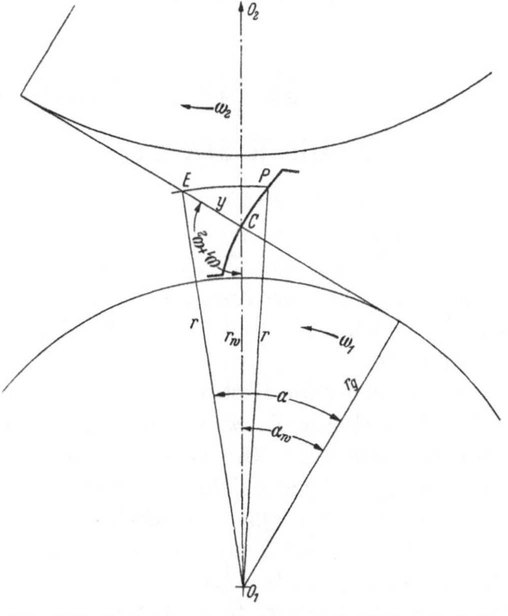

Abb. 1.61. Abstand y zur Berechnung der Gleitgeschwindigkeit. $\overline{EC} = y = r_g\,(\mathrm{tg}\,\alpha_w - \mathrm{tg}\,\alpha)$.

Die Gleitgeschwindigkeit verhält sich wie die relative Gleitung, sie ist am Wälzpunkt 0 und steigt von da in verschiedener Richtung nach dem Kopf- bzw. Fußkreis an.

Mittlere Krümmung. Die Flanken der Evolventenzähne bilden gewölbte Flächen, die sich bei Außenverzahnungen mit ihren erhabenen Seiten, welche die Krümmungsradien ϱ_1 und ϱ_2 aufweisen, berühren [Gl. (1.54)]. Bei Innenverzahnungen schmiegt sich die erhabene Flanke in eine hohle Gegenflanke (Abb. 1.60). Zur zahlenmäßigen Beurteilung der Anschmiegung ist von Hertz der mittlere Krümmungsradius ϱ eingeführt, der mit einer Ebene dieselben Abplattungen hat wie die beiden betrachteten Zylinder mit ϱ_1 und ϱ_2. Es gilt Gl. (1.79a) für Außen- und Gl. (1.79b) für Innenverzahnung:

$$1/\varrho = (1/\varrho_1 + 1/\varrho_2) = \frac{\varrho_1 + \varrho_2}{\varrho_1\,\varrho_2}, \quad (1.79\,\mathrm{a}) \qquad 1/\varrho = (1/\varrho_1 - 1/\varrho_2) = \frac{\varrho_1 - \varrho_2}{\varrho_1\,\varrho_2}. \quad (1.79\,\mathrm{b})$$

Unter Benutzung der Gln. (1.34), (1.41) und (1.16) ergibt sich schließlich (unteres Vorzeichen für Innenverzahnung):

$$1/\varrho = 1/r_{g1} \cdot (1/\mathrm{tg}\,\alpha_1 \pm 1/i\,\mathrm{tg}\,\alpha_2) = \frac{2}{m\,z_1\cos\alpha_0}\,(\mathrm{ctg}\,\alpha_1 \pm 1/i \cdot \mathrm{ctg}\,\alpha_2). \tag{1.79c}$$

Die Winkel α_1 und α_2 sind hierbei durch Gl. (1.65) verbunden.

Für den Wälzpunkt wird in Gl. (1.79 c) $\alpha_1 = \alpha_2 = \alpha_w$, und man erhält, wenn $\alpha_0 = \alpha_w$ ist:

$$1/\varrho_w = \frac{2}{d_{01} \sin \alpha_w} \frac{1 \pm i}{i}. \tag{1.79d}$$

Bei einem O- oder VO-Getriebe wird $\alpha_w = \alpha_0$, und man erhält:

$$1/\varrho_0 = \frac{5{,}85}{d_{01}} \frac{1 \pm i}{i} \quad \text{für } \alpha_0 = 20° \quad \text{und} \quad 1/\varrho_0 = \frac{7{,}72}{d_{01}} \frac{1 \pm i}{i}. \tag{1.79e}$$

Aus Abb. 1.58 ist ersichtlich, daß für einen beliebigen Eingriffspunkt P die Summe der Krümmungshalbmesser gleich der Tangentenlänge $B_1 B_2$ also unveränderlich während des gesamten Eingriffes ist, so daß der Wert ϱ nur vom Produkt $\varrho_1 \varrho_2$ abhängt. Dieses und somit auch ϱ wird ein Maximum für $\varrho_1 = \varrho_2 = \frac{\varrho_1 + \varrho_2}{2}$ [8]. Außerdem zeigen die Gln. (1.79), daß ϱ für kleine Werte von α, also in der Nähe des Grundkreises, ebenfalls klein und für $\varrho = 0$ ebenfalls null wird.

Der Begriffsbestimmung des mittleren Durchmessers entsprechend ist beim Eingriff mit einer *Zahnstange* die Krümmung $1/\varrho_1$ auch gleichzeitig mittlere Krümmung.

II. Der Einfluß der wirkenden Kräfte.

1. Die Kräfte nach Größe und Lage des Angriffspunktes.

Die gegebenen Kräfte verändern die Zahnform im Betrieb, wie sie durch die Herstellung erzeugt wird, da alle Werkstoffe elastisch wirken; das unerreichbare Ideal läge vor, wenn die Flanken während der Belastung im Getriebe die entwickelte, kinematisch bedingte Form erhielten. Dies ist deswegen nicht erfüllbar, weil die elastische Deformation mit der Größe der Belastung schwankt und die richtige Form somit nur für eine bestimmte Belastung vorhanden sein könnte.

Zunächst ist die Bestimmung der auftretenden Kraft*größen* erforderlich. Ihr Einfluß macht sich *örtlich* durch die wechselnde Lage ihres Angriffspunktes aber auch durch den *zeitlichen* Verlauf bemerkbar. Die gesamte Umfangskraft U, bezogen auf den Wälzkreisdurchmesser, wird durch zwei verschiedene Ursachen hervorgerufen. Zunächst liegt eine „*statische* Umfangskraft" U_s vor; sie ergibt das Drehmoment, dessen Übertragung Zweck der Verzahnung ist, sie ist also die nutzbare Kraft. Außerdem aber wirken Massenkräfte durch gewollte oder ungewollte Beschleunigungen als „*dynamische*" Umfangskräfte U_d. Gewollte Beschleunigungen liegen vor bei unrunden Rädern, beim Anfahren und Bremsen, vor allem bei großen Trägheitsmomenten der bewegten Körper. Ungewollte Beschleunigungen treten bei runden Rädern auf, wenn z. B. die Verzahnungsmitte neben der Wellenmitte liegt oder wenn die Flankenform von der kinematisch bedingten Form abweicht, sei es durch elastische Deformationen oder Herstellungsungenauigkeiten. Die dynamische Umfangskraft U_d braucht ihrem Charakter als Massenkraft entsprechend nur bei hohen Geschwindigkeiten berücksichtigt zu werden. Für die gesamte Umfangskraft läßt sich schreiben:

$$U = U_s + U_d \quad [\text{kg}]. \tag{1.80}$$

Zur Ermittlung der statischen Kraft U_s aus dem Drehmoment M_d [cmkg] bei N [PS] übertragener Leistung und n U/min dient die Gleichung:

$$U_s = M_d/r_w = 71\,620\, N/n\, r_w \quad [\text{kg}]. \tag{1.81}$$

Gegebenenfalls ist das Drehmoment beim Anfahren zu beachten, vor allem wenn größere Massen schnell in Bewegung zu setzen sind.

Die dynamische Umfangskraft U_d steigt mit der Trägheit der umlaufenden Massen, ausgedrückt durch das Massenträgheitsmoment I, sowie der Winkelbeschleunigung β, die diesen Massen zu erteilen ist. Sie wächst mit der Größe des Eingriffsfehlers f_e. (Siehe Abb. 1.62.) Die Kraft U_d wird jedoch durch die Federung des ganzen Systems, angefangen von der Nachgiebigkeit des Ölfilmes, der elastischen Verformung des Zahnes und Radkranzes bis zur Federung der Wellen, wesentlich gemildert; denn ein Eingriffsfehler f_e, der ein Voreilen des Antriebes erzwingen will, erhöht die Kraft U_d und damit die elastische Nachgiebigkeit. Ein Zurückweichen der fehlerhaften Flanke wird die Folge sein. Die Rechnung ist umständlich und wäre immer nur für einen bestimmten Fall gültig. Man begnügt sich daher mit Annäherungen. Nach NIEMANN [9, 10] ergibt folgende stark vereinfachte Formel brauchbare Werte:

$$U_d/b = C f_e \sqrt{\frac{1}{1 + C f_e y/v^2}} \quad [\text{kg/mm}]. \tag{1.82}$$

C ist als Federkonstante die Kraft in kg, die auf der Zahnbreite $b = 1$ mm eine elastische Verschiebung von $1\,\mu$ hervorruft. Der Wert kann etwa doppelt so groß gesetzt werden als die im folgenden Abschnitt berechnete Federung K_g des Zahnes allein. Nach BUCKINGHAM gilt für DIN-Verzahnung: $C = 1{,}16$ für Stahl/Stahl, $C = 0{,}8$ für Stahl/Ge und $C = 0{,}58$ für Ge/Ge. Für den Eingriffsfehler kann nach derselben Quelle bei Berücksichtigung von DIN 3962 etwa angenommen werden:

DIN-Qualität	5	6	8	
v	> 20	20	< 2	m/sek
f_e	5	8	12	μ.

Durch den Faktor y werden die Trägheitsmomente der umlaufenden Massen ausgedrückt; für kleine Massen gilt y bis 50, für große Massen geht es bis 10 herab.

In Abb. 1.62 ist der Verlauf der dynamischen Umfangskraft, U_d/b, soweit sie von Ungenauigkeiten der Verzahnung herrührt, für einen Fehler in der Eingriffsteilung von $2{,}5$ und $5\,\mu$ dargestellt [Gl. (1.82)]. Zum Vergleich ist die Abhängigkeit nach BUCKINGHAM in Kurve 3 [11] eingezeichnet; es ergeben sich höhere Werte für U/b, da die Werte für den halben Fehler in den Größen der NIEMANNschen Größen liegen. Nach BUCKINGHAM sind weitgehende theoretische Untersuchungen über die dynamischen Umfangskräfte gemacht worden. (Siehe Bd. II.) Die größte Schwierigkeit für derartige Überlegungen dürfte darin liegen, daß über das Verhalten des Ölfilmes nicht genug bekannt ist. Für praktische Zwecke könnten hier nur zahlenmäßig großzügige Versuche mit statistischer Auswertung Klarheit verschaffen.

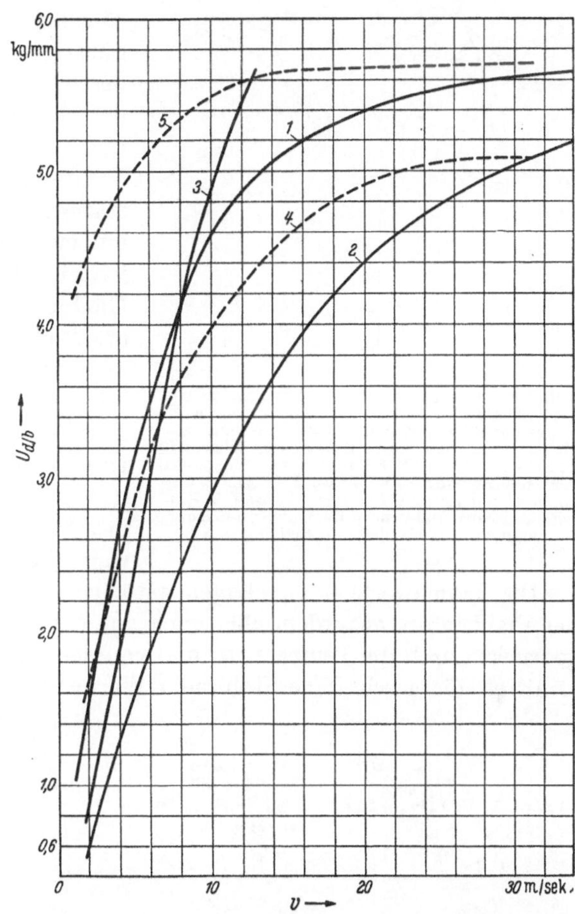

Abb. 1.62. Größe $U d/b$ [kg/mm²] für Stahlräder nach Gl. (1.82) in Abhängigkeit von der Umfangsgeschwindigkeit v. Obere Kurve für kleine, untere für große Massen. Kurve 3 Werte nach BUCKINGHAM für $f_e = 2{,}5\,\mu$. Nach NIEMANN Kurve 1 und 5 für große, 2 und 4 für kleine Massen, $f_e = 5\,\mu$ für Kurve 1 und 5, $f_e = 2{,}5\,\mu$ für 2, 3 und 4.

Nach Abb. 1.54 kann man sich die Evolventenzahnräder als einen Trieb vorstellen, bei dem das treibende Ritzel in Richtung der Eingriffslinie einen Faden mit gleichmäßiger Geschwindigkeit $v_v \cos\alpha_w$ auf seinem Grundkreis aufwickelt, der vom Grundkreis des getriebenen Rades abgewickelt wird. Die auf den Zahnflanken senkrechte Zahnkraft N liegt dann ständig in Richtung der Eingriffsgeraden und ist bei gleichbleibender Umfangskraft ebenso unveränderlich:

$$N = U/\cos\alpha_w. \tag{1.83}$$

Diese gleichbleibende Zahnkraft ist eine besondere Eigenschaft der Evolventenzahnform.

Die Zahnkraft N ergibt eine *Reibungskraft* μN überall da, wo die Flanken übereinandergleiten. Am Wälzpunkt C ist für die Gleitung null auch die gleitende Reibung null, und nur rollende Reibung vorhanden (Abb. 1.63). Entsprechend dem Wechsel der Gleitung in C wechselt auch die Reibungskraft dort ihre Richtung. Beim Beginn des Eintritts am Ritzelfuß ist dort die Reibung $\mu_s N$ entgegen der stoßenden Gleitbewegung nach innen gerichtet, während gleichzeitig der am Kopfende noch im Eingriff befindliche benachbarte Ritzelzahn eine nach außen gerichtete, ziehende Reibungskraft $\mu_z N$ aufweist. Zahlenmäßig wird stets gelten $\mu_s > \mu_z$. Das geht aus einer Betrachtung der Schmierwirkung hervor. Bei der ziehenden Gleitung am Ritzelkopf stimmen Wälzdrehung (Abb. 1.64a) und Gleitrichtung g_z überein, der Ölfilm wird daher in den keilförmigen Spalt zwischen die Berührungsflächen der Flanken hereingezogen und ruft eine günstige Flüssigkeitsschmierung hervor. Bei der stoßenden Gleitung im Ritzelfuß (Abb. 1.64b) hingegen wird der Ölfilm von der Berührungsstelle hinweggeschoben, und es muß nahezu metallische Reibung eintreten. Diese Vorstellung wird durch die allgemeine Erfahrung bestätigt, daß der Ritzelfuß derjenige Teil ist, der sich am meisten abnutzt (Abb. 1.65). (Bei annähernd gleich harten Zähnen von Rad und Ritzel.) Bei der geringen Gleitgeschwindigkeit in der Nähe des Wälzpunktes muß die Reibungskraft steil abfallen, um sofort wieder steil anzusteigen. In Abb. 1.63 sind die vier Phasen der Reibungskraft an einem Zahn dargestellt. Außerhalb der EW-Punkte üben die beiden Kräfte $\mu_z N$ und $\mu_s N$ ein Drehmoment auf den Radkörper aus, da allerdings $\mu_s \neq \mu_z$ und auch eine gleichmäßige Verteilung des Zahndruckes auf die beiden eingreifenden Zähne nicht zu erwarten ist, wird ein reines Kräftepaar nicht gebildet.

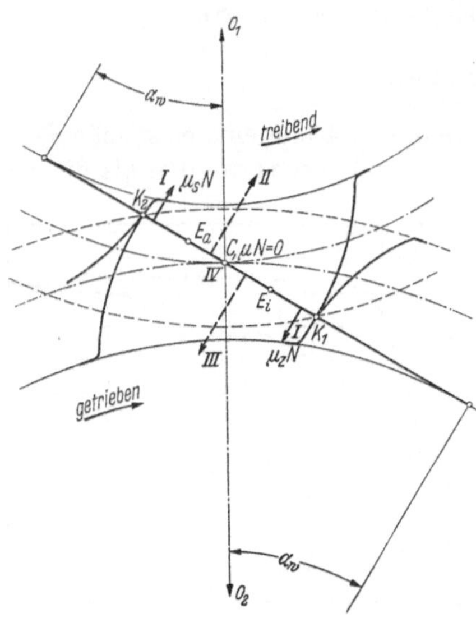

Abb. 1.63. Reibungskräfte. Phase I. Eingriff von zwei Zähnen: Zwischen Fuß- und inneren EW-Punkt des Ritzels. Reibungskräfte $\mu_s N$ und $\mu_z N$ bilden nahezu ein reines Kräftepaar. Phase II. Zwischen inneren EW-Punkt und Wälzpunkt stoßende Reibung $\mu_s N$. Phase III. Am Wälzpunkt C nur rollende Reibung. Phase IV. Eingriff zwischen äußerem EW-Punkt und Kopfpunkt des Ritzels ziehende Reibung $\mu_z N$.

Die Zahlenwerte für μ hängen natürlich in erster Linie von der Oberflächenbeschaffenheit der Flanken ab, außerdem aber auch von der Zähigkeit des Öles, gegebenenfalls mittelbar ausgedrückt durch die Temperatur, und von der Umfangsgeschwindigkeit v; Prof. Heidebrock [14] ermittelt für geschliffene Stahlräder Werte von 0,07 bis 0,09, für Preßstoff/Stahl 0,045 für die Reibungszahl μ. Nach Angaben von A. Cameron [15] wurde bei doppelt schrägverzahnten Getrieben der Firma Pametrada eine Reibungszahl $\mu = 0,047$ erreicht. Diese Werte sind als mittlere Werte während des Zahneingriffes vom Fuß zum Kopf festgestellt. Messungen über die Unterschiede zwischen μ_z und μ_s liegen bisher nicht vor. Es

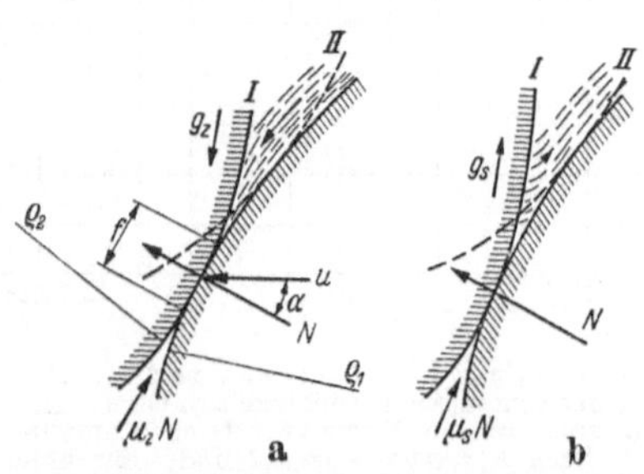

Abb. 1.64. Wirkung der Schmierung bei der ziehenden und stoßenden Reibung. Links: Ziehende Gleitung g_z zieht Ölfilm in Berührungsstelle. Rechts: Stoßende Gleitung g_s stößt den Ölfilm von der Berührungsstelle weg. Die Wälzbewegung erfolgt von Stellung I nach Stellung II.

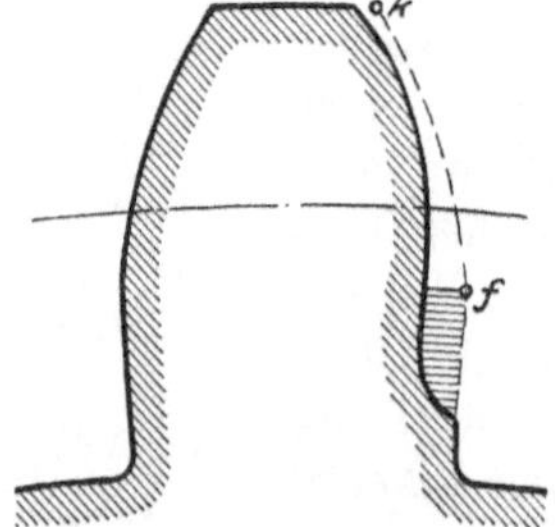

Abb. 1.65. Abnutzung tritt vorwiegend am Ritzelfuß auf.

fällt auf, daß die Reibungszahl im Verhältnis zu der Oberflächengüte der Flanken recht hoch liegt. Dies dürfte mit den hohen Flächendrücken zusammenhängen, die auf den erhaben gewölbten Flanken auftreten, und dabei keine Flüssigkeitsreibung aufkommen lassen. Es liegt „Grenzreibung" vor, denn die Werte der reinen Flüssigkeitsreibung mit 0,02 werden bei weitem nicht erreicht.

2. Die Wirkung der Kräfte.

Zur Aufnahme der Zahnkraft muß der Zahn die notwendige *Festigkeit* aufweisen. Er wird auf Schub, Druck und Biegung beansprucht. Für die Schubspannung maßgebend ist die Umfangskraft U' unmittelbar, die an einem bestimmten Punkte der Flanke mit dem Pressungswinkel α und dem Zahndickenwinkel σ angreift. Zur Ermittlung von Druck D und Biegung U' ist die Kraft kN radial und tangential zur Zahnmittenlinie im Angriffspunkt an der Flanke zu zerlegen ($k = 1$ und $U' = U$ für das Gebiet *eines* eingreifenden Zahnes, siehe nächster Abschnitt). Nach Abb. 1.66 und 1.73 ist

$$U' = kN \cos (\alpha - \sigma/2), \tag{1.84}$$

$$D' = kN \sin (\alpha - \sigma/2). \tag{1.85}$$

σ° ist nach Gl. (1.49 a) bestimmt. Daraus ergibt sich im jeweiligen Angriffspunkt der Kraft kN ein Biegungsmoment M_b bezogen auf Punkt J, den Übergangspunkt zur Abrundung [9]. (Abb. 173.)

$$M_b = kU' \, u - kD' \, s/2,$$

$$M_b = kN \, [u \cos (\alpha - \sigma/2) - s_i/2 \sin (\alpha - \sigma/2)]. \tag{1.86}$$

Die im Schrifttum anzutreffende Vernachlässigung des zweiten Klammergliedes ist zahlenmäßig nicht gerechtfertigt, sie ergibt im Gebrauchsbereich
Fehler von 10 bis 15%. Für Gl. (1.86) ist s_i aus Gl. (1.45)
bestimmt. Für u gilt:

$$u = r - r_i. \tag{1.87}$$

U' bildet mit N den Winkel $(\alpha - \sigma/2)$, während die Umfangskraft U, die senkrecht zu dem Flankenradius im
Angriffspunkt mit N den Winkel α bildet. Es besteht
die Beziehung unter Verwendung von Gl. (1.83):

$$N = U/\cos\alpha_w = U'/\cos (\alpha - \sigma/2),$$

$$U' = U \cos(\alpha - \sigma/2)/\cos\alpha_w. \tag{1.88}$$

Der Einfluß der Reibungskraft auf die Beanspruchung
der Festigkeit kann vernachlässigt werden. Sie ist bei
rasch laufenden Getrieben maßgebend für die Berechnung
der *Reibungswärme*.

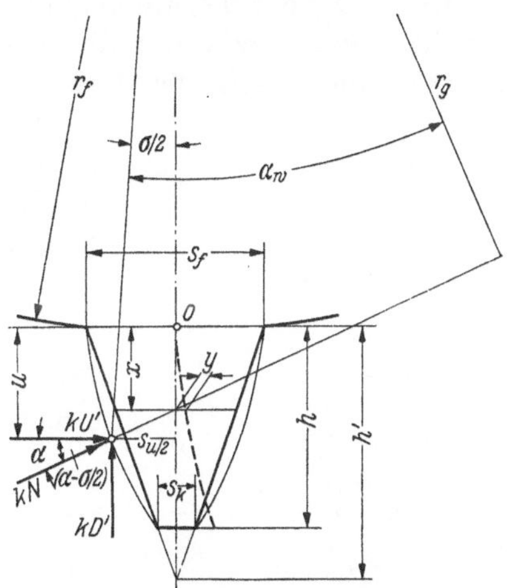

Abb. 1.66. Ersatzzahn zur Ermittlung der Durchbiegung, wenn die Evolvente der Flanke bis zum Fuß reicht.

Die Berechnung auf Festigkeit genügt nicht, sondern ist durch die Berechnung der *elastischen Deformation* zu ergänzen.

Eine weitere Wirkung der Kräfte ergibt sich durch die *Walzenpressungen*, darunter versteht man den Flächendruck der gewölbten Zahnflanken im Berührungspunkt.

Diese verschiedenen Kraftwirkungen müssen untersucht werden und die ungünstigste der Beanspruchungen ist den Abmessungen des Getriebes zugrunde zu legen.

a) Die elastische Deformation durch die Zahnkraft N bei Evolventenzähnen.

Die elastischen Deformationen durch die Zahnkraft N setzen sich am Zahn jedes Rades aus Biegung (f_B), Schub (f_s) und Abplattung (f_ϱ) der Flankenberührungsstelle sowie am Radkörper, vor allem aus der Deformation des Kranzes (f_K), zusammen [16].

$$f = f_B + f_s + f_\varrho + f_K. \tag{1.89}$$

Die gesamte Deformation f kann nach obiger Gleichung als die Summe der Einzeldeformationen aufgefaßt werden. Der Einfluß des Radkörpers ist bei geeigneter Form des Radkörpers gering. Auf die Berechnung von f_K ist im folgenden nicht näher eingegangen, sondern lediglich die Art der Durchführung angegeben. (Siehe S. 38: Fall der Biegung.)

An einer beliebigen Stelle des Eingriffs wirkt ein Zahndruck kN senkrecht auf die Flanke (Abb. 1.66). Zwischen den EW-Punkten, wo nur ein Zahn im Eingriff ist, liegt der volle Druck N auf der Flanke, k ist also hier gleich 1 zu setzen. Außerhalb der EW-Punkte verteilt sich der Druck auf zwei Zähne, hier ist $k < 1$. Auf Zahn I liegt kN, auf Zahn II dann $(1 - k) N$. Die Verteilung des Druckes, d. h. die Bestimmung des Faktors k, setzt nach den Regeln für statisch unbestimmte Systeme die Kenntnis der elastischen Deformationen voraus und kann somit erst später vorgenommen werden. Bei Biegung und Schub des Zahnes wird nur die Umfangskraft U berücksichtigt, die Zahnreibung und die radiale Komponente werden vernachlässigt. Die Verformungsordinaten (x, y) werden auf die Zahnmittenlinie OM bezogen, diese bildet an der betrachteten Stelle mit dem Halbmesser des Flankenpunktes den Dickenwinkel $\sigma/2$, bestimmt nach Gl. (1.49a).

Die Verformung durch Biegung. Die Biegung des Zahnes von der Breite b entspricht der eines einseitig eingespannten Freiträgers mit veränderlichem Trägheitsmoment I. Die Biegung für eine im Abstande u von Punkt O wirkende Umfangskraft kU kann zeichnerisch oder rechnerisch erfolgen. Zur Erleichterung der Rechnung wird der Zahn durch geradlinige Flanken angenähert. Es sind zwei Fälle möglich: 1. Verwendung eines trapezförmigen Ersatzzahnes, wenn die Evolvente bis zum Fußkreis reicht (Abb. 1.66).

2. Ersatzzahn als Trapez bis zum Grundkreis und an Stelle des radialen Fußes ein Rechteck mit gleichbleibendem Querschnitt (Abb. 1.67).

Durch diese Erleichterung für die Integration wird das Trägheitsmoment und der Querschnitt des Ersatzzahnes für Außenverzahnung etwas zu klein, für Innenverzahnung etwas zu groß: die errechneten Deformationen liegen entsprechend etwas zu hoch bzw. zu niedrig.

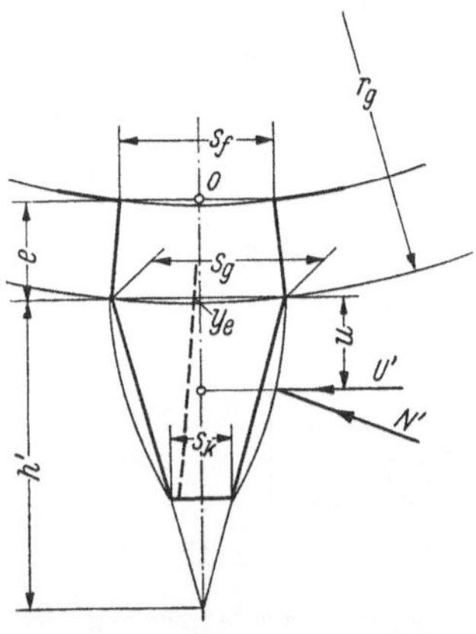

Abb. 1.67. Ersatzzahn zur Ermittlung der Durchbiegung, wenn ein radialer Fußansatz vorhanden ist.

1. Trapezförmiger Ersatzzahn. Das Trapez des Ersatzzahnes (Abb. 1.66) hat die Grundlinien $\bar{s}_f$ und $\bar{s}_k$ [bestimmt nach Gl. (1.45), im folgenden vereinfacht mit s_f und s_k bezeichnet] und die Zahnhöhe h. Bringt man die geraden Flanken des Ersatzzahnes zum Schnitt, so ergibt sich die Hilfshöhe h'. Geometrisch ist bestimmt

$$h' = h \cdot s_f/(s_f - s_k). \tag{1.90}$$

Für die Zahnstärke s_u an der Stelle u und das Trägheitsmoment I erhält man:

$$s_u = s_f(h' - x)/h', \tag{1.91}$$

$$I = b\, s_u^3/12 = b\, s_f^3/12 \cdot (h' - x)^3/h'^{\,3}. \tag{1.92}$$

Für die elastische Linie gilt die allgemeine mechanische Beziehung:

$$d^2y/dx^2 = -\, M/EI.$$

Bei einem Biegungsmoment an der Stelle x entsprechend Gl. (1.86)

$$M = k\,U'\,(u - x) - k\,U'\,s_u/2\,\operatorname{tg}(\alpha - \sigma/2)$$

und I nach Gl. (1.92):

$$d^2y/dx^2 = \frac{12}{E}\,\frac{k\,U'}{b} \cdot \frac{h'^{\,3}}{s_f^3}\left[\frac{u - x}{(h' - x)^3} - \frac{s_u/2 \cdot \operatorname{tg}(\alpha - \sigma/2)}{(h' - x)^3}\right] = K'\left[\frac{u - x}{(h' - x)^3} - \frac{s_u\,\operatorname{tg}(\alpha - \sigma/2)}{2\,(h' - x)^3}\right],$$

$$dy/dx = K'\left[\int\frac{u - x}{(h' - x)^3}\,dx - \frac{s_u\,\operatorname{tg}(\alpha - \sigma/2)}{2}\int\frac{dx}{(h' - x)^3}\right]. \tag{1.93}$$

Die Integration läßt sich leicht durchführen, wenn $(h' - x) = z$ gesetzt wird:

$$dy/dx = K'\left[(h - u)/2\,(h' - x)^2 - 1/(h' - x) + \frac{s_u}{2}\operatorname{tg}(\alpha - \sigma/2)\,\frac{1}{2\,(h' - x)^2} + C_1\right]. \tag{1.93a}$$

Wird die Deformation des Kranzes vernachlässigt, ist für $x = 0$ auch $dy/dx = 0$ und die Integrationskonstante erhält den Wert:

$$C_1 = 1/h' - \left(h' - u + \frac{s_u}{2}\operatorname{tg}(\alpha - \sigma/2)\right)\Big/2 \cdot h'^{\,2}. \tag{1.94}$$

Wollte man eine Deformation des Kranzes berücksichtigen, so wäre hier für dy/dx an der Stelle $x = 0$ die nach der Kranzdeformation auftretende neue Richtung des Zahnes einzusetzen. (Ähnlich wie im nachfolgend behandelten 2. Falle.) Es ergibt sich dann ein weiteres Glied für die Integrationskonstante.

Die zweite Integration unter Vernachlässigung der Kranzdeformation, also für $x = 0$ auch $y = 0$, liefert als Gleichung der elastischen Biegungslinie:

$$y = \frac{12}{E}\,\frac{k\,U'}{b}\left(\frac{h'}{s_f}\right)^3\left[\frac{h' - x}{h'}\left(1 - \frac{h' - u + s_u/2\,\operatorname{tg}(\alpha - \sigma/2)}{2\,h} - \right.\right.$$
$$\left.\left. -\,\frac{h' - u + s_u/2\,\operatorname{tg}(\alpha - \sigma/2)}{2\,(h' - x)} - \ln\frac{h' - x}{h'} + \frac{h' - u + s_u/2\,\operatorname{tg}(\alpha - \sigma/2)}{h'}\right) - 1\right]. \tag{1.95}$$

Für die Durchbiegung f_B am Angriffspunkt von U', also für $x = u$, erhält man somit:

$$f_B = \frac{6\,k\,U'}{E\,b}\left(\frac{h'}{s_f}\right)^3\left[2\,\frac{h'-u}{h'}\left(4 - \frac{h'-u}{h'}\right) - 6 - 4\ln\frac{h'-u}{h'} - \frac{s_u}{h'}\,\mathrm{tg}\,(\alpha - \sigma/2)\left(\frac{1}{1-u/h'} - 1\right)\right]\;[\mathrm{cm}]. \quad (1.96)$$

Für die Durchbiegung f_{Be} in Richtung der Eingriffslinie gilt mit den Werten der Gl. (1.88) für U' und, wenn die ersten drei Glieder des Ausdrucks in der eckigen Klammer abgekürzt mit $F_B(u)$ (Abb. 1.68) bezeichnet werden:

$$f_{Be} = f\cos(\alpha - \sigma/2) = \frac{6}{E}\,\frac{k\,U}{b}\left(\frac{h'}{s_f}\right)^3\frac{\cos^2(\alpha - \sigma/2)}{\cos\alpha_w}\left[F_B(u) - \frac{s_u}{h'}\,\mathrm{tg}\,(\alpha - \sigma/2)\left(\frac{1}{1-u/h'} - 1\right)\right]. \quad (1.96\,\mathrm{a})$$

Für Stahl mit $E = 2{,}15 \cdot 10^6$ [kg/cm²] und $\alpha_w = 20°$

$$f_{Be} = \frac{1{,}484}{100}\,\frac{k\,U}{b}\left(\frac{h'}{s_f}\right)^3\cos^2(\alpha - \sigma/2)\left[F_B(u) - \frac{s_u}{h'}\,\mathrm{tg}\,(\alpha - \sigma/2)\left(\frac{1}{1-u/h'} - 1\right)\right] = K_B\,\frac{k\,U}{b}\;[\mu]. \quad (1.96\,\mathrm{b})$$

Die Schreibweise mit dem Koeffizienten K_B soll zeigen, daß die Durchbiegung verhältnisgleich mit der Kraft U wächst. Für α gilt im Sinne der Gl. (1.34) für Außenverzahnung

$$\cos\alpha = r_g/(r_f + u), \quad (1.97\,\mathrm{a})$$

für Innenverzahnung

$$\cos\alpha = r_g/(r_f - u). \quad (1.97\,\mathrm{b})$$

Im übrigen gelten für *Innenverzahnung* die gleichen Formeln. Für die *Zahnstange* bedeutet der Ersatzzahn keine Annäherung, sondern er entspricht der genauen Form.

Im 2. Falle der Durchbiegung ist der Ersatzzahn bis zum Grundkreis zur Annäherung der bis dorthin reichenden Flankenevolvente trapezförmig wie in dem eben behandelten 1. Falle. Der nach innen anschließende radiale Teil wird durch eine gleichbleibende Breite s_g ersetzt (Abb. 1.67). Das dann gleichbleibende Trägheitsmoment I_r

$$I_r = b\,s_g^3/12 \quad (1.98)$$

wird etwas zu groß, verringert aber dadurch lediglich den Fehler, der bei der äußeren trapezförmigen Annäherung gemacht wird. Für diesen äußeren Teil gelten dieselben Beziehungen wie im 1. Falle. Nur die Integrationskonstanten werden verändert; denn am Fuße des trapezförmigen Zahnes ist für $x = 0$ nunmehr die Richtung der Biegungslinie dy/dx und die Durchbiegung y zur Bestimmung der Integrationskonstanten einzusetzen, die sich aus der Federung des rechteckig angenäherten inneren Fußteiles ergibt. Für diesen mit der Länge e und dem Trägheitsmoment I_r gelten die Formeln für einen eingespannten Träger unter einer Belastung $k\,U'$, für $x' = e$ mit Lastangriff in $(e + u)$

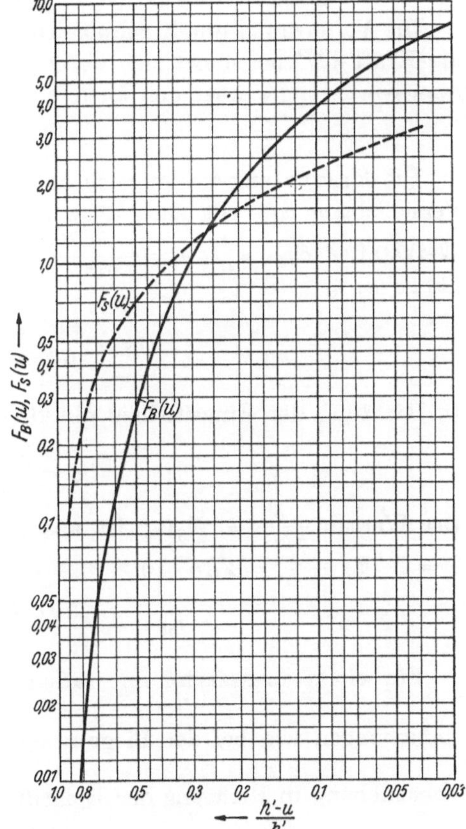

Abb. 1.68. $F_B(u)$ für Gl. (1.96a) und (1.96b), $F_S(u)$ nach Gl. (1.102b).

$$dy/dx_e = \frac{k\,U'}{2\,E\,I_r}\,(u+e)^3\left(\frac{1}{e+u} - \frac{e^2}{(e+u)^3}\right) = \frac{12\,k\,U'}{2\,E\,b}\,\frac{u}{s_g^3}\,(2\,e + u) \quad (1.99)$$

und die Ausbiegung y

$$y_e = \frac{k\,U'}{2\,E\,I_r}\,(u+e)^3\left(\frac{e}{u+e} - \frac{1}{3}\,\frac{e^3}{(u+e)^3}\right) = \frac{12\,k\,U'\cdot e}{2\,E\,b\,s_g^3}\left((u+e)^2 - 1/3\,e^2\right). \quad (1.100)$$

Der Ausdruck der Gl. (1.99) muß gleich dem Werte dy/dx der Gl. (1.93a) an der Stelle $x = 0$ sein. Daraus ergibt sich für diesen Fall die Integrationskonstante C_1'

$$C_1' = 1/h' - \frac{h' - u + s_u/2\,\mathrm{tg}\,(\alpha - \sigma/2)}{2\,h'^2} + \frac{u\,(2\,e + u)}{2\cdot h'^3}.$$

Entsprechend ist nach der 2. Integration die Konstante C_2' zu bestimmen, wenn der Wert von y_e der Gl. (1.100) in die allgemeine Gleichung für y an der Stelle $x = 0$ eingesetzt wird. Man erhält schließlich für die Durchbiegung f_{Be}' in der Richtung der Eingriffslinie

$$f_{Be}' = \frac{3\,k\,U}{E\,b}\left(\frac{h'}{s_g}\right)^3 \frac{\cos^2(\alpha - \sigma/2)}{\cos\alpha_w} \times$$

$$\times\left[F_B(u) - \frac{s_u}{h'}\operatorname{tg}(\alpha - \sigma/2)\left(\frac{1}{1 - u/h'} - 1\right) + \frac{2\,e\,u}{h'^{\,2}}\left[(2 + u/e)\left(1 - \frac{h' - u}{h'}\right) + \frac{(u + e)^2 - e^2/3}{u \cdot h'}\right]. \quad (1.101\,\mathrm{a})$$

Für Stahl mit $\alpha_w = 20°$

$$f_{Be}' = \frac{1{,}484}{100}\,k\,\frac{U}{b}\left(\frac{h'}{s_g}\right)^3 \cos^2(\alpha - \sigma/2)\left[F_B(u) - \frac{s_u}{h'}\operatorname{tg}(\alpha - \sigma/2)\left(\frac{1}{1 - u/h'} - 1\right) + \right.$$

$$\left. + \frac{2\,e\,u}{h'^{\,2}}\,(2 + u/e)\left(1 - \frac{h' - u}{h'}\right) + \frac{(u + e)^2 - e^2/3}{u\,h'}\right][\mu]. \qquad (1.101\,\mathrm{b})$$

Bei der praktischen Berechnung sind also in diesem Falle zu der in Abb. 1.68 dargestellten Funktion $F_B(u)$ noch zwei weitere Glieder hinzuzufügen.

Die Verformung durch Schub. Die Verschiebung f_S infolge der Schubbeanspruchung durch die Kraft $k\,U'$ berechnet sich unter der vereinfachenden Annahme einer gleichmäßigen Spannungsverteilung τ über den auch hier am Ersatzzahn veränderlichen Querschnitt

$$F = b\,s = b\,s_f(h' - u)/h'.$$

Die Betrachtung erfolgt auch hier zunächst für *reine Evolventenflanken* (Abb. 1.66). Für die Verschiebung df_S gilt nach allgemeinen mechanischen Gesetzen bei dem Gleitmodul G des Werkstoffes $df_S = \frac{\tau}{G}\,du = \frac{k\,U'\,h'}{b\,s_f(h' - u)\,G}\,du$. Demnach wird die gesamte Verschiebung auf der Länge u:

$$f_S = \frac{k\,U'}{G\,b}\,\frac{h'}{s_f}\int_0^u \frac{du}{h' - u} = \frac{k\,U'}{G\,b}\,\frac{h'}{s_f}\ln\frac{h'}{h' - u}. \qquad (1.102)$$

In Richtung der Eingriffslinie gilt dann wie bei der Biegung

$$f_{Se} = \frac{k\,U}{G\,b}\,\frac{h'}{s_f}\,\frac{\cos^2(\alpha - \sigma/2)}{\cos\alpha_w}\ln\frac{h'}{h' - u}. \qquad (1.102\,\mathrm{a})$$

Der Wert $\ln\dfrac{h'}{h' - u} = F_S(u)$ ist aus Abb. 1.68 ablesbar. Für Stahl gilt für den Gleitmodul $G = E/(2\,v + 1) = 2{,}15 \cdot 10^6/2\,(0{,}3 + 1) = 10^6/1{,}21$, und für $\alpha = 20°$ ergibt sich

$$f_{Se} = \frac{1{,}285\,k\,U}{100\,b}\,\frac{h'}{s_f}\cos^2(\alpha - \sigma/2)\,F_S(u) = K_S\,k\,\frac{U}{b}. \qquad (1.102\,\mathrm{b})$$

Für einen Ersatzzahn mit radialem Ansatz (Abb. 1.67) ergibt sich mit denselben Vereinfachungen wie bei der Biegung ein zusätzliches Glied $\dfrac{k\,U}{G\,F}\displaystyle\int_0^e du = k\,U\,e/G\,b\,s_g$. Die gesamte Verschiebung in Richtung der Eingriffslinie ermittelt sich also in diesem 2. Falle für Stahl zu:

$$f_{Se}' = \frac{1{,}285\,k\,U}{100\,b}\,\frac{h'}{s_g}\cos^2(\alpha - \sigma/2)\,[F_S(u) + e/h']. \qquad (1.103)$$

Auf diese Weise läßt sich mit einem erträglichen Rechenaufwand auch diese Verformung bestimmen.

Verformung durch Abplattung. Einen weiteren Beitrag zur Verformung liefert die Abplattung der gekrümmten Zahnflanken unter dem Zahndruck $k\,N = k\,U/\cos\alpha_w$ (siehe Abb. 1.64), die eine Annäherung f_ϱ der Zahnmitten bewirkt. Im Gegensatz zu den eben behandelten beiden Teilen der Verformung ist dieser Beitrag von der Theorie noch nicht bis ins letzte geklärt. Ausgehend von den HERTZschen Gleichungen über die Berührung von Zylindern kommt man zu verschiedenen Ausdrücken je nach der Annahme über die Spannungsverteilung auf der abgeplatteten Berührungsfläche. Folgt man dem Beispiel von KARAS und legt die von LUNDBERG [17] entwickelten Werte für die Berührung zweier Zylinder unter gleichbleibendem Liniendruck N/b zugrunde, so erhält man:

$$f_\varrho = \frac{4\,(1-v^2)\,k\,U}{E\,\pi\,b\,\cos^2\alpha_w}\left(1{,}8864 + 1/2\cdot\ln\frac{\pi\,E}{32\,(1-v^2)} + 1/2\cdot\ln\frac{b^3\cos^2\alpha_w}{\varrho\,k\,U}\right). \qquad (1.104\,\mathrm{a})$$

Maßgebend für den Verlauf von f_ϱ ist also die Größe der mittleren Krümmung ϱ [Gl. (1.79)]. Dieser Ausdruck für f_ϱ ergibt wegen des 3. Gliedes in der Klammer keine lineare Abhängigkeit von der Kraft kU, wie die Meßwerte [18] zeigen, außerdem ist er unbequem für die Rechnung. Andere Voraussetzungen für die Spannungsverteilung [19] bringen Schwierigkeiten im Grenzfall der Zahnstange. Wahrscheinlich liegt überhaupt keine gleichbleibende Spannungsverteilung vor, sondern diese selbst ist veränderlich. Außerdem gelten alle Überlegungen nur für trockene Flächen, die Schmierung beeinflußt zweifellos die Deformation durch die Bildung des Schmierfilmes. Er muß eine Vergrößerung der tragenden Fläche bewirken. Hierin dürfte auch der Grund liegen, daß die errechneten Werte gegen die Messungen etwas zu groß werden.

Um zu praktisch brauchbarer Annäherung zu kommen, werden mittlere Werte für Stahlräder eingesetzt, $b = 20\,m$, $t = m\,\pi$, $U/bt\cos\alpha_w = 100$, $k = 0{,}5$, dann ergibt sich für das 3. Glied der Klammer

$$\ln\frac{b^3\cos^2\alpha_w}{\varrho\,k\,U} = \ln\frac{m\cos\alpha_w}{\varrho} + \ln\frac{20^2}{100\cdot0{,}5\cdot\pi}$$

$$= \ln\frac{m\cos^2\alpha_w}{\varrho} + 0{,}936.$$

Erweitert man den Klammerausdruck der Gl. (1.104a) mit 2, dann ist für Stahl die Summe der beiden ersten Glieder 14,98; demgegenüber ist das Glied 0,936, das den Einfluß der Kraft U enthält, nicht erheblich. Man erhält also schließlich für Stahl und $\alpha = 20°$:

$$f_\varrho = \frac{0{,}305}{100}\,\frac{k\,U}{b}\left(15{,}8 + 2{,}3\lg\!\left(\frac{m}{\varrho}\right)\right)$$

$$= K_\varrho\,k\,\frac{U}{b}. \qquad (1.104\,\mathrm{b})$$

Die Verformung f_g eines Zahnes läßt sich also ausdrücken durch die Beziehung:

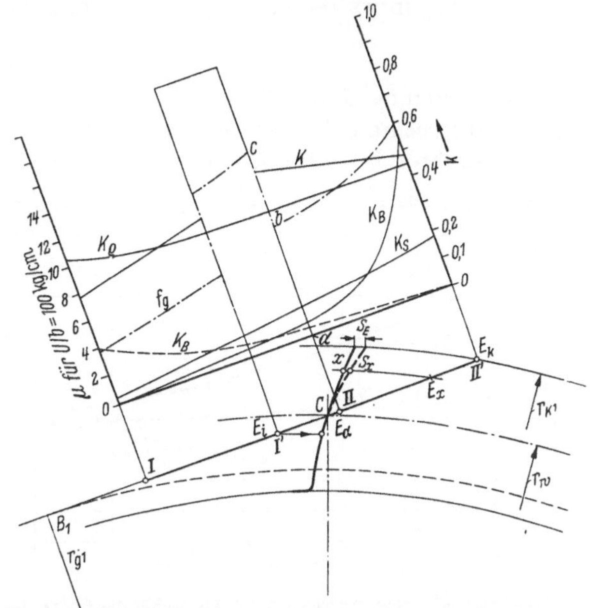

Abb. 1.69. Elastische Deformation der DIN-Verzahnung 25/125 und Lastverteilung $k\,U$, über der Eingriffslinie aufgetragen. Ausgezogene Linie für Ritzel, gestrichelte Linie für Rad. Federungszahlen K_B, K_S und K_ϱ entsprechen der Deformation für Lastverteilungsfaktor $k = 1$. Gesamtdeformation, strichpunktiert, unter Berücksichtigung von k. Lastverteilungsfaktor k zur Ermittlung der tatsächlichen Zahnbelastung $k\,U/b$ [kg/cm].

$$F_g = k\,U/b\,(K_B + K_s + K_\varrho) = k\,U/b \cdot K_g. \qquad (1.105)$$

Die Federungszahlen K_g sind unabhängig vom Modul.

Damit ist die gesamte Verformung f der Gl. (1.89) aus den Einzelwerten f_B [Gl. (1.96) bzw. (1.101)], f_s [Gl. (1.102) bzw. (1.103)] und f_ϱ [Gl. (1.104)] bestimmt, wenn der Lastverteilungsfaktor k bekannt ist. Dies ist der Fall bei dem Zahneingriff innerhalb der EW-Punkte. Dort wird die volle Belastung U nur von einer Flanke getragen, der Faktor k kann also gleich 1 gesetzt werden. Die Größen f_B für die Durchbiegung und f_S für Schub treten am Rad- und Ritzelzahn auf, sind also auch getrennt für beide zu rechnen und dann zur Ermittlung der Gesamtverformung zu addieren. Der Einfluß f_ϱ der Abplattung wird unmittelbar für beide Flanken gefunden (Abb. 1.69).

Zur Ermittlung der Verformung außerhalb der EW-Punkte ist die Bestimmung des Faktors k erforderlich.

Wertet man die Messungen nach Abb. 1.70 aus, so ergibt sich bei Stahlrädern im Augenblick des Doppeleingriffes für die Durchbiegung F'_g die Annäherung:

$$F'_g = \left(3{,}9 + \frac{3{,}6}{i} - \frac{\sqrt[3]{z}}{i}\right)\frac{U}{100\,b}\ \ [\mu],\quad (U\ [\mathrm{kg}];\ b\ [\mathrm{cm}]), \qquad (1.106\,\mathrm{a})$$

$$F'_g = C_F\,\frac{U}{100\,b}. \qquad (1.106\,\mathrm{b})$$

Die Verteilung der Zahnkraft. Sind zwei Zähne I und II gleichzeitig im Eingriff, wie das beim Eingriff außerhalb der EW-Punkte der Fall ist, übernimmt jeder von ihnen einen Teil der Belastung. Trägt der Zahn I den Anteil kN der Zahnkraft, z. B. Ritzelfuß mit Radkopf kämmend, so bleibt für den Nachbarzahn II, bei dem der äußere EW-Punkt des Ritzels dann mit dem inneren EW-Punkt des Rades kämmt (Abb. 1.23), die Kraft $(1 - k)N$ übrig. Nachdem die Gleichungen für die elastische Verformung vorliegen, ist die statisch unbestimmte Art der Lastverteilung aus den Federungszahlen K berechenbar. Wird die Gesamtverformung an der einen Eingriffsstellung mit f_I und an der zweiten mit f_{II} bezeichnet, so müssen sich diese elastischen Werte umgekehrt wie die wirkenden Kräfte verhalten. $kU/(1 - k)U = f_{II}/f_I$. Mithin:

$$k = f_{II}/(f_I + f_{II}). \qquad (1.107)$$

An Hand der entwickelten Verformungsgleichungen findet man für die Verformung f_I

$$f_I = kU\,(K_{B1} + K_{B2} + K_{S1} + K_{S2} + K_\varrho) \qquad (1.108)$$

mit den Werten der Eingriffsstelle I. Für f_{II} ermittelt sich der entsprechende Ausdruck. Damit läßt sich die rechte Seite der Gl. (1.107) als Verhältnis der Faktoren K darstellen und der Lastverteilungsfaktor k ist für jeden beliebigen Fall bestimmt.

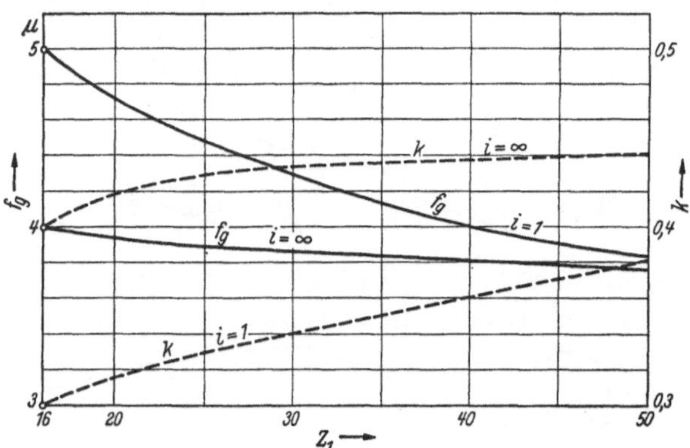

Abb. 1.70. Elastische Gesamtverformung f_g im Beginn des Doppeleingriffes für $U = 100$ kg/cm² bei Stahlrädern und Lastverteilungsfaktor k in Abhängigkeit von der Ritzelzähnezahl z_1. DIN-Verzahnung.

Ergebnis der Rechnung über elastische Deformation. Für das Beispiel einer DIN-Verzahnung 25/125 sind in Abb. 1.69 über der Eingriffslinie die Werte der elastischen Verformung nach den entwickelten Formeln aufgetragen. Für die Größe der Durchbiegung ist der Faktor $(h'/s_f)^3$ maßgebend, wie der Vergleich zwischen ihrem Verlauf beim Ritzel und beim Rad zeigt. Deshalb ist für andere Fälle eine gute Annäherung mit Umrechnung z. B. der Werte der Abb. 1.70 im Verhältnis der Werte $(h'/s_f)^3$ nach DIN zu denen der gegebenen Zahnform möglich. Die Durchbiegung steigt im übrigen nach dem Kopf zu rasch wachsend an. Die Schubkräfte tun

das auch, sind aber weniger stark veränderlich. Die Abplattung verändert sich ebenfalls wenig, solange nicht Pressungswinkel in der Nähe des Grundkreises benutzt werden. *Die elastischen Deformationen liegen jedenfalls in der Größenordnung oder sogar über den Werten der Herstellungstoleranzen.* Deshalb ist ihre Berücksichtigung für ruhig laufende Räder unerläßlich. Für die tatsächliche Verformung ist außerhalb der EW-Punkte die Lastverteilung auf die beiden eingreifenden Zähne zu berücksichtigen, so daß die Federungszahlen K dort nicht den Verformungsverlauf wiedergeben. Der Lastverteilungsfaktor k schwankt mit den Zähnezahlen und Übersetzungsverhältnissen zwischen 0,2 bis 0,5. Unter den Voraussetzungen der Rechnung zeigt der Kräfteverlauf Unstetigkeiten im Anfang, am Ende und in den EW-Punkten des Eingriffes. Die Gesamtverformung f_g liefert das gleiche Erscheinungsbild (Abb. 1.71).

Das Flankeneintrittsspiel s_E. Die wichtigste Folge der elastischen Deformation der eingreifenden Zähne ist die Veränderung der Eingriffsteilung t_e, die die Gefahr des Kanteneingriffes hervorruft. Hierzu ist der Augenblick zu betrachten, wenn zu dem im Punkt E_I im Eingriff befindlichen Zahn I der nächste Ritzelzahn II im Punkte E_{II} zum Eingriff kommen soll, wenn mit anderen Worten Zahn I im äußeren EW-Punkt eingreift. Bei starren Zähnen wäre (Abb. 1.72) $E_0E_I = E_IE_{II} = t_c$, der Herstellung entsprechend. Nun ist aber Zahn I in Pfeilrichtung deformiert durch den vollen Zahndruck, d. h. also, das Stück E_IE_{II} ist um das Verformungsmaß f am beanspruchten Ritzelzahn verkleinert. Der Eingriff erfolgt nicht auf der Eingriffslinie, sondern durch einen Stoß schon vorher. Dieser *Kanteneingriff* muß als gefährliche Lärmquelle gelten und ist daher unbedingt zu vermeiden. Die Möglichkeit hierzu bietet sich nur dadurch, daß der Zahnkopf des getriebenen Rades um das *Flankeneintrittsspiel* s_E zurückgesetzt wird. Allerdings ist zu beachten, daß eine zu große Zurücksetzung einen Teil der Zahnhöhe nicht zum Eingriff kommen läßt und so die Eingriffsdauer verkürzt.

Auf Grund seiner Versuche empfiehlt WALKER eine Zurücksetzung des Kopfes um das Maß s_E der Deformation im äußeren EW-Punkt des Ritzels nach Verteilung der Last auf beide Zähne, d. h. also um die Strecke $\overline{ab}$ der Gesamtdeformation in Abb. 1.69. Dann würde der Kopf des getriebenen Rades bereits vor dem Eingriff auf der geraden Eingriffslinie mit dem Ritzelfuß kämmen (siehe Abb. 1.72) und bei ihrem Erreichen den ihm auf Grund der Lastverteilung zustehenden Anteil der Umfangskraft bereits übernehmen. Die Werte s_E sind nach den Angaben von WAL-KER [18] aus den Beiwerten K' der Abb. 1.70 für Stahlräder mit $E = 2{,}15 \cdot 10^6$ bestimmt. Es gilt:

$$s_E = K'\, U/b \; [\mu], \quad U/b \; [\text{kg/cm}]. \quad (1.109)$$

Für die Belastung U/b wäre diejenige Größe maßgebend, bei der der geräuschloseste Lauf gewünscht wird. Bei Kraftfahrzeugen z. B. im Vorwärtsgang wird die Belastung

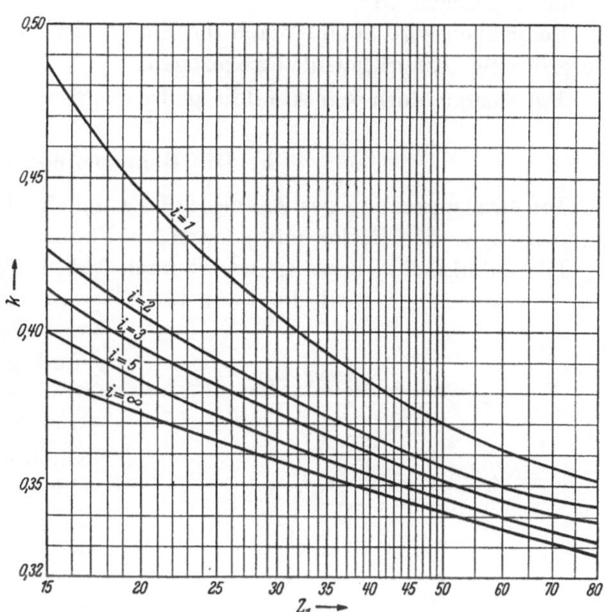

Abb. 1.71. Beiwerte K' für Stahlräder mit $E = 2{,}15 \cdot 10^6$ nach WALKER zur Bestimmung des Flankeneintritttsspieles s_E, das gleich der elastischen Deformation im äußeren EW-Punkt nach Verteilung der Belastung auf zwei tragende Zähne gewählt ist.

zugrunde gelegt, die einer Geschwindigkeit von 60 k/h entspricht, weil bei höheren Leistungen die Motorengeräusche den Getriebelärm verdecken, für die „Rückwärtsflanken" wäre bei treibenden Rädern auf Talfahrt die dann entstehende Belastung zugrunde zu legen. LENZ [15, S. 47] empfiehlt, der Zurücknahme ein Drittel der Vollast zugrunde zu legen. Die Flanke muß dann vom Wälzpunkt an allmählich auf das Flankeneintritts-spiel übergeleitet werden. Für einen beliebigen Punkt, Punkt X, auf der Flanke, dem der Eingriffspunkt E_x entspricht, befürwortet WALKER eine Zurücksetzung s_x nach Gl. (1.110), mit der die besten Laufverhältnisse bei seinen Versuchen erzielt wurden. Die Strecken lassen sich nach den allgemeinen Evolventenbeziehungen durch die tg-Werte der zugehörigen Pressungswinkel ersetzen, und man erhält:

$$s_x = s_E \left(\frac{CX}{CK}\right)^{1,5}$$
$$= s_E \left(\frac{\operatorname{tg}\alpha_x - \operatorname{tg}\alpha_w}{\operatorname{tg}\alpha_k - \operatorname{tg}\alpha_w}\right)^{1,5}. \quad (1.110)$$

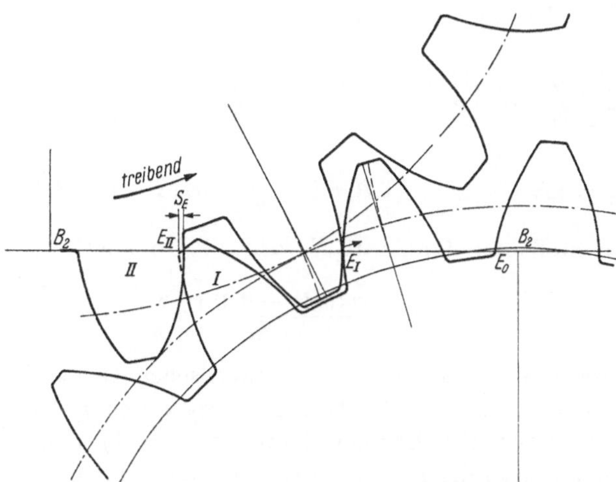

Abb. 1.72. Veränderung der Eingriffsteilung durch die elastische Deformation. Kanteneingriff bei Eingriffsbeginn.

Um den entsprechenden Verhältnissen beim Auslauf zu begegnen, kann man auf zweierlei Weise verfahren. Entweder man gibt auch dem Kopfe des Ritzels ein Flankeneintrittsspiel. Bei der Unsicherheit der zu wählenden Belastung begnügt man sich mit der bei dem Rad verwendeten Zurücksetzung und verwendet dieselbe Bezugszahnstange zur Herstellung.

Vielfach wird aber auch das reine Evolventenprofil des Rades unverändert gelassen, und man gibt der gesamten Ritzelflanke — also sowohl im Kopf wie im Fuß — eine stärkere Wölbung, indem die Erzeugungszahnstange des Ritzels, d. h. die Schleifscheibe, in einem schwachen Kreisbogen abgezogen wird.

Schließlich wird auch einfach die Flanke der Erzeugungszahnstange mit einem um 5′ bis 15′ vergrößerten Eingriffswinkel abgezogen.

Vgl. hierzu auch die Abbildung des englischen Bezugsprofils (Abb. 2.26).

b) Die Beanspruchung des Zahnes.

Die Beanspruchung des Zahnes auf Festigkeit. Diese Beanspruchung ist maßgebend für die Abmessungen der Räder mit gehärteten Flanken bei richtiger Profilverschiebung.

Die Zahnkraft N bzw. kN ergibt nach Abb. 1.73 Spannungen im Zahnfuß. Zur Berechnung dieser Spannungen wird die Zahnstärke s_i am Halbmesser r_i nach den spannungsoptischen Versuchen von NIEMANN [9] $r_i = r_0 - (m - x)$ zugrunde gelegt. Andere Auffassungen vertritt Zahnradfabrik Friedrichshafen [34]. Es entsteht nach dem Abschnitt über die Wirkung der Kräfte eine Biegespannung σ_B, eine Druckspannung σ_D und eine Schubspannung τ. Nach den allgemeinen Regeln der Festigkeitslehre ergibt sich für die Zahnbreite b bei Anwendung der Gln. (1.85) und (1.86) (Abb. 1.73)

$$\sigma_B = M/W$$
$$= \frac{6\,k\,N\cos(\alpha - \sigma/2)}{b\,s_i}\,(u - s_u/2\,\mathrm{tg}\,(\alpha - \sigma/2)),$$
$$(1.111\,\text{a})$$
$$\sigma_D = \frac{k\,N}{F}\sin(\alpha - \sigma/2) = \frac{k\,N}{b\,s_i}\sin(\alpha - \sigma/2),\quad (1.111\,\text{b})$$
$$\tau = \frac{k\,N}{b\,s_i}\cos(\alpha - \sigma/2),\qquad\qquad (1.111\,\text{c})$$

k gibt im Sinne des vorigen Abschnittes den auf den betrachteten Zahn entfallenden Teil des Zahndruckes, wenn mehrere Zähne im Eingriff sind. Für die resultierende Nennspannung σ_n ergibt sich daraus

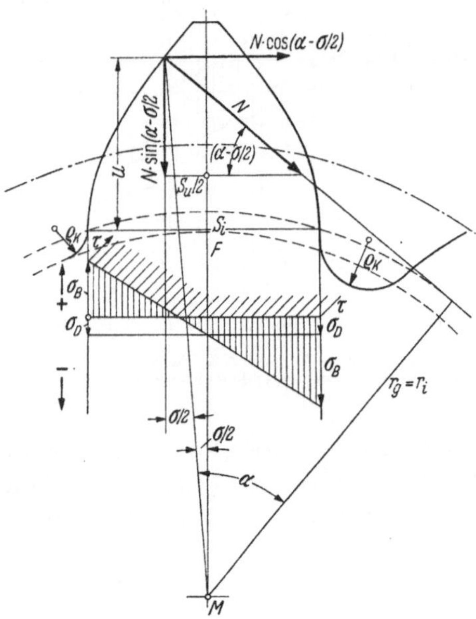

Abb. 1.73. Die durch die Zahnkraft N hervorgerufenen maximalen Nennspannungen für den Querschnitt am Beginn der Abrundung mit der Zahnstärke s_i.

$$\sigma_n = (\sigma_B - \sigma_D)^2 + (1{,}75\,\tau)^2 = \frac{k\,N}{b\,s_i}\cos(\alpha - \sigma/2)\sqrt{\left[\frac{6\,u}{s_i} - \frac{3\,s}{s_f}\,\mathrm{tg}\,(\alpha - \sigma/2) - \mathrm{tg}\,(\alpha - \sigma/2)\right]^2 + 1{,}75^2}.$$

An Stelle der Zahnkraft N wird die Umfangskraft U eingeführt, und man setzt

$$q = \frac{m\cos(\alpha - \sigma/2)}{s_i\cos\alpha_w}\sqrt{\left[\frac{6\,u}{s_i} - \mathrm{tg}\,(\alpha - \sigma/2)\,(3\,s_u/s_i + 1)\right]^2 + 3{,}06}.\qquad (1.112)$$

Dieser Wert q enthält die geometrischen Größen der Verzahnung und wird daher als *Zahnformfaktor* bezeichnet. Die größte Spannung σ_g kann für U am äußeren EW-Punkt auftreten, denn dort wirkt die volle Zahnkraft ($k = 1$), und außerdem überträgt der Kopf noch weniger als ihm nach der Rechnung zukäme, da er bei hochwertigen Rädern nach dem vorigen Abschnitt zurückgesetzt werden muß. σ_g kann aber auch für kU am Kopf auftreten. Zur Berechnung des Zahnformfaktors sind also für die Größen α, σ, u und s_u die für den äußeren EW-Punkt oder ausnahmsweise die für den Kopf u maßgebenden Werte einzusetzen. Für die größte Nennspannung σ_g ergibt sich somit:

$$s_g = Uq/b\,m < \sigma_{zul}.\qquad (1.113)$$

Für DIN-Verzahnung kann q Abb. 1.74 entnommen werden. Spielt das Gewicht der Räder keine Rolle, können für σ_{zul} Werte verwendet werden, die bei Stählen etwa ein Drittel der Streckgrenze erreichen, oder das 0,3fach der in Tafel VI angegebenen Werte der Schwellfestigkeit. Bei unlegiertem Ge gilt 400 bis 950 kg/cm², je nach dessen Bruchfestigkeit, der letztere Wert gilt auch für Stg 52.

Wenn es auf Gewichtsersparnis ankommt, also vor allem im Fahrzeugbau, sind für die Berechnung die Erkenntnisse aus der Dauerfestigkeit anzuwenden. Hiernach ist die tatsächlich auftretende Randspannung σ_k größer als die errechnete Nennspannung σ_n nach der Beziehung:

$$\sigma_k = \beta_k \sigma_n. \qquad (1.114)$$

Der Faktor β_k wird als Kerbziffer bezeichnet. Für ihn gilt folgende Abhängigkeit:

$$\beta_k = \left(1 + \eta_k \left(a_k - 1\right)\right) 1/o_k \ {}^*. \qquad (1.115)$$

In dieser Gleichung soll durch die Formziffer a_k der Einfluß der Abrundungsgröße ϱ_k (Abb. 1.73) auf die Kerbwirkung, durch η_k als Empfindlichkeitsziffer der Einfluß der verschiedenen Werkstoffe und durch die

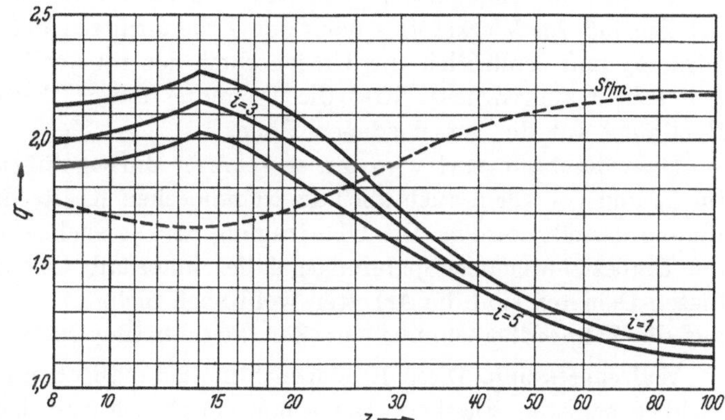

Abb. 1.74. Zahnformfaktor q für DIN-Verzahnung.

Oberflächenziffer o_k die Einwirkung der Oberflächengüte ausgedrückt werden. Über die Formziffer a_k geben die Versuche von NIEMANN und GLAUBITZ einigen Aufschluß; bei gewöhnlicher Ausbildung der Zahnabrundung mit $\varrho_k = 0,2$ m wäre $a_k = 2,1$ zu setzen, bei Ausrundung des gesamten Zahngrundes (Abb. 1.73, rechts) geht die Formziffer auf 1,8 herunter. Die Oberflächenziffer wird durch die Kerbwirkung der Bearbeitungsriefen bedingt. Für hochglanzpolierte Flächen ist sie 1 zu setzen. Ihr Verlauf ist außerdem von der Härte (Brinellfestigkeit) des Werkstoffes abhängig, wie in Abb. 1.75 dargestellt. Die Werte der Empfindlichkeitsziffer η_k sind aus Zahlentafel VI zu entnehmen. Für den kerbempfindlichsten Stoff ist $\eta_k = 1$ gesetzt, bei unempfindlichen Stoffen wird $\eta_k = 0$, z. B. bei Ge. Die Werte der erwähnten Versuchsreihe [9] entsprechen bei entsprechender Auswertung im wesentlichen den auch sonst gefundenen Größen obiger Faktoren. Sie bestätigen sehr deutlich bei Einsatzstählen die außerordentliche Wichtigkeit hoher Oberflächengüte im Zahngrund als den Stellen größter Spannungen. Im *Zahngrund polierte Zähne aus gehärtetem Einsatzstahl ergeben eine Erhöhung der Dauerfestigkeit um mehr als 40%.* Der Einfluß der größeren Ab-

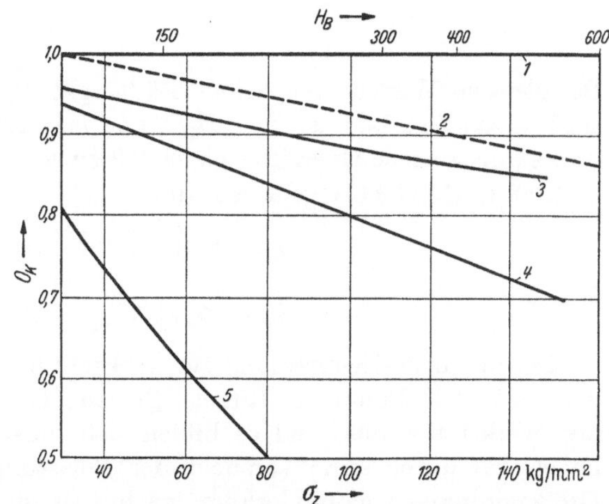

Abb. 1.75. Oberflächenziffer o_k für verschiedene Oberflächengüte des *Zahngrundes* in Abhängigkeit von der Brinellhärte. Hochpoliert (Kurve *1*) $o_k = 1$, geschliffen Kurve *2*, gefräst oder gehobelt Kurve *3*. Zum Vergleich Einfluß eines Spitzkerbes Kurve *4*. Walzhaut Kurve *5*.

rundung tritt demgegenüber stark zurück. Wird die Kerbziffer β_k aus den Einzelfaktoren richtig bestimmt, dann kann die Randspannung gleich der Dauerfestigkeit sein. Übertragen die Räder die Biegungsmomente nur in einer Richtung, dann ist die Biegungsschwellfestigkeit σ_{ub} zulässig. Bei Zähnen, die in beiden Richtungen beansprucht werden, also wohl nur am umlaufenden Rad der Umlaufgetriebe, ist nur die Biegewechselfestigkeit σ_{wb} zulässig. Bei der Unsicherheit der tatsächlich auftretenden Kräfte ist allerdings noch mit einem Sicherheitsfaktor ν zu rechnen. Dieser wird zwischen 1,25 bis 2 zu wählen sein, die höheren Werte, vor allem in den Fällen,

---

* a_k ist Ausweichzeichen für das sonst gebrauchte α_k, das hier den Kopfpressungswinkel bedeutet.

wo stoßweise Belastungen auftreten. Man erhält demnach mit den Werten σ_D und β_k nach Tafel VI auf Grund der Gln. (1.80), (1.112) und (1.115) schließlich für die Festigkeitsberechnung den Endwert:

$$\sigma_{zul} = \sigma_D = (U_s + U_d)\, q\, \beta_k\, v/b\, m\,. \tag{1.116}$$

Das Produkt $(q\,\beta_k\,v)$ ist der „Zahnformfaktor" im Sinne der älteren Berechnungsart. In Gl. (1.116) ist dagegen der Einfluß der geometrischen Zahnform durch den wirklichen Zahnformfaktor q, der Einfluß des Werkstoffes nach den Erkenntnissen über die Dauerfestigkeit durch die Kerbziffer β_k und schließlich die Unsicherheit der tatsächlichen Zahnbelastung durch die Sicherheitszahl v ausgedrückt. Erst die Trennung dieser Faktoren ermöglicht die Anwendung der Rechnung auf die verschiedenen Fälle.

Diese Rechnungsart wird um so schärfer durchgeführt werden können, je mehr Unterlagen für α_k und vor allem auch über die dynamischen Kräfte durch systematische Versuche zur Verfügung gestellt werden. Die Übertragung der Versuchswerte auf andere Modulwerte wird durch die Einbeziehung des Spannungsgefälles innerhalb des Querschnittes erleichtert werden. Auf diesen Gebieten sind die Arbeiten wohl noch nicht so weit abgeschlossen, daß eine Übertragung auf die Zahnradberechnung zur Zeit zweckmäßig wäre.

Walzenpressung. Diese Beanspruchung ist maßgebend für die Abmessungen der Räder mit nicht gehärteten Flanken. Die schon im Abschnitt über die elastischen Deformationen behandelte Abplattung der Zahnflanken unter der Zahnkraft N ergibt auch nach den HERTZschen Gleichungen die Unterlage zur Berechnung des größten Flächendruckes p.

$$p^2 = \frac{E_m}{2\,\pi\,(1 - v^2)}\,\frac{N}{b}\,\frac{1}{\varrho}\,. \tag{1.117}$$

E_m ist der mittlere Elastizitätsmodul der beiden Flankenwerkstoffe, deren Ritzelwerkstoff E_1 und deren Radwerkstoff E_2 als Elastizitätsmodul haben. Es gilt $1/E_m = 1/2\,(1/E_1 + 1/E_2)$ oder

$$E_m = \frac{2\,E_1\,E_2}{E_1 + E_2}\,. \tag{1.118}$$

Bei gleichen Werkstoffen beider Räder gilt $E_1 = E_2 = E_m$. Läuft ein Ritzel aus Stahl gegen ein Rad aus Ge, dann ist $E_2 = E_1/2$, und man erhält dann $E_m = E_1/1,5$. Der Wert v in Gl. (1.117) ist als POISSONsche Querziffer gleich 0,3 zu setzen; die mittlere Krümmung $1/\varrho$ ist nach Gl. (1.79) bestimmt. Gl. (1.117) geht also über in

$$p = 60,6\,\sqrt{N/b\,\varrho} \quad [\text{kg/mm}^2]\ \text{für Stahl/Stahl} \tag{1.118a}$$

und

$$p = 49,5\,\sqrt{N/b\,\varrho} \quad \text{St/Ge}\,. \tag{1.118b}$$

Der durch Walzenpressung am stärksten beanspruchte Punkt ist nach zahlreichen Versuchen der innere EW-Punkt des Ritzels. Bei zu hohem Flächendruck p brechen dort kleine Teilchen des Werkstoffes aus, und es bilden sich muschelförmige Grübchen (pittings). BARTEL, Hannover, hat durch seine Versuche der Belastung geschmierter metallischer Oberflächen in der Größenordnung von 100 kg/mm² nachgewiesen, daß unter solchen Drücken das Öl in die Zwischenräume der Werkstoffkristalle eindringt und diese mit der Zeit herausdrückt. Auch die Reibungskräfte scheinen bei der Grübchenbildung eine Rolle zu spielen, denn die Erscheinung tritt immer im Gebiet der stoßenden Reibung auf.

Die größte Walzenpressung kann theoretisch auftreten entweder am inneren EW-Punkt des Ritzels mit der vollen Zahnkraft N und dem Pressungswinkel $\alpha_{e\,i}$ oder am innersten Eingriffspunkt der Ritzelflanke mit etwa $0,7\,N$ — die restlichen $0,3\,N$ trägt noch der Kopf des nächsten Zahnes — und dem Pressungswinkel α_i. In Rücksicht auf die vorhandenen Versuchswerte wird die Rechnung jedoch nur für den inneren EW-Punkt durchgeführt.

Ersetzt man die Zahnkraft N durch $U/\cos\alpha_w$ [Gl. (1.83)], so lautet für den inneren EW-Punkt Gl. (1.117) unter Verwendung von Gl. (1.79c) für ϱ, bezogen auf den inneren EW-Punkt:

$$p^2 = 0,175\,E_m\,U/b\varrho\,\cos\alpha_w\,, \tag{1.119}$$

$$U/b = 5,72\,p^2/E_m \cdot \varrho\,\cos\alpha_w = 2,86\,p^2/E_m \cdot d_{01}\,\cos\alpha_0 \cdot \cos\alpha_w/E_m\,(\operatorname{ctg}\alpha_{e\,i} \pm 1/i \cdot \operatorname{ctg}\alpha_2)\,.$$

Setzt man den Werkstoffeinfluß aus Gl. (1.119) gleich dem Werte p_{zul}:

$$2{,}85\, p^2/E_m = p_{zul},\qquad\qquad (1.20)$$

so ergibt sich als Endform der Ausgangsgleichung:

$$\frac{U}{b\,d_{01}} = p_{zul}\cos\alpha_0\cos\alpha_w/(\operatorname{ctg}\alpha_{e\,i}\pm 1/i\cdot\operatorname{ctg}\alpha_2)\,,\quad [\text{kg/mm}^2].\ \text{Für St/St und Ge/Ge.}\qquad (1.21\,\text{a})$$

Hierbei sind $\alpha_{e\,i}$ und α_2 Gegenwinkel und durch Gl. (1.65) verbunden.

Für den zweiten Fall der Untersuchung am inneren Eingriffspunkt würde gelten, wenn $1/0{,}7 = 1{,}43$ gesetzt wird, indem $0{,}7\,U$ am Fuß des untersuchten Zahnes übertragen werden.

$$\frac{U}{b\,d_{01}} = 1{,}43\, p'_{zul}\cdot\cos\alpha_0\cos\alpha_w/(\operatorname{ctg}\alpha_i\pm 1/i\cdot\operatorname{ctg}\alpha_2).\qquad (1.121\,\text{b})$$

α_2 ist in diesem Falle der zu α_i gehörige Gegenwinkel (Gl. 1.65).

Für verschiedene Werkstoffe der miteinander kämmenden Räder ist nach Gl. (1.118) E_m auszurechnen. Für St/Ge ist der Wert von p_{zul} mit 1,5 zu vervielfachen. Die Versuche von NIEMANN [22] bestätigen, daß die Erscheinung der Grübchenbildung ein Ermüdungsvorgang des Werkstoffes ist, denn die Versuchswerte von p_{zul} tragen deutlich die Kennzeichen einer Dauerfestigkeit, d. h., sie streben mit der Zahl der „Überrollungen" nach einem Grenzwert hin. Dieser liegt etwa bei:

$$p_{zul} \approx 0{,}1\left(\frac{H_B}{100}\right)^2\ \ [\text{kg/mm}^2].\qquad (1.121\,\text{c})$$

Genauere Werte sind in Tafel VI mit $E_m = E_1 = E_2 = 2{,}1\cdot 10^4$ [kg/mm²] enthalten. Deutlich zeigt sich der große Einfluß, den die Oberflächenhärte durch die Brinellhärtezahl H_B hat. Die Werte der Gl. (1.121 c) gelten für die Ölzähigkeit von 13 Englergrad, für zäheres Öl steigt der zulässige Wert von p. Steigt die Ölzähigkeit von 1,5 auf 40 Englergrad, so erreichen die Werte von p_{zul} das 0,7- bzw. 1,35fache der obigen Grundwerte. Bei der Unsicherheit der Betriebstemperaturen in vielen Fällen ist allerdings auch große Unsicherheit der Ölzähigkeit zu erwarten und erhöhte Werte sind mit Vorsicht in die Rechnung einzusetzen.

Einwirkung der Reibungskräfte. *Abnutzung der Flanken. Flächenreibungsleistung.* Die Reibungskräfte ergeben mit der Gleitung g eine Reibungsarbeit $\mu N g$ und unterwerfen dadurch die Zahnflanken einem Verschleiß. Bei neuen Rädern wird im ersten Stadium durch den Abrieb ein „Einlaufen" bewirkt, bei dem die Oberflächen beider Räder sich aneinander anpassen, dann erfolgt im zweiten Stadium eine wesentlich langsamere und gleichmäßigere Gewichtsverminderung, und schließlich im dritten Stadium durch beginnende Zerstörung der richtigen Flankenform ein starker Abrieb. Nach Versuchen [23] von ULRICH und GLAUBITZ mit Zahnrädern $m = 3$, $b = 10$, $z_1/z_2 = 22/32$, DIN-Verzahnung, beträgt beim Einlaufen der Abrieb für Werkstoff EC 80 bis zu einer übertragenen Arbeit von 350 PSh 14 mg/100 PSh und sinkt dann im zweiten Stadium auf 1,3 mg/100 PSh. Bei diesem geringen Unterschied der Zähnezahlen sind Rad und Ritzel gewichtsmäßig gleichstark am Abrieb beteiligt; das bedeutet allerdings, daß auf die Flanken bezogen der Abrieb bei dem Ritzel mit seiner kleineren Zähnezahl größer ist. Die Erfahrung an Getrieben zeigt stets, daß der Fuß des Ritzels am stärksten verschleißt. Das erklärt sich aus der Einwirkung der stoßenden Reibung, bei der der Anteil der Flüssigkeitsreibung geringer ist. (Siehe Abb. 1.64.)

Sind einzelne Flankenteile der Abnutzung besonders ausgesetzt, so wird der tragende Teil der Flanke verringert und die erhöhte Flächenbeanspruchung auf den restlichen Teilen läßt auch diese rasch abnutzen. Es kommt deshalb darauf an, an irgendeiner Stelle Spitzenbeanspruchungen zu vermeiden. Für diese letztere bekommt man einen zahlenmäßigen Ausdruck in der *Flächenreibungsleistung* L_R [mmkg/mm²sek]. Das ist die Reibungsarbeit an einer Fläche F, die durch die Abplattung der Flanken an der Berührungsstelle entsteht.

$$L_R = \mu\, p\, v_g.\qquad (1.122\,\text{a})$$

Für p kann der Wert der HERTZschen Gl. (1.119) verwendet werden, da nur ein Vergleichswert gebraucht wird und die Berücksichtigung der Druckverteilung auf der Abplattung die

Rechnung unverhältnismäßig erschwert. Die Gleitgeschwindigkeit v_g ist nach Gl. (1.78) bestimmt. Mithin

$$L_R = \mu\,0{,}592\,\sqrt{E_m}\,\sqrt{U/b}\,\sqrt{\frac{2\,(1/\mathrm{tg}\,\alpha_1 \pm 1/i\,\mathrm{tg}\,\alpha_2)}{m\,z_1\cos\alpha_0\cos\alpha_w}}\,(1+1/i)\,(\mathrm{tg}\,\alpha_1 - \mathrm{tg}\,\alpha_w)\cos\alpha_w\,m\,z_1\,\omega_1$$

$$= 0{,}837\,\mu\,\omega_1\,\sqrt{m\,z_1}\,\sqrt{E_m}\,\sqrt{U/b}\left[(1\pm 1/i)\,\sqrt{\frac{1/\mathrm{tg}\,\alpha_1 \pm 1/i\,\mathrm{tg}\,\alpha_2}{\cos\alpha_0\cos\alpha_w}}\,(\mathrm{tg}\,\alpha_1 - \mathrm{tg}\,\alpha_w)\right].$$

Setzt man

$$(1\pm 1/i)\,\sqrt{\frac{1/\mathrm{tg}\,\alpha_1 \pm 1/i\,\mathrm{tg}\,\alpha_2}{\cos\alpha_0\cos\alpha_w}}\,(\mathrm{tg}\,\alpha_1 - \mathrm{tg}\,\alpha_w) = F(\alpha,i)\,, \qquad (1.122\,\mathrm{b})$$

so erhält man schließlich:

$$L_R^{\cdot} = 0{,}837\,\mu\,\omega_1\,\sqrt{m\,z_1}\,\sqrt{E_m}\,\sqrt{U/b}\,F(\alpha,i) \quad \left[\frac{\mathrm{kgmm}}{\mathrm{mm^2\,sek}} = \mathrm{kg/mm\,sek}\right]. \qquad (1.122\,\mathrm{c})$$

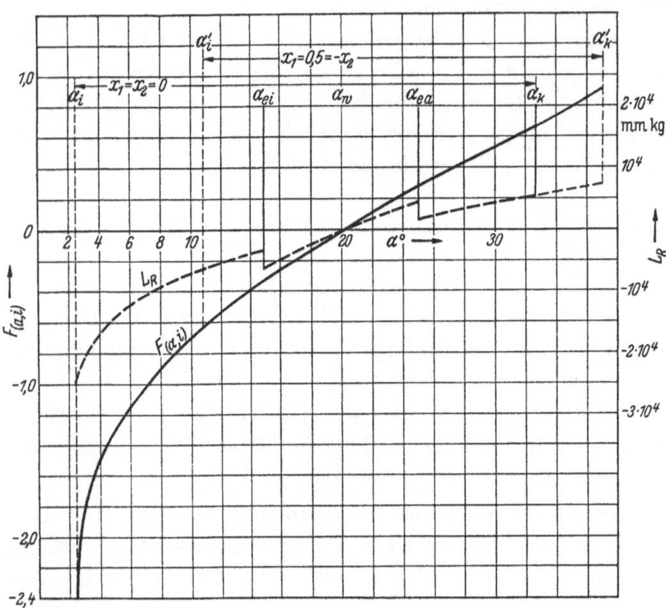

Diese Funktion $F(\alpha,i)$ aus den geometrischen Größen der Verzahnung stellt ihren geometrischen Verschleißwert dar, der auch die Grundlage für eine Beurteilung der Lebensdauer bildet. Ihren Verlauf erkennt man aus Abb. 1.76, wo sie für ein Getriebe 17/51 und DIN-Verzahnung in Abhängigkeit vom Pressungswinkel α_1 aufgetragen ist. $F(\alpha,i)$ ist im Wälzpunkt O und steigt mit positiven Werten nach dem Kopf langsam, nach dem Fuß mit negativen Werten erst langsam, dann aber mit kleiner werdendem α sehr rasch an. Die ungünstige Wirkung kleiner Pressungswinkel innerhalb der arbeitenden Flanke wird deutlich erkennbar. Ein unendlich großer Wert für $\alpha = 0$ wird in diesem Getriebe nur dadurch vermieden, daß die Pressungswinkel unter 2° am Ritzelfuß weggeschnitten sind. Im

Abb. 1.76. $F(\alpha,i)$ nach Gl. (1.122 b) und L_R (gestrichelt) nach Gl. (1.122 c) für Getriebe 17/51 DIN-Verzahnung, $m = 3$, $u/b = 10$ kg/mm², $w_1 = 100$ sec⁻¹. Flankenbereich für DIN-Verzahnung von α_i bis α_k. Flankenbereich für Verzahnung mit Profilverschiebung $x_1 = 0{,}5 = -x_2$ von α_1' bis α_k'.

Fuß erreicht $F(\alpha,i)$ etwa den 2,5fachen Wert des Kopfes. Dies wird durch die Erfahrung bestätigt, nach der eine Abnutzung ganz überwiegend im Fuß auftritt.

Die gesamte Flächenreibungsleistung L_R nach Gl. (1.122 c) verläuft ähnlich. Am inneren und äußeren EW-Punkt verläuft die Verschleißleistung L_R unstetig entsprechend dem Übergang von einem auf zwei tragende Zähne. Außerhalb der EW-Punkte ist die Verteilung der Last U auf zwei Zähne zu berücksichtigen. (Siehe Text zu Abb. 1.76.) Auch der Wert von μ dürfte an Kopf und Fuß verschieden sein. Insgesamt werden dadurch die Belastungen an Kopf und Fuß noch unterschiedlicher. In dem Beispiel ist der Fuß dem 5fachen Verschleißwert des Kopfes bei DIN-Verzahnung ausgesetzt.

Da die Abmessungen der Verzahnung im wesentlichen durch die $F(\alpha,i)$ ausgedrückt sind, abgesehen von der geringfügigen Veränderung des Lastverteilungsfaktors k [siehe Gl. (1.107)], gilt: *Der auftretende Größtwert des geometrischen Verschleißfaktors $F(\alpha,i)$ an der Zahnflanke des Ritzels ist ein zahlenmäßiger Ausdruck der zu erwartenden Lebensdauer.*

Nach Abb. 1.76 wird $F(\alpha,i)$ herabgesetzt, wenn die kleinen Pressungswinkel vermieden werden. Dies wird durch eine positive Profilverschiebung erreicht. Für das Getriebe in Abb. 1.76 ist unter Beibehaltung des Wälzwinkels $\alpha_w = 20°$ (VO-Getriebe) eine Profilverschiebung von $x_1 = 0{,}5$ ($x_2 = -0{,}5$) mit eingetragen. Hierdurch wird der Größtwert von $F(\alpha,i)$ nach dem Kopf verlagert und erreicht nur 37% des Wertes der DIN-Verzahnung.

Hinsichtlich des Verschleißes erhält man die günstigste Verzahnung, wenn die Werte für die Flächenreibungsleistung in Kopf L_{RK} und im Fuße L_{RF} gleichgroß werden.

$$L_{RK} = L_{RF}. \tag{1.122d}$$

Dieses Ziel kann durch geeignete Profilverschiebungen in Rad und Ritzel x_1 bzw. x_2 erreicht werden. Die nach diesen Grundsätzen aufgebaute Verzahnung ist wegen ihrer Lebensdauer im folgenden als *L-Verzahnung* bezeichnet und S. 88 ausführlich behandelt.

Um aus der $F(\alpha, i)$ die Flächenreibungsleistung L_R zu berechnen, müssen in Kopf und Fuß die Reibungswerte μ_s und μ_z sowie der Lastverteilungsfaktor k (siehe S. 42) bestimmt sein. In Gl. (1.122c) tritt an Stelle der Kraft U am Kopf der Anteil kU und am Fuße $(1-k)U$. Für die Flächenreibungsarbeit L_{RK} am Kopf ergibt sich

$$L_{RK} = 0{,}837 \sqrt{E_m} \sqrt{U/b}\, \omega_1 \mu_z \sqrt{k} \sqrt{mz_1}\, F(\alpha, i).$$

Es sei vereinfacht angenommen $\mu = 0{,}08$, $k = 0{,}39$, für Räder Stahl/Stahl ist $E_m = E_1 = 2{,}1 \cdot 10^4$. Um ein Bild über die Abnutzung zu erhalten, ist zu berücksichtigen, daß diese sich auf z_1-Ritzelzähne verteilt, sie muß also auf die Zähnezahl z_1 bezogen werden und ist damit durch den Begriff Abnutzung = Flächenreibungsleistung/Zahn = L_R/z_1 gegeben. Dafür ergibt sich nunmehr am Zahnkopf:

$$L_{RK}/z_1 = 109 \frac{F(\alpha_k, i)}{\sqrt{z_1}} \sqrt{m}\, \sqrt{U/b}\, \omega_1 \quad \text{[kg/mm sek] Räder St/St oder Ge/Ge,} \tag{1.122d}$$

$$L_{RK}/z_1 = 89 \frac{F(\alpha_k, i)}{\sqrt{z_1}} \sqrt{m}\, \sqrt{U/b}\, \omega_1 \quad E_m \text{ nach Gl. 118 für Räder St/Ge.} \tag{1.122e}$$

Am Zahnfuß erhält man:

$$L_{RF}/z_1 = 135 \frac{F(\alpha_i, i)}{\sqrt{z_1}} \sqrt{m}\, \sqrt{U/b}\, \omega_1 \quad \text{St/St oder Ge/Ge,} \tag{1.122f}$$

$$L_{RF}/z_1 = 110 \frac{F(\alpha_i, i)}{\sqrt{z_1}} \sqrt{m}\, \sqrt{U/b}\, \omega_1 \quad \text{St/Ge,} \tag{1.122g}$$

Abnutzungsfaktor $109 \dfrac{F(\alpha_i, i)}{\sqrt{z_1}}$ bzw. $135 \dfrac{F(\alpha_i, i)}{\sqrt{z_1}}$ $[\text{kg}^{1/2}/\text{mm}]$

ist für DIN-Verzahnung in Abb. 1.77 dargestellt. Man sieht, wieviel ungünstiger die Verzahnung im Fuß als im Kopf des Ritzels beansprucht wird. Im Vergleich hierzu sind die Werte für LVO-Verzahnung (s. Abb. 2.34) gestrichelt eingezeichnet. Sie sind im Kopf und Fuß gleich hoch und unterschreiten bei den kleinen Zähnezahlen noch die günstigen Werte im Kopf der DIN-Verzahnung. Nach Ablesung des Abnutzungsfaktors aus Abb. 1.77 ist durch Multiplikation mit $\sqrt{m} \sqrt{U/b}\, \omega_1 \,[\text{kg}^{1/2}\,\text{sek}^{-1}]$ die Flächenreibungsleistung für den Einzelfall leicht zu bestimmen. Die Abnutzungsfaktoren für Getriebe St/Ge sind aus den aufgetragenen Werten für Getriebe St/St durch Multiplizieren mit dem Verhältnis $89/109 = 110/135 = 0{,}817$ zu berechnen.

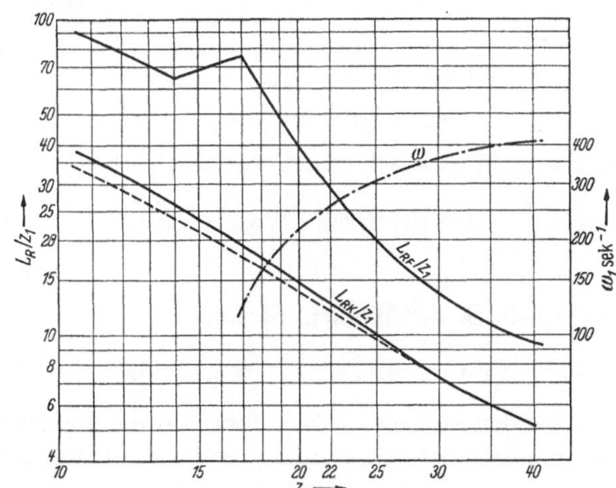

Abb. 1.77. Abnutzungsfaktor $135\, F(\alpha_i, i)/\sqrt{z_1}$ und $109\, F(\alpha_k, i)/\sqrt{z_1}$ $[\text{kg}^{1/2}\,\text{mm}^{-1}]$ für DIN-Verzahnung und gestrichelt gezeichnet für L-Verzahnung (VO-Getriebe), Räder Stahl/Stahl oder Ge/Ge. Höchstzulässiger Wert ω_1 nach Gl. (1.136) ($p\,v_g\,y$-Verfahren siehe S. 53) für DIN-Verzahnung, $m = 3$, $U/b = 7{,}5$ kg/mm.

Reibungsleistung, Wirkungsgrad. Die gesamte Leistung, die durch die Reibungskräfte an den Flanken entwickelt wird, setzt sich in Wärme um und geht bei der Übertragung als mechanische Leistung verloren. Die Größe dieser Verlustleistung L_V an jedem Punkt der Eingriffslinie bestimmt sich aus dem Produkt der Reibungskraft μN mit der dortigen Gleitgeschwindigkeit v_g, da allgemein die Leistung das

Produkt von Kraft und der Geschwindigkeit dieser Kraft ist. Also $L_V = \mu N v_g$. Nach Anwendung von Gl. (1.22) ist dieser Leistungsverlust

$$L_R = \mu(\omega_1 \pm \omega_2)\, y\, U/\cos\alpha_w, \tag{1.123}$$

wenn y den Abstand des betrachteten Punktes auf der Eingriffslinie vom Wälzpunkt C bedeutet. In Abb. 1.78 sind diese Werte über der Eingriffslinie aufgetragen. Unter der vereinfachenden Annahme einer gleichbleibenden mittleren Reibungszahl μ, also etwa $\mu = 1/2\,(\mu_s + \mu_z)$, steigen diese Verlustleistungen vom Wälzpunkt C aus verhältnisgleich zu y an. In den Stücken vom inneren Eingriffspunkt I bis zum inneren EW-Punkt E_i und vom äußeren EW-Punkt E_a bis zum Kopfpunkt K tragen zwei Zähne. Es wäre also der Faktor k nach Abb. 1.70, der den Anteil von N bei Doppeleingriff ausdrückt, einzusetzen. Statt dieser genauen Angabe ist angenommen, daß der Zahnfuß zwei Drittel und der Zahnkopf ein Drittel des Zahndruckes aufnimmt entsprechend den mittleren Werten von k. An Stelle der veränderlichen Verlustleistung L_R kann eine mittlere über die Eingriffslinie gleichbleibende Leistung L_{Rm} gesetzt werden. Diese kann dadurch ermittelt werden, daß man in Abb. 1.78 der Rechteckfläche $L_{Rm}\,(y_i + y_k)$ denselben Flächeninhalt gibt, wie den schraffierten Flächen der absoluten veränderlichen Verlustleistungen L_v. Man erhält:

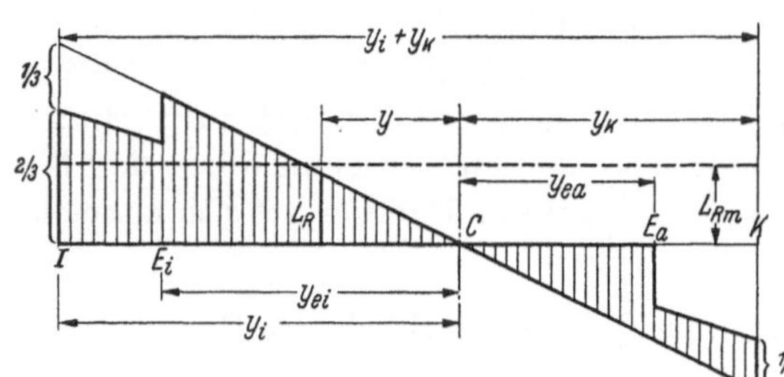

Abb. 1.78. Reibungsleistung L_R über der Eingriffslinie IK aufgetragen, L_{Rm} mittlere Reibungsleistung.

$$(y_i + y_k)\,L_{Rm} = L_{ei}\,y_{ei}/2 + L_{ea}\,y_{za}/2 + 2/3 \cdot (L_i + L_{ei})(y_i - y_{ei})/2$$
$$+ 1/3 \cdot (L_k + L_{ea})(y_k - y_{ea})/2.$$

Ersetzt man die Leistungen L_{ei}, L_i und L_k nach den Verhältnissen der Abbildung durch $L_{ea}\,y_{ei}/y_{ea}$, $L_{ea}\,y_i/y_{ea}$ und $L_{ea}\,y_k/y_{ea}$ und benutzt die Beziehung $y = |\,r_g\,(\mathrm{tg}\,\alpha_w - \mathrm{tg}\,\alpha\,|$ (Abb. 1.61), so ergibt sich sinngemäß für die verschiedenen Werte y:

$$L_{Rm} = \frac{L_{ea}}{6\,(\mathrm{tg}\,\alpha_{ea} - \mathrm{tg}\,\alpha_w)(\mathrm{tg}\,\alpha_k - \mathrm{tg}\,\alpha_i)}\,[(\mathrm{tg}\,\alpha_w - \mathrm{tg}\,\alpha_{ei})^2 + 2\,(\mathrm{tg}\,\alpha_{ea} - \mathrm{tg}\,\alpha_w)^2 +$$
$$+ 2\,(\mathrm{tg}\,\alpha_w - \mathrm{tg}\,\alpha_i)^2 + (\mathrm{tg}\,\alpha_k - \mathrm{tg}\,\alpha_w)^2].$$

Nach Gl. (1.123) gilt für L_{ea}:

$$L_{ea} = \mu N\,(\omega_1 \pm \omega_2)\,y_{ea} = \mu U\,m z_1/2 \cdot (\omega_1 \pm \omega_2)\,(\mathrm{tg}\,\alpha_{ea} - \mathrm{tg}\,\alpha_w).$$

Somit ergibt sich schließlich für die Verlustleistung L_{Vm}

$$L_{Vm} = \frac{\mu}{12}\,U\,m\,z_1\,(\omega_1 \pm \omega_2)\,[(\mathrm{tg}\,\alpha_w - \mathrm{tg}\,\alpha_{ei})^2 + 2\,(\mathrm{tg}\,\alpha_{ea} - \mathrm{tg}\,\alpha_w)^2 + 2\,(\mathrm{tg}\,\alpha_w - \mathrm{tg}\,\alpha_i)^2 +$$
$$+ (\mathrm{tg}\,\alpha_k - \mathrm{tg}\,\alpha_w)^2]\,\frac{1}{\mathrm{tg}\,\alpha_k - \mathrm{tg}\,\alpha_w}. \tag{1.124 a}$$

Der Ausdruck der Winkelfunktion

$$F_V(\alpha) = [(\mathrm{tg}\,\alpha_w - \mathrm{tg}\,\alpha_{ei})^2 + 2\,(\mathrm{tg}\,\alpha_{ea} - \mathrm{tg}\,\alpha_w)^2 + 2\,(\mathrm{tg}\,\alpha_w - \mathrm{tg}\,\alpha_i)^2 + (\mathrm{tg}\,\alpha_k - \mathrm{tg}\,\alpha_w)^2]\,\frac{1}{\mathrm{tg}\,\alpha_k - \mathrm{tg}\,\alpha_w}$$

bedeutet den Einfluß der Zahnform auf die Verlustleistung; er ist dementsprechend mit Verlustfaktor bezeichnet. Gl. (1.124 a) läßt sich dann schreiben:

$$L_{Vm} = \mu U\,m z_1/12 \cdot (\omega_1 \pm \omega_2)\,F_V(\alpha). \tag{1.124 b}$$

Um den *Wirkungsgrad* auszudrücken, ist der Verlust zur Nutzleistung $L_n = U\,v = U\,m\,z_1\,\omega_1/2$ in das Verhältnis zu setzen. Man erhält für den Anteil der Zahnflankenverluste V_z:

$$V_z = L_{Rm}/L_n = \frac{\mu}{6}\,(1 + 1/i)\,F_V(\alpha). \tag{1.125 a}$$

Der Wirkungsgrad η_z für die Übertragung der Leistung durch die Zahnflanke ist dann:

$$\eta_z = (1 - V_z) = 1 - \frac{\mu}{6}\,(1 + 1/i)\,F_V(\alpha). \tag{1.125 b}$$

Neben der Flankenreibung verursachen die Luft- und Ölreibung sowie die Verdrängung von Luft und Öl aus den Zahnlücken Verluste. Namentlich bei Tauchschmierung können diese „Planschverluste" erhebliche Werte annehmen. Durch möglichst niedrigen Ölstand, der die Radzähne nur eben eintauchen läßt, ist den letztgenannten Verlusten entgegenzuwirken. Weiterhin verursachen die Lagerdrücke, hervorgerufen durch die Zahndrücke N, Reibungsverluste in den Lagern. Die Lagerdrücke werden durch bekannte statische Verfahren bestimmt. Die Reibungszahlen liegen mit 0,02 bis 0,08 im allgemeinen niedriger als bei den Zahnflanken, da bei Gleitlagern das Öl in den Spalt zwischen Welle und Zapfen gezogen wird, und so weniger Grenzreibung und mehr Flüssigkeitsreibung eintritt. Bei Wälzlagern können Reibungszahlen von 0,0015 angenommen werden. Aus diesen Werten setzt sich der Gesamtverlust V_g zusammen und der Gesamtwirkungsgrad η_g wird

$$\eta_g = (1 - V_g). \tag{1.125c}$$

Bei unbearbeiteten Zähnen der Stirnradgetriebe geht der Wirkungsgrad η_g bis auf 0,92 herab, bei guter Schmierung und bester Ausführung der Verzahnung können Wirkungsgrade bis 98% erreicht werden. Es kommt wesentlich darauf an, wie das Öl zwischen den Flanken gehalten wird; es hat sich gezeigt, daß Rauhigkeiten von einigen μ günstiger sind als glattere Flächen, und daß in verschiedener Richtung laufende Bearbeitungsriefen, wie sie durch verschiedene Herstellungsverfahren von Rad und Ritzel entstehen, bessere Werte beim Zusammenlauf ergeben, als Rad und Ritzel gleicher Herstellung.

Schabearbeit der Kopfkanten im Kanteneingriff sowie auch Ungenauigkeiten durch Erhöhung der dynamischen Zusatzkräfte erhöhen die Reibung und können den Wirkungsgrad erheblich verschlechtern.

Wärmeabfuhr. Die gesamte Verlustleistung V_g [mkg/sek] setzt sich in dem Getriebekasten in Wärme L_w [kcal/h] um. Darüber hinaus ist bei Getrieben mit Bremsen im Getriebekasten für Stillstand oder Umsteuerungen die oftmals sehr viel größere Wärmemenge mit zu berücksichtigen, die durch die Vernichtung der lebendigen Arbeit dann entsteht. Bei der Umrechnung entspricht 1 mkg dem Wärmeäquivalent von 1/427 kcal. Daher gilt:

$$L_w = V_g\, 3600/427 = 8{,}43\, V_g \ [\text{kcal/h}]. \tag{1.126}$$

Für die Getriebeverluste V_g wird man 3 bis 5% der Nutzleistung einsetzen, die Wärme aus der vernichteten lebendigen Arbeit muß aus den umlaufenden Massen im Einzelfalle berechnet werden, die dabei entstehende Leistung ist nach der größten Schalthäufigkeit bestimmt.

Wärmeabfuhr durch Strahlung und natürlichen Luftzug. Die Wärmemenge L_w kann von dem Getriebekasten durch Strahlung und Leitung an den umgebenden Raum, unterstützt von dem durch Wärmeauftrieb entstehenden Luftzug, abgeführt werden, wenn sie nicht zu groß ist. Die abzugebende Wärmemenge W ist verhältnisgleich dem Temperaturunterschied zwischen der Temperatur t_k des Räderkastens, die etwa der Öltemperatur entspricht und 70° C nicht überschreiten soll, und von der Außentemperatur t_a, die vorsichtshalber mit 35° C angesetzt werden möge. Außerdem wächst W mit der Größe der abstrahlenden Fläche F [m²], soweit sie unmittelbar den Räderkasten bildet und mit dem Öl, wenn auch nur in Nebelform, in Berührung kommt. Rippen sind mit dem halben Größenwert zu berücksichtigen. Bei ungehinderter Strömung der Außenluft können erfahrungsgemäß bis zu 22 kcal/m² h °C der Wärme abgeführt werden, dieser Wert kann heruntergehen bis auf 7 kcal/m²h °C bei eingeschlossenen Getriebekästen ohne Luftzug. Die abführbare Wärmemenge W muß größer sein als die entwickelte Wärme L_w der Gl. (1.126).

$$W = (t_k - t_a)\, F \cdot (22 \text{ bis } 7) \cdot\ = 35\, F \cdot (22 \text{ bis } 7) \geqq 8{,}43\, V_g. \tag{1.127}$$

Daher gilt im günstigsten Falle $\eta_g = 0{,}97$:

$$F \geqq 0{,}011\, V_g;\ F = 3{,}3\, L_n \ [\text{cm}^2],\ L_n \text{ Nutzleistung in mkg/sek.} \tag{1.127a}$$

Im ungünstigsten Falle $\eta_g = 0{,}95$:

$$F \geqq 0{,}035\, V_g;\ F = 17{,}5\, L_n \ [\text{cm}^2]. \tag{1.127b}$$

Die abstrahlende Wärmemenge ist somit durch die vorhandene Oberfläche des Getriebekastens, die durch Kühlrippen vergrößert werden kann, bestimmt. Setzt man in Gl. (1.126) den Wert der Gl. (1.127), so ergibt sich für die natürlich abzuführende Wärme L_w

$$L_w \leqq 8{,}43\,F/0{,}011 = 776\,F \tag{1.128a}$$

bzw.

$$L_w = \leqq 241\,F \ [\text{F m}^2]. \tag{1.128b}$$

Wärmeabfuhr durch Kühlöl. Kann zur Abfuhr der gesamten Wärmemenge L_w die notwendige Größe der Kühlfläche F nicht erreicht werden, so muß bei der vorhandenen Flächengröße F nach Gl. (1.128a) bzw. Gl. (1.128b) die Wärmemenge L_{wk} bestimmt werden, die zusätzlich abzuführen ist.

$$L_{wk} = L_w - 776\,F \tag{1.129a}$$

bzw.

$$L_{wk} = L_w - 241\,F \ [\text{kcal/h}]. \tag{1.129b}$$

Die Abführung erfolgt durch den Ölstrom, der dann nicht nur zur Schmierung an der Stelle des Zahneingriffes, sondern darüber hinaus zur Kühlung dient und entsprechend bemessen werden muß. Bei einem spez. Gewicht von 0,9 kg/lit, der spez. Wärme $c_p = 0{,}4$ kcal/kg °C, führt 1 lit Öl bei 10° Temperaturunterschied zwischen zu- und ablaufendem Öl $0{,}9 \cdot 0{,}4 \cdot 10$ = 3,6 kcal/lit ab. Man erhält somit für die notwendige Ölmenge $V_ö$

$$V_ö = L_{wk}/3{,}6 \ \text{lit/h}. \tag{1.130}$$

Das Kühlöl wird gegen die Seitenfläche der Räder gespritzt und nimmt dort die Wärme des Radkörpers auf. Es gibt sie durch Rohrleitungen an die Luft ab oder wird durch eine kupferne, von Wasser durchflossene Rohrschlange gekühlt. In dem letzteren Falle wird bei einer Strömungsgeschwindigkeit des Wassers von $v_w = 0{,}5$ m/sek eine Wärmemenge von 400 kcal/m² h °C abgeführt. Bei einem Temperaturunterschied von 30° zwischen zu- und abfließendem Wasser erhält die Kühlschlange von der Länge l [m] und dem äußeren Rohrdurchmesser d_R [m] die Oberfläche F_R

$$F_R = l\,d_R^2\,\pi/4 = L_{wk}/30 \cdot 400 = L_{wk}/12\,000 \ [\text{m}^2]. \tag{1.131}$$

Dann fließt durch die Kühlschlange bei obiger Geschwindigkeit eine stündliche Wassermenge V_w von:

$$V_w = d_R^2\,\pi/4 \cdot v_w\,3600 \approx 1400\,d_R^2 \ [\text{m}^3/\text{h}]. \tag{1.132}$$

Wärmestau. Weit schwieriger als die Gesamtwärme ist die örtliche Erwärmung zu beherrschen, die dort an den Flanken entsteht, wo bei der Berührung der Rauhigkeitsspitzen infolge der Grenzschmierung die höchste Reibungsleistung N_w [PS] auf die Berührungsfläche bezogen entsteht. Überschreitet hierbei die auftretende „Blitztemperatur" 37 einen bestimmten kritischen Wert, dann „fressen" die Flanken. Nach BLOK gelten die Beziehungen

$$N_w = f_w\,f_f\,f_ö\,n^{1/2}\,d_0^{2/3}. \tag{1.133}$$

Der Faktor f_w drückt die Werkstoffeigenschaften aus, von denen hier Elastizitätsmodul, Wärmeleitzahl, spez. Wärme und Dichte wichtig sind. Durch f_f wird die Zahnform berücksichtigt, die vor allem durch den Pressungswinkel und den mittleren Krümmungsradius ϱ zur Bestimmung der Berührungsfläche nach den HERTZschen Gleichungen in Erscheinung tritt. Der Faktor $f_ö$ enthält die kritische „Freßtemperatur" des Öles und die Reibungszahl. Die Drehzahl n ist in der Form $n^{1/2}$ nur wenig geltend gemacht, weil höhere Umläufe zwar höhere Reibungsleistung ergeben, aber bei der höheren Geschwindigkeit in der Zeiteinheit Verteilung der Wärme auf größere Flächen bedeuten. Der Faktor $d_0^{2/3}$ bringt den Einfluß der Getriebegröße überhaupt.

Ersetzt man die Abhängigkeit nach der dritten Wurzel von d_0 durch linearen Zusammenhang und verzichtet auf einen weiteren Drehzahlbereich für die allgemeine Gültigkeit, so kann man sich bei gepaarten Stahlrädern nach HOFER [24] mit der Beziehung begnügen:

$$N_w \leqq \frac{d_{01} \cdot b\,7\,z_1 \cdot i}{10 \cdot (i \pm 1)} \ [\text{PS}], \quad b \text{ und } d_0 \ [\text{cm}]. \tag{1.134}$$

Der Werkstoff- und Schmierstoffaktor sind konstant in der Zahl 7 zusammengefaßt, die Zahnform und Getriebegröße ist durch den Wert $z_1\,i/(i+1)$ und d_{01} ausgedrückt: Diese Wärmeleistung N_w darf eine Erfahrungsgröße $v_w\,N_n - v_w$ Sicherheitsfaktor und N_n Nutzleistung [PS]

— nicht überschreiten. Ersetzt man N_n durch $M_d n_1/71620$ und benutzt die Beziehung $U = 2 M_d/d_{01}$, dann entsteht aus Gl. (1.134) die Form:

$$v_w = N_w/N_n = 100000\, b\, z_1/U\, n_1 \cdot i/(i+1)\ [\text{b}^{\text{cm}}]. \tag{1.135}$$

Für Drehzahlen über 1000 Uml/min soll $v_w = 1,2$ bis $1,6$ sein, für n unter 1000 ist es 2,0 bis 2,5 zu wählen. Durch diese Verschiedenheit von v_w besteht übrigens doch noch eine Berücksichtigung der Drehzahlen n im Hinblick auf die zulässige Wärmeleistung.

Die Formel von ALMEN [25] für Stirnräder stellt im $p v_g y$-*Verfahren* — in den Bezeichnungen des Originals $p v\,T$-*Verfahren* genannt — die geometrischen und Belastungsgrößen der Verzahnung ohne Berücksichtigung der Öleigenschaften in den Mittelpunkt, indem obiges Produkt nach statistischen Erfahrungswerten von Flugzeug-Propellergetrieben gleich $8,2 \cdot 10^6$ als Größtwert gesetzt wird. Hierbei war der Ausdruck $p v_g$ bereits als L_R bezeichnet und in Gl. (1.122f) ausgedrückt, und der Abstand y des betrachteten Angriffspunktes vom Wälzpunkt ist nach Abb. 1.61 $y = r_g\,(\text{tg}\alpha_w - \text{tg}\alpha_i)$, da als Ort der größten Beanspruchung der innere Eingriffspunkt des Ritzels angenommen werden kann. Es wird nur ein Zahn als tragend angenommen. Man erhält daher:

$$p\,v_g\,y = \left[\frac{135\,F\,(\alpha_1\,i)}{\sqrt{z_1}}\right] z_1 \sqrt{m}\,\sqrt{U/b}\,\omega_1\,y < 8,2 \cdot 10^6\ \text{kg/sek}. \tag{1.136}$$

Die Größe in der eckigen Klammer kann für DIN-Verzahnung Abb. 1.77 entnommen werden. Für Modul 3 und eine Belastung von 7,5 kg/mm sind die Werte von ω_1 nach Gl. (1.136) ausgerechnet und in Abb. 1.77 eingetragen. Man erkennt, wie stark unterhalb von 25 Zähnen die Belastbarkeit abfällt.

3. Der zeitliche Verlauf der Kräfte, Schwingungen.

Sobald an die Laufruhe des Getriebes höhere Ansprüche gestellt werden, ist die Betrachtung des zeitlichen Kräfteverlaufes wesentlich. Zwar ist bei der Evolventenverzahnung die Zahnkraft N in Richtung der Eingriffslinie konstant, aber ihre Verteilung auf ein oder zwei Zähne wechselt periodisch. Außerdem bedingt die Reibungskraft durch ihren Wechsel von stoßender zu ziehender Gleitung einen zeitlich veränderlichen Kräfteverlauf. Schließlich können Verzahnungsfehler in Teilung oder Zahnform als dritte Ursache für periodische Veränderungen der Kräfte wirksam werden.

Die Eingriffszeit. Grundlegend für die Berechnung der Verzahnungsschwingungen ist die Zeit zwischen den Unstetigkeitsstellen im Eingriff auf der Eingriffslinie. Dieser pflanzt sich auf der letzteren mit einer Geschwindigkeit fort, die entsprechend der Entstehung der Evolvente der Umfangsgeschwindigkeit auf dem Grundkreis $v\cos\alpha_w = r_{01}\,\omega_1\cos\alpha_w$ entspricht, wenn v die Umfangsgeschwindigkeit im Teilkreis ist. Für die Länge des Eingriffsweges, also die Strecke IK in Abb. 1.79 (vgl. auch Abb. 1.56), gilt $IK = r_{g1}\,(\text{tg}\alpha_{k1} - \text{tg}\alpha_{i1}) = r_{01}\cos\alpha_0\,(\text{tg}\alpha_{k1} - \text{tg}\alpha_{i1})$. Da die Zeit allgemein Weg/Geschwindigkeit ist, erhält man die gesamte Eingriffszeit

$$T_E = \cos\alpha_0\,(\text{tg}\alpha_{k1} - \text{tg}\alpha_{i1})/\omega_1\cos\alpha_w.$$

Allgemein ist die Zeit T_α zwischen zwei Punkten mit den Pressungswinkeln α_1' und α_1'' demnach, wobei auch $\text{tg}\alpha = \vartheta$ [Gl. (1.36)] gesetzt werden kann:

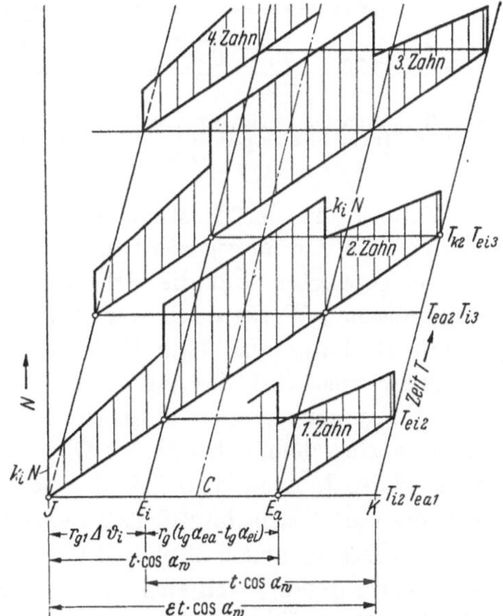

Abb. 1.79. Zahnkraft N in räumlichen Koordinaten abhängig vom Angriffspunkt auf der Eingriffslinie und von der Zeit. (J innerster Eingriffspunkt, EW-Punkte E_i und E_a, K Kopfpunkt der Eingriffslinie.) *Waagerechte* Ordinaten bedeuten die örtliche Kraft zu einem bestimmten Zeitpunkt. *Zurücklaufende* Ordinaten bedeuten die Zeit. *Senkrechte* Ordinaten ergeben die Kraftgröße der Zahnkraft auf die einzelnen Zähne, die fortlaufend numeriert sind. $\Delta\vartheta = \Delta\,\text{tg}\,\alpha$ [Gl. (1.36)].

$$T_\alpha = (\text{tg}\alpha_1'' - \text{tg}\alpha_1')\cos\alpha_0/\omega_1\cos\alpha_w$$
$$= \Delta\,\text{tg}\,\alpha \cdot \cos\alpha_0/\omega\cos\alpha_w = \Delta\vartheta \cdot \cos\alpha_0/\omega\cos\alpha_w. \tag{1.137}$$

Die Frequenz ν_α, mit der sich diese Schwingungsimpulse des Eingriffes wiederholen, ist allgemein der reziproke Wert der Zeit T_α.

$$\nu_\alpha = \omega_1 \cos\alpha_w / (\mathrm{tg}\,\alpha_1'' - \mathrm{tg}\,\alpha_1')\cos\alpha_0. \tag{1.137a}$$

Nach diesen allgemeinen Gleichungen müssen *die* Schwingungsfrequenzen berechnet werden, die durch die Stoßwirkung an den Unstetigkeitsstellen entstehen, das sind hinsichtlich der Zahnkraft auf jeden Zahn die Zeiten zwischen Ein- und Austritt sowie zwischen diesen Punkten und den EW-Punkten. Denn alle diese Schwankungen in Kraftgröße oder Richtung, die in gleichen Zeitabständen wiederkehren, können mechanische oder akustische Schwingungen hervorrufen, wenn sie durch Resonanzerscheinungen anderer Teile, wie sie z. B. durch Eigenschwingungen des Radkörpers, des Gehäuses oder der Wälzlager entstehen, verstärkt werden.

Einige Fälle sind im folgenden betrachtet. Vergleiche auch Tafel VII.

a) Die Eingriffsschwingung.

Die Eingriffsschwingung wird hervorgerufen durch den Wechsel der nacheinander zum Eingriff kommenden Zähne überhaupt und auf die zwischen 1 und 2 Zähnen wechselnde Verteilung des Zahndruckes. — Bei Eingriffsdauer über 2 erfolgt dieser Wechsel sinngemäß zwischen 2 und 3 Zähnen oder allgemein zwischen n und $(n+1)$ Zähnen. — Die wechselnde Verteilung der Zahnkraft N ist durch räumliche Koordinaten in ihrer Abhängigkeit vom Eingriffsort auf der Eingriffslinie und in Abhängigkeit von der Zeit dargestellt (Abb. 1.79). Nach den Darlegungen zu Abb. 1.69 ist ersichtlich, daß zur Zeit T_i im inneren Eingriffspunkt I Zahn 2 schlagartig die Kraft $k_i N$ [k_i Lastverteilungsfaktor nach Gl. (1.108), Index i für Eingriffspunkt I) aufnimmt, während Zahn 1, der in dieser Zeit am Punkt E_a liegt, um diesen Betrag entlastet wird. Im Zeitpunkt T_{ei2}

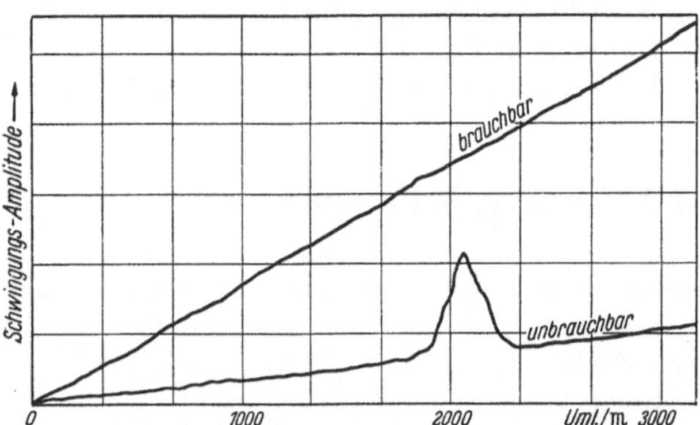

Abb. 1.80. Schwingungsamplituden von Spiralkegelrädern in Abhängigkeit von der Drehzahl, aufgenommen mit Heymannschem Schwingungsmesser.

wird Zahn 1 um den Restbetrag *ent*lastet, während gleichzeitig Zahn 2 damit *be*lastet wird. Je höher die Umfangsgeschwindigkeiten sind, in je kürzerer Zeit also der Eingriff erfolgt, desto ausgeprägter sind die Schläge auf die Zähne in diesen Punkten. Dadurch können bei den elastischen Werkstoffen der Zahnräder Zähne und Radkörper in Schwingungen versetzt werden. Es kann also eine Erscheinung eintreten wie beim Anschlagen einer Glocke. Vom Radkörper aus wird die umgebende Luft in Schwingungen versetzt und kann bei entsprechender Frequenz den so unliebsamen hohen Dauerton erzeugen. Die Energie dieser Schwingungen wächst demnach mit der Oberfläche des Radkörpers und mit ihr die Stärke des Tones. Oft wirkt auch noch das Gehäuse schallverstärkend. Diese Auffassung von der Entstehung des Tones stützt sich darauf, daß unelastische Stoffe, wie Novotext u. dgl., den Dauerton nicht entstehen lassen, und daß er in Stahlrädern mit eingedrehten Nuten, die mit Blei ausgegossen sind, nicht entsteht, weil sich in diesen Fällen eben die Schwingungswelle im Radkörper nicht ausbreiten kann. Die akustische Beurteilung der Räder erfolgt hauptsächlich nach der Tonhöhe. Die unangenehmen Töne liegen erfahrungsgemäß in der Nähe des „Kammertones", also etwa bei 450 Hertz. Räder mit höherer Schwingungsenergie, aber niedrigerer Frequenz, die einen tiefen, brummenden Ton erzeugen, gelten als brauchbar. Das zeigt Abb. 1.80, wo die mit dem Heymannschen Schwingungsmesser aufgenommenen Schwingungsamplituden von zwei Getrieben dargestellt sind. Das Getriebe mit den niedrigeren Werten, aber der deutlich bei etwa 450 Hertz und 2000 Uml/min ausgebildeten Resonanz erwies sich als unbrauchbar. Die Ursache für die Schwingungen kann nicht auf die Schwingungen einzelner Zähne zurückgeführt werden, die diese als eingespannte Träger ausführen; denn diese liegen nach der Rechnung unter 50 Hertz.

Eingriffsresonanz des Radkörpers. Es ist nunmehr zu untersuchen, unter welchen Umständen Resonanz zwischen den Eigenschwingungen des Radkörpers und den Eingriffsstößen der Verzahnung entsteht. Beim Eingriffsbeginn des Zahnes im Punkt I entsteht im Radkörper durch den Eingriffsschlag eine gedämpfte Schwingung etwa nach Abb. 1.81. Diese Schwingung pflanzt sich mit der Schallgeschwindigkeit in Stahl, also etwa mit 5100 m/sek, im Radkörper fort. Um von Punkt I nach dem inneren EW-Punkt E_i zu kommen, brauche die Schwingung die Zeit ΔT [sek]. $\overline{IE_i}$ [mm]. $\Delta T = \overline{IE_i}/(5100 \cdot 10^3)$ [sek].

$$\Delta T = \frac{m\,z_1}{2}\cos\alpha_w\, \Delta\,\mathrm{tg}\alpha/(5100 \cdot 10^3) \quad \text{Abb. 1.79.} \tag{1.137b}$$

1. Fall. *Eingriffsresonanz zwischen Anfangspunkt J und innerem Wechselpunkt E_i.* Eingriffsresonanz kann dann eintreten, wenn z. B. der im Punkt J durch die Kraft kN angeschlagene Radkörper beim Eintritt des vollen Zahndruckes N im Punkt E_i dadurch den gleichen Bewegungszustand erhält wie die von J herkommende Schwingungswelle. Liegt dann entsprechend Abb. 1.81b Punkt J in der Amplitude, so käme in Punkt E_i in der zeitlich nächsten Amplitude, also nach der vollen Schwingungszeit T_s, der nächste Eingriffsstoß. Für die Strecke $\overline{IE_i}$ gilt nach Abb. 1.79 geometrisch, wenn man statt α die Eingriffsdauer ε für den Ausdruck benutzt.

$$\overline{IE_i} = r_{g1}\,\Delta\vartheta_i = \varepsilon\,t\cos\alpha_w - t\cos\alpha_w = t\cos\alpha_w\,(\varepsilon - 1). \tag{1.138}$$

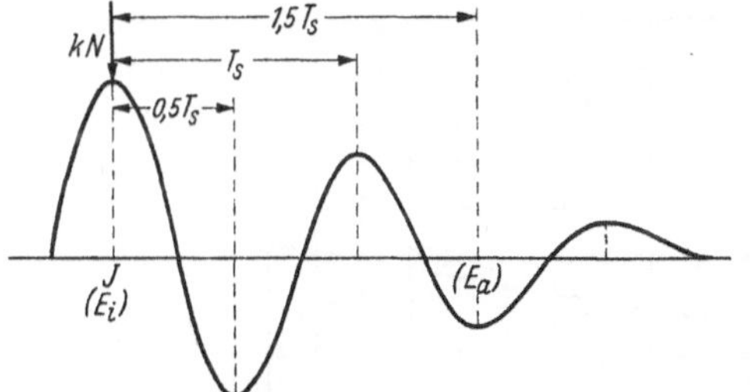
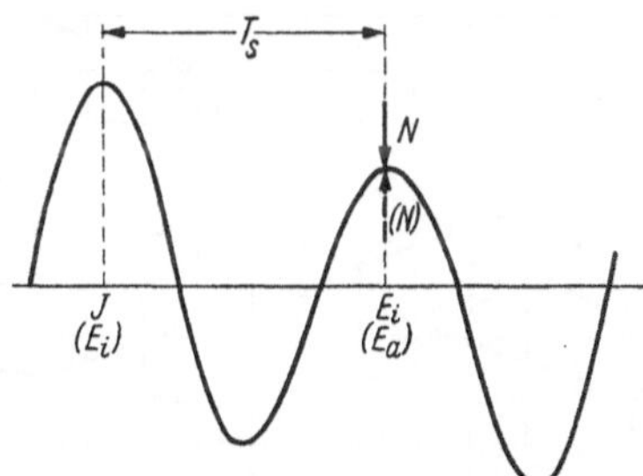
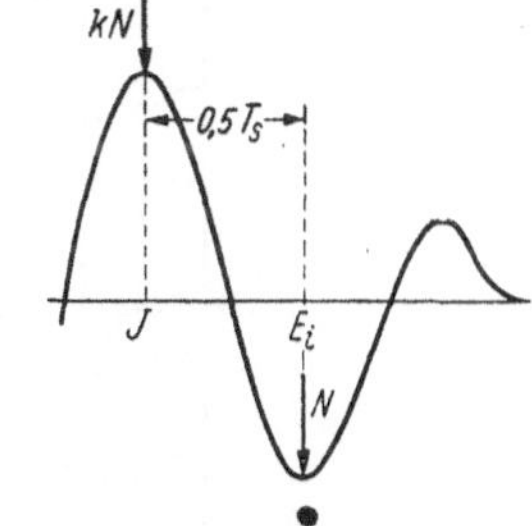

Abb. 1.81a. Gedämpfte Schwingung an einem Punkte des Zahnkörpers.

Abb. 1.81b. Ansteigen der Belastung in Punkt E_i verstärkt die in Punkt J angeschlagene Schwingung. (Eingeklammerte Werte für Resonanz zwischen E_i und E_a.)

Abb. 1.81c. Ansteigen der Belastung im Punkt E_i bremst die in J angeschlagene Schwingung ab. Resonanzfreier Eingriff.

Nach der vollen Schwingungszeit kehrt in dem angeschlagenen Punkt, z. B. J, der anfängliche Schwingungszustand wieder, während er in einem benachbarten Punkt, z. B. E_i, nach der Zeit ΔT_s auftritt. Da allgemein Zeit gleich Winkel/Winkelgeschwindigkeit ist, gilt für den gleichen Schwingungszustand in einem Nachbarpunkt:

$$T_s + \Delta T_s = \Delta\vartheta_i/\omega_1. \tag{1.139}$$

Nach den Größenangaben zu Gl. (1.137) kann ΔT_s vernachlässigt werden. Mithin:

$$\Delta\vartheta_i \approx \omega_1 T_s. \tag{1.139a}$$

Nach Gl. (1.138) kann $\Delta\vartheta_i$ ebenfalls ausgedrückt werden. Unter Verwendung von Gl. (1.43) und der Beziehung $t = m\pi$ erhält man:

$$\Delta\vartheta_i = 2\pi/z_1 \cdot (\varepsilon - 1). \tag{1.140}$$

Werden die Werte von Gl. (1.139a) und von Gl. (1.140) gleichgesetzt, so wird die Gefahr der Eingriffsresonanz in diesem Falle durch die Beziehung ausgedrückt:

$$\omega_1 T_s = 2\pi/z_1 \cdot (\varepsilon - 1). \tag{1.141}$$

Soll dagegen *keine* Eingriffsresonanzgefahr bestehen, muß das Ansteigen auf den vollen Zahndruck in Punkt E_i in dem Augenblick erfolgen, wo der Schwingungszustand um $0{,}5\,T_s$ oder um $1{,}5\,T_s$ verschoben ist (Abb. 1.81c bzw. 1.81a). Denn dann wirkt die Kraft in E_i der Ausbildung der von I herankommenden Schwingung entgegen. Bei unveränderter Beziehung der Gl. (1.140) geht Gl. (1.139a) für den Fall von $0{,}5\,T_s$, wenn die zugehörige Eingriffsdauer mit ε_i bezeichnet wird, über in $\Delta\vartheta_i \sim 0{,}5\,\omega_1 T_s$. Hieraus und aus Gl. (1.140) folgt dann: $\omega_1 T = 4\pi/z_1 \cdot (\varepsilon_i - 1).$

Die Mindesteingriffsdauer ε_i, bei der keine Eingriffsresonanz zwischen I und E_i zu erwarten ist und die also anzustreben ist, erhält somit den Wert:

$$\varepsilon_i = 1 + \omega_1\,T_s\,z_1/4\,\pi \tag{1.142}$$

oder mit $\omega_1 = \pi n_1/30$,

$$\varepsilon_i = 1 + n_1\,T_s\,z_1/120. \tag{1.143}$$

Ist somit die Eigenschwingungszeit T_s des Radkörpers bestimmt oder kann sie wenigstens erfahrungsgemäß angenommen werden, so ist für gegebene Drehzahl und Zähnezahl die schwingungsfreie Eingriffsdauer für diesen Fall der Eingriffsschwingung zwischen Punkt I und E_i eindeutig bestimmt. Beträgt z. B. $T_s = 1/450$ sek und ist $n_1 = 2000$ Uml/min, dann müßte sein $\varepsilon_i = 1 + z_1/27$. Dieser Wert muß gegebenenfalls durch geeignete Profilverschiebung erzwungen werden. In Abb. 1.82 sind für Werte $\omega_1\,T_s = 0{,}222$, $0{,}444$ und $0{,}666$ bei 450 Hertz Eigenschwingungen des Radkörpers entsprechend den Drehzahlen 1000, 2000 und 3000 Uml/min die notwendigen Eingriffsdauern aufgetragen. Die in der Praxis verbreitete Anschauung über die Notwendigkeit einer gewissen Größe der Eingriffsdauer zur Erreichung eines ruhigen Laufes findet in dieser Anschauung und ihrer rechnerischen Auswertung ihren zahlenmäßigen Ausdruck. Bei Getrieben mit nur *einer* Arbeitsdrehzahl ist der Wert $\omega_1 T_s$ gegeben und die zugehörige Eingriffsdauer ε_i nach Abb. 1.82 ohne weiteres ablesbar. Über Resonanzen, die beim Anfahren

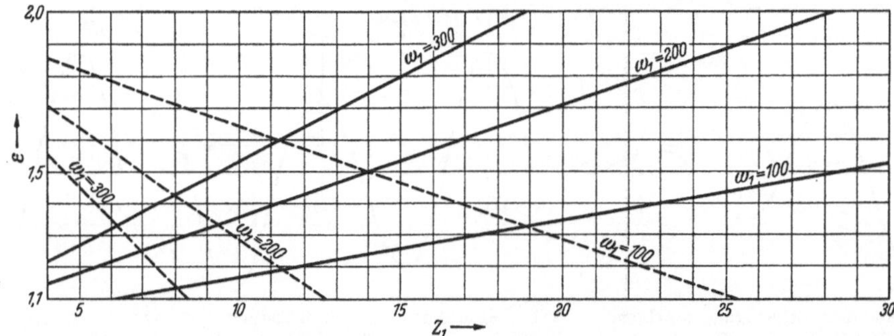

Abb. 1.82. Resonanzfreie Eingriffsdauer ε_f zwischen J und E_t bei einer Eigenschwingung des Radkörpers von 450 Hertz in Abhängigkeit von der Zähnezahl z_1 des Ritzels. Gestrichelte Linien für resonanzfreie Eingriffsdauer zwischen E_t und E_a.

entstehen, kann schnell hinweggegangen werden. Schwieriger ist es bei regelbaren Getrieben, denn dann ist die Resonanzfreiheit für einen ganzen Bereich der ωT-Werte anzustreben. In vielen Fällen kann bei geraden Zähnen die wünschenswerte Eingriffsdauer nicht erreicht werden; dann bleibt nur übrig, den Eingriffsstoß durch geschickte Zurücknahme des Zahnfußes am Rade zu vermindern.

2. Fall. *Eingriffsresonanz zwischen innerem und äußerem Wechselpunkt.* Ein weiterer Fall der Eingriffsresonanz kann zwischen den Punkten E_i und E_a eintreten, wenn nämlich in E_i die zunehmende Belastung z. B. einen positiven Ausschlag herbeiführt und die Entlastung in E_a nach der Zeit $0{,}5\,T_s$ beim negativen Ausschlag eintritt. War im übrigen schon zwischen den Punkten I und E_i eine Resonanz, so bringt die weitere Resonanz zwischen E_i und E_a gegenüber den Werten der Gl. (1.142) nichts Neues. Bei einer idealen Kopfabrundung des Rades könnte aber der Eingriff in I stoß- und schwingungsfrei erfolgen, und nur dann kommt dieser weitere Fall der Resonanz zur Untersuchung. Soll diese Resonanz zwischen E_i und E_a vermieden werden, dann muß zwischen diesen beiden Punkten die Schwingungszeit T_s liegen (Klammerwerte von Abb. 1.81b). Somit gilt (Abb. 1.79):

$$E_i E_a = r_{g1}\,\Delta\vartheta_w = \varepsilon\,t\,\cos\alpha_w - 2(\varepsilon\,t\,\cos\alpha_w - t\,\cos\alpha_w) = t\,\cos\alpha_w\,(2 - \varepsilon),$$

$$\Delta\vartheta_w = (2 - \varepsilon)\,2\,\pi/z_1, \tag{1.144}$$

$$\underline{\Delta\vartheta_w = \omega_1 T}, \text{ im Sinne von Gl. (1.139a)}$$

$$\varepsilon = 2 - \omega_1\,T\,z_1/2\,\pi. \tag{1.145}$$

Diese Abhängigkeit ist in Abb. 1.82 gestrichelt dargestellt. Man sieht, daß die Resonanzfreiheit in diesem Falle leichter zu erreichen ist als im Falle der Gl. (1.142). Der Fall, daß Punkt E_a in der Zeit von $1{,}5\,T$ nach dem Punkt E_i zum Eingriff kommt (eingeklammerte Punkte in Abb. 1.81a), liefert für die Resonanz so niedrige Werte der Schwingungsfrequenz, daß dieser Fall nicht mehr berücksichtigt zu werden braucht.

Ob diese Eingriffsresonanz störend wirkt, hängt natürlich auch noch sehr wesentlich von der Energie des Anschlages, also von der Plötzlichkeit des Kraftwechsels, ab. Demnach nimmt die Gefahr mit wachsender Umfangsgeschwindigkeit zu. Die Frequenz der Radeigenschwingung ist von der Form und Masse des Rades abhängig. Große Wandstärken lassen im allgemeinen keine störenden Eingriffsresonanzen aufkommen. Gefährlich sind dagegen scheibenförmige Radformen von geringer Breite. Nach Abb. 1.82 läßt sich für eine bestimmte Drehzahl leicht eine resonanzfreie Eingriffsdauer finden, für einen größeren Drehzahlbereich ist dies jedoch unmöglich. Dann versagt das geradverzahnte Stirnrad, und nur durch Schrägverzahnung ist Abhilfe zu schaffen.

b) Die Schwingungen der Reibungskräfte.

Die zeitliche Veränderung der Reibungskräfte, soweit sie durch die Gleitung hervorgerufen werden, zeigt Abb. 1.83 auch hier in räumlichen Koordinaten. Diese Reibungskräfte wirken als *äußere* Kräfte auf den

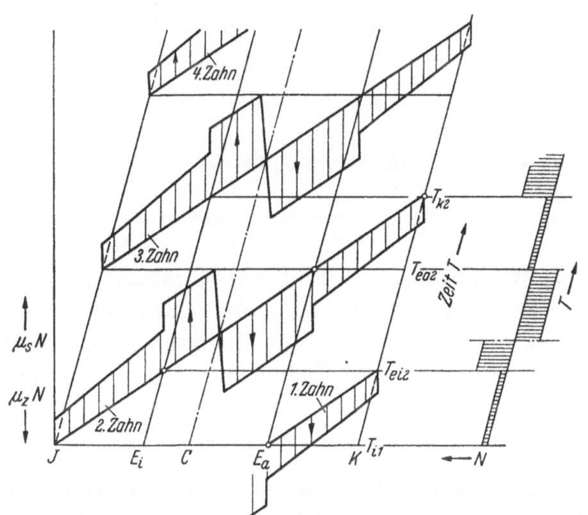

Abb. 1.83. Reibungskraft $\mu\,N$ in Abhängigkeit von der Lage auf der Eingriffslinie und der Zeit.

Radkörper und werden von den Lagerstellen aufgenommen; sie stehen damit im Gegensatz zu der eben behandelten Eingriffsschwingung, die sich *im* Radkörper abspielt. Außerdem bilden die Reibungskräfte ein veränderliches Drehmoment, das dem Antriebsmoment entgegenwirkt.

Zunächst sei die Reibungskraft $\mu\,N$ zwischen den EW-Punkten, also bei nur *einem* eingreifenden Zahn, betrachtet. Dort beiderseits des Wälzpunktes C zeigt $\mu\,N$ als stärkstes Merkmal der Veränderung den Richtungswechsel im Wälzpunkt C um 180°. Die Größe verändert sich nur durch die Verschiedenheit der Reibungszahl, da ja bei der Evolventenverzahnung die Zahnkraft N gleich groß bleibt (Abb. 1.84). Die Resultierende aus der Zahnkraft N und der Reibung $\mu\,N$ sei N'. Ist das Zahnrad beiderseits gelagert, so ist die Summe der beiden Auflagedrücke gleich N'. Entsprechend der veränderlichen Richtung von $\mu\,N$ wechselt die Lage von N' zwischen der ausgezogenen und der gestrichelten Lage N''. Während des Doppeleingriffes, also zwischen den Punkten $I\,E_i$ und den gleichzeitig durchlaufenen Punkten des Nachbarzahnes $E_a\,K$, ändern sich die Lagerreibungskräfte nur durch die geringe

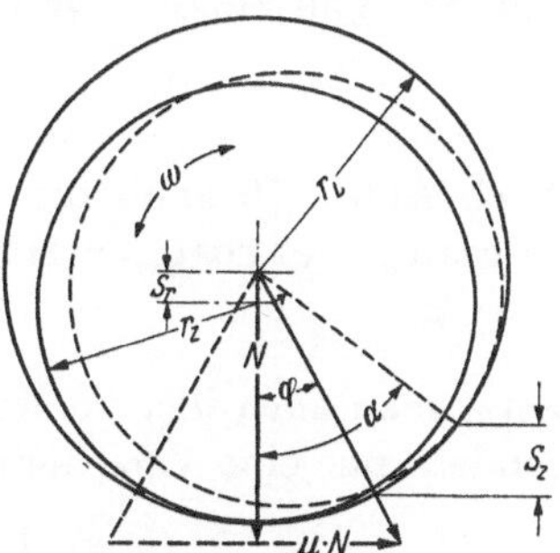

Abb. 1.84. Veränderung des gesamten Auflagedruckes N' durch die Reibung. Pendeln der Achse.

Veränderung des Wertes von μ. Diese Wirkung sei im folgenden vernachlässigt. Insgesamt verläuft die Lagerdruckkomponente $\mu\,N$ zeitlich nach Abb. 1.83 rechts. Dieser Rhythmus wiederholt sich bei jedem Zahn. Demnach gilt für seine Schwingungszeit T_r:

$$T_r = 60/n\,z \quad [\text{sek}]. \tag{1.146}$$

Durch die wechselnden Kräfte kann die Welle in eine pendelnde Bewegung nach Abb. 1.84 beiderseits der Mittellage von N kommen, die gefährlich wird, wenn der äußere Rhythmus T_r mit der Eigenschwingungszeit T_m der pendelnden Massen, die durch die Welle und die auf ihr befindlichen Räder usw. gegeben sind, übereinstimmt oder T_r/T_m eine gerade Zahl ist und sich so die Oberschwingungen in Resonanz befinden.

Liegt die Welle mit dem Halbmesser r_z in der Lagerbohrung mit dem Halbmesser r_l, so sei der größte Winkelausschlag α, der Ausschlagwinkel an einer beliebigen Stelle φ. Dann gilt für den Weg s_z der Kraft N die Beziehung $s_z = r_l (\cos\varphi - \cos\gamma)$. Die Arbeit $N s_z$ bewirkt eine Drehung der Masse M, deren Trägheitsmoment I ist, mit der Winkelgeschwindigkeit ω_z und der Verschiebungsgeschwindigkeit v_z. Es ergibt sich also

$$N s_z = N\, r_l\,(\cos\varphi - \cos\gamma) = I\,\omega_z^2/2 + M\,v_z^2/2. \tag{1.147}$$

Die Verschiebungsgeschwindigkeit v_z kann gleich $r_z\,\omega_z$ als Wälzgeschwindigkeit des Zapfens gesetzt werden. Somit ergibt sich:

$$\omega_z = \sqrt{\frac{2\,N\,r_l\,(\cos\varphi - \cos\gamma)}{I + M\,r_z^2}}. \tag{1.148}$$

Für die Zeit dt des Weges $r_l\,d\varphi$ erhält man $dt = r_l\,d\varphi/r_z\,\omega_z$ oder unter Verwendung von Gl. (1.148)

$$dt = \frac{r_l}{r_z}\sqrt{\frac{I + M\,r_z^2}{2\,N\,r_l}}\;\frac{d\varphi}{\sqrt{\cos\varphi - \cos\gamma}}.$$

Der Winkelausdruck stellt eine elliptische Funktion vor mit dem Grenzwert $\pi/2$ der Integration für kleine Winkelwerte. Der Ausschlag von 0 bis γ entspricht einem Viertel der ganzen Schwingung. Man erhält somit für die gesamte Schwingungszeit T_p der pendelnden Massen der Welle und der darauf befindlichen Räder das Vierfache, also $2\,\pi$ für den Wert des Integrals.

$$T_p = 2\,\pi\,\frac{r_l}{r_z}\sqrt{\frac{I + M\,r_z^2}{2\,N\,r_l}}. \tag{1.149a}$$

Bei vollkommener Flüssigkeitsreibung könnte man annehmen, daß die Verschiebung der Massen keine Drehung mit der Winkelgeschwindigkeit ω_z hervorruft, also $I = 0$ gesetzt werden kann, es besteht Resonanzgefahr nur bei kleinen Drehzahlen; dann ist aber die Energie des Stoßes ungefährlich. Für diesen vereinfachten Fall ergibt sich, wenn gleichzeitig r_l/r_z gleich 1 gesetzt wird:

$$T_p = 2\,\pi\,\sqrt{M\,r_l/2\,N}. \tag{1.149b}$$

Für den maximalen Schwingungsausschlag mit dem Winkel α erhält man den Hubweg $r_l\,(1 - \cos\alpha)$. Zu seiner Berechnung ist die Zeit T_α der Kräfteeinwirkung zugrunde zu legen. Für den Fall *eines* eingreifenden Zahnes ergibt sich:

$$T_\alpha = \frac{\text{Weg}}{\text{Geschw.}} = \frac{r_g(\mathrm{tg}\,\alpha_w - \mathrm{tg}\,\alpha_{ei})}{2\,r_0\,\pi\,n}.$$

Nach Abb. 1.79 kann für die Strecke $r_g\,(\mathrm{tg}\,\alpha_w - \mathrm{tg}\,\alpha_{ei})$ zwischen den EW-Punkten der Wert $2\,t\cos\alpha_w - \varepsilon\,t\cos\alpha_w = m\,\pi\cos\alpha_w\,(2 - \varepsilon)$ gesetzt werden. Mithin:

$$T_\alpha = 60\,(2 - \varepsilon)/n z_1. \tag{1.150}$$

Setzt man auch hier vereinfachend voraus, daß keine zusätzliche Drehung der Massen eintritt, sondern nur eine Verschiebung, so erhält man die Beschleunigung $b = \mu N/M$ und den Hubweg

$$r_l\,(1 - \cos\alpha) = b\,T_\alpha^2/2 = 1800\,\mu N\,(2 - \varepsilon)^2/M\,n^2\,z_1^2. \tag{1.151}$$

Zur Berechnung von α kann $\cos\alpha = 1 - \alpha^2/2$ gesetzt werden.

$$\gamma = 60\,(2 - \varepsilon)/n\,z_1 \cdot \sqrt{\mu N/r_l\,M}. \tag{1.151a}$$

Um den periodischen Wechsel dieser Kräfte zu vermeiden, zeigen sich zwei Wege: Wahl der Eingriffsdauer 2 oder nur ziehende Gleitung im Zahneingriff des Ritzels.

Im ersten Fall wird der Anschauung entsprechend T_α nach Gl. (1.150) und α nach Gl. (1.151) für die Eingriffsdauer $\varepsilon = 2$ zu null. Dieser Zusammenhang ist bereits von Hofer[1] dargestellt. Die nach diesen Überlegungen geschaffene B-Verzahnung mit der Eingriffsdauer 2 vermeidet die Schwankungen der Reibungskraft zwischen den EW-Punkten (Abb. 1.85). Es bleibt dann

---

[1] Hofer: Dynamischer Ausgleich von Zahnrädergetrieben. Z. VDI Bd. 68 (1926) S. 1460 und Werkstatttechnik Bd. 29 (1935). Die dort für die Verschiebung gegebenen Werte sind zu groß, sie gelten nur für $\varepsilon = 1$.

noch die Verschiedenheit zwischen den Größen der ziehenden und gleitenden Reibung beiderseits des Wälzkreises (Abb. 1.83). Auch diese geringen Unterschiede können im Falle der Resonanz mit den Lagern Schwingungen mit der Schwingungszeit nach Gl. (1.150) bringen.

Die zweite Möglichkeit, nur ziehende Gleitung im Eingriff des Ritzels anzuwenden, um die Schwingung nicht aufkommen zu lassen, wird erreicht, wenn der Wälzkreis in den kleinsten kämmenden Ritzelkreis in der Nähe des Ritzelfußes gelegt wird; am Rade liegt der Wälzkreis dann am Kopf, A-Verzahnung der Zahnradfabrik Friedrichshafen (Abb. 1.86). Da jedoch die auftretende Gleitung wesentlich höhere Werte erhält, bringen diese Überlegungen keinen praktischen Vorteil.

Die Frage der Schwingungen bei Wälzlagern erfordert die Beachtung der vorhandenen Zahl der Rollen oder Kugeln z_k. Sinngemäß gilt Gl. (1.146), wenn für z der Wert z_k eingesetzt wird.

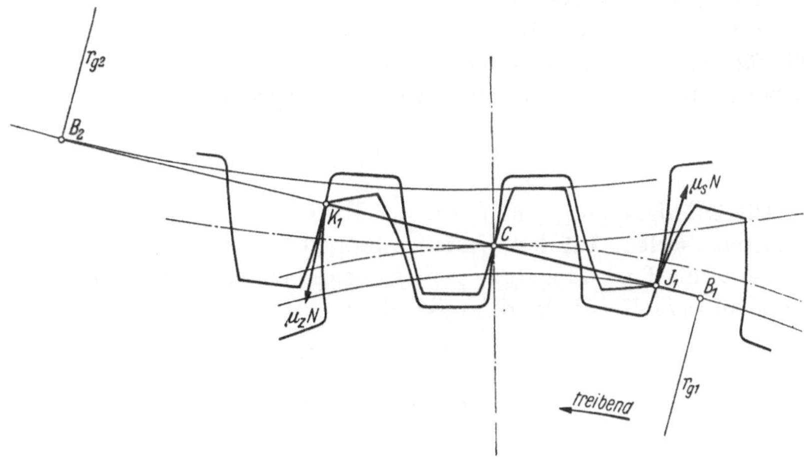

Abb. 1.85. B-Verzahnung. Eingriffsdauer 2. Reibungskräfte stets beiderseits des Wälzpunktes C.

Die ermittelte Schwingungszeit T_r darf nicht mit der Schwingungszeit T_p der Massen nach Gl. (1.149 b) übereinstimmen. Sonst entsteht unruhiger Lau f,de rzu Unrecht auf die Verzahnung geschoben wird. Verstärkt wird die Resonanzgefahr, wenn die Kugelzahl z_k in der Zähnezahl der Räder enthalten ist; denn dann wirken beide Faktoren in dem gleichen Sinne. Es dürfte keineswegs unwesentlich sein, auf diese Zusammenhänge zu achten.

In den meisten Fällen werden auf einer Welle zwei oder mehr Zahnräder sitzen. Dann sollten bei hohen Drehzahlen die Zähnezahlen dieser Räder auf einer Welle, soweit sie gleichzeitig arbeiten, ebenfalls nicht ineinander aufgehen, und es sollten für die Welle und die Zahnräder die Bedingungen der Gl. (1.149) eingehalten werden.

c) Die allgemeinen Zusammenhänge bei Drehschwingungen.

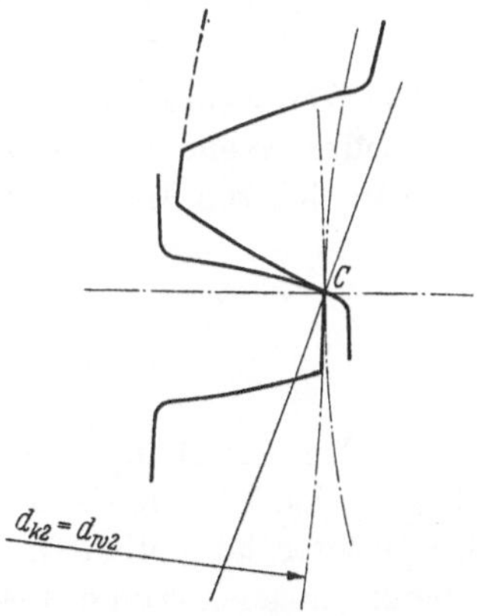

Auch die Antriebsdrehmomente sind zeitlich wechselnd und führen zu Drehschwingungen. Dies kann bei Kurbeltrieben oder bei außermittig laufenden Motorenankern u. dgl. durch die äußeren Kräfte bedingt sein. Es tritt aber auch durch die wechselnde elastische Verformung während des Zahneingriffes, durch den Wechsel der Reibungskräfte wie auch durch Fehler in den Zahnflanken oder in der Eingriffsteilung auf. Diese können auch hier gefährlich werden, wenn Resonanz mit der Eigenschwingung der Wellen und Antriebsteile eintritt.

Abb. 1.86. A-Verzahnung. Nur ziehende Gleitung im Ritzel.

Abweichungen von der richtigen Flanke durch Herstellungsfehler oder elastische Verformung bewirken schwankende Werte $(i - \Delta i)$ der Übersetzung. Dadurch wird der Umlauf aller Massen auf treibender und getriebener Welle ungleichförmig. Die auftretenden Massenkräfte sind als dynamische Umfangskraft U_d bereits in Gl. (1.82) behandelt.

Durch die stetige Änderung der Übersetzung während des Zahneingriffes erlangen die treibenden und die getriebenen Massen entgegengesetzt gerichtete Geschwindigkeitsänderungen, die zu einem Geschwindigkeitsunterschied zwischen beiden führen. Beim Übersetzungssprung des Eingriffswechsels dagegen vollzieht ein stoßartiger Impuls den notwendigen Ausgleich dieses Unterschiedes. Beide Einwirkungen veranlassen durch die elastische Nachgiebigkeit der Zwischenteile *Drehschwingungen* der Massen.

Die folgende Untersuchung behandelt nur die einfachste Anordnung mit 4 Massen (Abb. 1.94). Die Massenträgheitsmomente seien I_1, I_2 für die Maschinenmassen auf treibender bzw. getriebener Welle, und I_1', I_2' für die Räder des Zahntriebes. Ferner bezeichnen c_1 und c_2 die Federungswerte der Wellenstücke, einschließlich von etwa eingebauten elastischen Kupplungen, und c_z die Werte der Zahnfederung.

Hat die Welle vom Durchmesser d_1 die Länge l_1 und vom Durchmesser d_1' die Länge l_1', so gilt für den Verdrehungswinkel γ bzw. zur Bestimmung von c_1, der durch das Drehmoment M_d hervorgerufen wird, nach der allgemeinen Mechanik

$$M_d = \frac{\pi G}{32\,(l_1/d_1^4 + l_1'/d_1'^4)}\,\gamma = c_1\,\gamma. \tag{1.152}$$

Die Zahnfederung c_z muß aus der Deformation f_g senkrecht zur Eingriffslinie [Gl. (1.106b)] ermittelt werden. Auf dem Umfange beträgt sie dann $f_g \cos\alpha_w$. Dann gilt für den Verdrehungswinkel γ_z die Beziehung $d_0/2 \cdot \gamma_z = f_g \cos\alpha_w$. Unter Verwendung von Gl. (1.106b) und dem Zusammenhange $U = 2\,M_d/d_0$ ergibt sich:

$$M_d = d_0^2\,b\,10^2/4\,c_f\,\cos\alpha_w \cdot \gamma_z = c_z\,\gamma_z.$$

$$c_z = d_0^2\,b\,10^2/4\,c_f\,\cos\alpha_w \qquad (d_0 \text{ und } b \text{ in cm}). \tag{1.152a}$$

Die Massen durchlaufen ungleiche Drehwinkel φ_1, φ_1', φ_2, φ_2'. Dadurch entstehen relative Verdrehungen γ_1, γ_z, γ_2 zwischen den Massen. Die Änderungen dieser Verdrehungen nach der Zeit sind:

$$\left.\begin{aligned} \frac{d\gamma_1}{dt} &= \frac{d\varphi_1}{dt} - \frac{d\varphi_1'}{dt}, \\[4pt] \frac{d\gamma_z}{dt} &= \frac{d'\varphi_1}{dt} - (i - \Delta i)\frac{d\varphi_2'}{dt}, \\[4pt] \frac{d\gamma_2}{dt} &= \frac{d\varphi_2'}{dt} - \frac{d\varphi_2}{dt}, \end{aligned}\right\} \qquad \begin{aligned} \frac{d^2\gamma_1}{dt^2} &= \frac{d^2\varphi_1}{dt^2} - \frac{d^2\varphi_1'}{dt^2}, \\[4pt] \frac{d^2\gamma_z}{dt^2} &= \frac{d^2\varphi_1'}{dt^2} - (i - \Delta i)\frac{d\varphi_2'}{dt} + \frac{d^2\varphi_2'}{dt^2}\frac{d(\Delta i)}{dt}. \\[4pt] \frac{d^2\gamma_2}{dt^2} &= \frac{d^2\varphi_2'}{dt^2} - \frac{d^2\varphi_2}{dt^2}. \end{aligned}$$

Die Verdrehungen werden hervorgerufen durch die Drehmomente $c_1\gamma_1$ und $c_z\gamma_z$ auf der treibenden Welle $(i - \Delta i)\,c_z\gamma_z$ und $c_2\gamma_2$ auf der getriebenen Welle. Aus diesen Momenten ergeben sich die Massenbeschleunigungen:

$$\left.\begin{aligned} -c_1\gamma_1 &= J_1\frac{d^2\varphi_1}{dt^2}, & c_1\gamma_1 - c_z\gamma_z &= J_1'\frac{d^2\varphi_1'}{dt^2}, \\[6pt] (i - \Delta i)\,c_z\gamma_z - c_2\gamma_2 &= J_2'\frac{d^2\varphi_2'}{dt^2}, & c_2\gamma_2 &= J_2\frac{d^2\varphi_2}{dt^2}. \end{aligned}\right\} \tag{1.153}$$

In den Gleichungen kann der kleine Wert Δi des Übersetzungsfehlers unberücksichtigt bleiben; den Einfluß der Fehlergröße bewahrt man nur durch den verhältnismäßig großen Wert des Differentialquotienten, den man zumeist wegen des angenähert geradlinigen Verlaufes der Übersetzungsfehlerlinie ausdrücken kann durch den Festwert:

$$p = -\frac{d\varphi_2'}{dt}\frac{d(\Delta i)}{dt} = -\omega_2\frac{d(\Delta i)}{dt} = -\omega_1\frac{d\left(\dfrac{\Delta i}{2}\right)}{dt}. \tag{1.154}$$

Das Zusammenziehen der Gleichungen unter Ausscheiden der Massenbeschleunigungen liefert die Bestimmungsgleichungen der Verdrehungen:

$$\frac{d^2\gamma_1}{dt^2} = -(1/J_1 + 1/J_1')\,c_1\gamma_1 + \frac{c_z}{J_1}\,\gamma_z,$$

$$\frac{d^2\gamma_z}{dt^2} = c_1\gamma_1/J_1' - (1/J_1' + i^2/J_2')\,c_z\gamma_z + i\,c_2\alpha_2/J_2' - p,$$

$$\frac{d^2\alpha_2}{dt^2} = i\,c_z\gamma_z/J_2' - (1/J_2 + 1/J_2')\,c_2\gamma_2.$$

Die durch den Festwert p gestörte Gleichmäßigkeit des Gleichungsaufbaues wird behoben durch das Einführen neuer veränderlicher Größen β:

$$\gamma_1 = \beta_1 - q_1, \qquad \gamma_z = \beta - q, \qquad \gamma_2 = \beta_2 - q_2.$$

Unter verkürzter Bezeichnung der Festwerte

$$(1/J_1 + 1/J_1')\,c_1 = k_1, \quad c_z/J_1' = k_2, \quad c_1/J_1' = k_3, \quad (1/J_1' + i^2/J_2')\,c_z = k_4, \atop i\,c_z/J_2' = k_5, \quad i\,c_z/J_2' = k_6, \quad (1/J_2 + 1/J_2')\,c_2 = k_7} \right\} \tag{1.155}$$

erhält man das in zwei Teile zerfallende Gleichungssystem:

$$d^2\beta_1/dt^2 = (-k_1\,\beta_1 + k_2\,\beta) - (-k_1\,q_1 + k_2\,q),$$
$$d^2\beta/dt^2 = (k_3\,\beta_1 - k_4\,\beta + k_5\,\beta_2) - (k_3\,q_1 - k_4\,q + k_5\,q_2 + p),$$
$$d^2\beta_2/dt^2 = (k_6\,\beta - k_7\,\beta_2) - (k_6\,q - k_7\,q_2).$$

Einerseits führt das Nullsetzen der veränderlichen Gleichungsteile zur Ermittlung der neuen Festwerte q:

$$\left.\begin{aligned} -k_1\,q_1 + k_2\,q &= 0, \\ k_3\,q_1 - k_4\,q + k_5\,q_2 + p &= 0, \\ k_6\,q \;-\; k_7\,q_2 &= 0, \end{aligned}\right| \quad \text{daraus} \quad \begin{aligned} q_1 &= \frac{k_2}{k_1}\,q \\[1mm] q_2 &= \frac{k_6}{k_7}\,q, \end{aligned} \tag{1.156}$$

Andrerseits kann man aus der partikulären Lösung

$$\beta = A \sin (\gamma' + \omega\,t)$$

der verbleibenden Gleichungsteile durch Einführen der zweiten Differentialquotienten

$$d^2\beta_1/dt^2 = -\omega^2\,\beta_1, \quad d^2\beta/dt^2 = -\omega^2\,\beta, \quad d^2\beta_2/dt^2 = -\omega^2\,\beta_2$$

eine Umformung

$$\left.\begin{aligned} \omega^2\,\beta_1 &= -k_1\,\beta_1 + k_2\,\beta, \\ -\omega^2\,\beta &= \;\; k_3\,\beta_1 - k_4\,\beta + k_5\,\beta_2, \\ -\omega^2\,\beta_2 &= \;\; k_6\,\beta - k_7\,\beta_2, \end{aligned}\right\} \quad \begin{aligned} \text{daraus} \;\; &\varkappa_1 = \beta_1/\beta = k_2/(k_1 - \omega^2), \\ \text{daraus} \;\; &\varkappa_2 = \beta_2/\beta = k_6/(k_7 - \omega^2) \end{aligned} \tag{1.157}$$

vornehmen, welche nebst den angeführten Verhältnissen $\varkappa_1\,\varkappa_2$ der Schwingungsausschläge noch den Gleichungsansatz der *Eigenschwingungen* liefert:

$$k_2\,k_3/(k_1 - \omega^2) + k_5\,k_6/(k_7 - \omega^2) - (k_4 - \omega^2) = 0.$$

Die kubische Gleichung

$$\omega^6 - C_2\,\omega^4 + C_1\,\omega^2 - C_0 = 0 \tag{1.157a}$$

hat die Beiwerte

$$C_2 = k_1 + k_4 + k_7, \qquad C_1 = k_1\,k_4 + k_1\,k_7 + k_4\,k_7 - k_2\,k_3 - k_5\,k_6,$$
$$C_0 = k_1\,k_4\,k_7 - k_1\,k_5\,k_6 - k_2\,k_3\,k_7 \tag{1.157b}$$

und ergibt drei verschiedene Kreisfrequenzen ω, ω' und ω'' der Eigenschwingungen entsprechend der um 1 verminderten Massenzahl.

Unter Verwendung der Beziehung $C_0 = (\omega)^2\,(\omega')^2\,(\omega'')^2$ berechnet sich aus Gl. (1.156) der Festwert

$$q = k_1\,k_7\,p/C_0 = k_1\,k_7\,p/(\omega)^2\,(\omega')^2\,(\omega'')^2. \tag{1.158}$$

Das allgemeine Integral der Differentialgleichungen bestimmt die Verdrehungen γ_1, γ_z, γ_2 aus dem Unterschied zwischen den Schwingungsausschlägen β und den Festwerten q:

$$\left.\begin{aligned} \gamma_1 &= \varkappa_1\,A \sin(\gamma + \omega t) + \varkappa_1'\,A' \sin(\gamma' + \omega' t) + \varkappa_1''\,A'' \sin(\gamma'' + \omega'' t) - q_1, \\ \gamma_z &= \;\;\;\;\, A \sin(\gamma + \omega t) + \;\;\;\; A' \sin(\gamma' + \omega' t) + \;\;\;\; A'' \sin(\gamma'' + \omega'' t) - q, \\ \gamma_2 &= \varkappa_2\,A \sin(\gamma + \omega t) + \varkappa_2'\,A' \sin(\gamma' + \omega' t) + \varkappa_2''\,A'' \sin(\gamma'' + \omega'' t) - q_2. \end{aligned}\right\} \tag{1.159}$$

Die Schwingungsausschläge setzen sich aus den Einzelwerten der drei Frequenzen zusammen, wobei der Phasenwinkel γ jeder Frequenz gleich ist und die Verhältnisse $\varkappa$ der Amplituden A den Bedingungen der Gl. (1.157) genügen. Die Änderung der Verdrehungen erfolgt mit den Geschwindigkeiten:

$$d\gamma_1/dt = \varkappa_1\, A\, \omega \cos(\gamma + \omega\, t) + \varkappa_1'\, A'\, \omega' \cos(\gamma' + \omega'\, t) + \varkappa_1''\, A''\, \omega'' \cos(\gamma'' + \omega''\, t),$$
$$d\gamma_z/dt = A\, \omega \cos(\gamma + \omega\, t) + A'\, \omega' \cos(\gamma' + \omega'\, t) + A''\, \omega'' \cos(\gamma'' + \omega''\, t), \qquad (1.160)$$
$$d\gamma_2/dt = \varkappa_2\, A\, \omega \cos(\gamma + \omega\, t) + \varkappa_2'\, A'\, \omega' \cos(\gamma' + \omega'\, t) + \varkappa_2''\, A''\, \omega'' \cos(\gamma'' + \omega''\, t).$$

An den *Unstetigkeitsstellen* des Übersetzungsverhältnisses wird der Schwingungszustand durch das Hinzutreten einer neuen *Impulsschwingung* plötzlich abgeändert. In Abb. 1.87 ist der Schwingungszustand beim Ablauf eines Schwingungsabschnittes durch die Radiusvektoren A_0, A_0', A_0'' der drei Frequenzen ω, ω', ω'' dargestellt. Der Impuls erregt in jeder Frequenz eine Sinus- und Kosinusschwingung, deren Vektoren a, a', a'' und b, b', b'' sich mit den ursprünglichen Vektoren zu den Vektoren A, A', A'' des neuen Schwingungsbereiches zusammensetzen (Abb. 1.88).

Die *Sinusschwingung* (Abb. 1.89) (Amplitude a, Phasenwinkel $\gamma' = 0$ bei $t = 0$) wird erregt durch einen Übersetzungssprung, der zwischen den beiden Zahnradmassen einen plötzlichen Geschwindigkeitsunterschied von $\omega_1\,\vartheta$ verursacht; zwischen den Zahnrädern und den übrigen Massen besteht keine augenblickliche Geschwindigkeitsänderung. Durch Einsetzen dieser Geschwin-

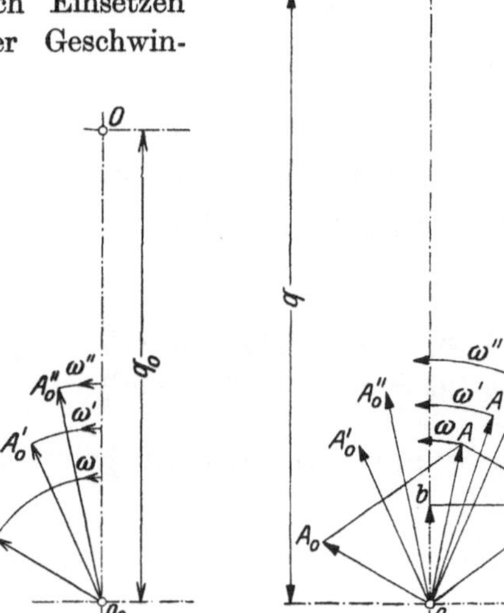

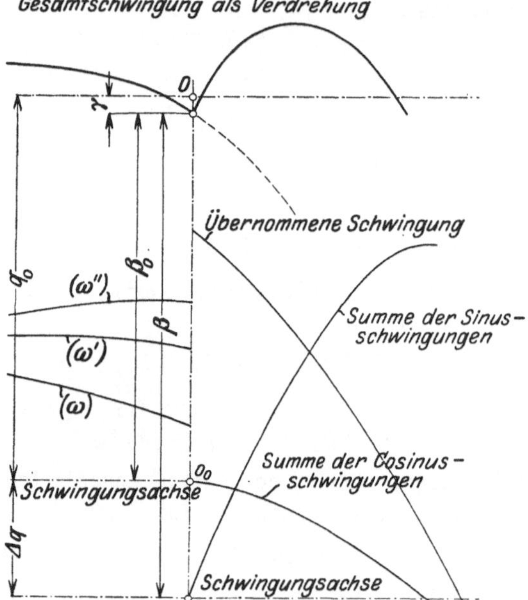

Abb. 1.87. Ursprünglicher Schwingungszustand zur Zeit t_0.   Abb. 1.88. Durch die Impulse geänderter Schwingungszustand zur Zeit t_0.   Abb. 1.89. Zeitlicher Verlauf der Verdrehungen γ vor und nach dem Impuls.

digkeitsgrößen in die Gl. (1.160), die auch für die Komponenten der Schwingung gelten, erhält man 3 lineare Gleichungen:

$$0 = \varkappa_1\, a\, \omega + \varkappa_1'\, a'\, \omega' + \varkappa_1''\, a''\, \omega'',$$
$$\vartheta\,\omega_1 = a\, \omega + a'\, \omega' + a''\, \omega'',$$
$$0 = \varkappa_2\, a\, \omega + \varkappa_2'\, a'\, \omega' + \varkappa_2''\, a''\, \omega'',$$

aus denen sich die Amplituden der Sinusschwingung berechnen mit:

$$a = x\,\omega_1\,\vartheta/\omega, \quad a' = x'\,\omega_1\,\vartheta/\omega', \quad a'' = x''\,\omega_1\,\vartheta/\omega'', \qquad (1.161)$$

wobei

$$x = \frac{[(k_1 - (\omega)^2][k_7 - (\omega)^2]}{[(\omega')^2 - (\omega)^2][(\omega'')^2 - (\omega)^2]}, \qquad x' = \frac{[k_1 - (\omega')^2][k_7 - (\omega')^2]}{[(\omega)^2 - (\omega')^2][(\omega'')^2 - (\omega')^2]},$$

$$x'' = \frac{[k_1 - (\omega'')^2][k_7 - (\omega'')^2]}{[(\omega)^2 - (\omega'')^2][(\omega')^2 - (\omega'')^2]}$$

und

$$x + x' + x'' = 1.$$

Die *Kosinusschwingung* (Amplitude b, Phasenwinkel $\gamma' = 90°$ bei $t = 0$) wird erregt durch eine Verschiedenheit in der Neigung zweier aufeinanderfolgender Übersetzungsfehlerlinien. Die

Entfernung der Schwingungsachse von der Nullinie der Verdrehungen γ nimmt dann ungleiche Werte q_0 und q an; den Zuwachs

$$\Delta q = q - q_0$$

deckt beim Übergang die Amplitudensumme der drei Kosinusschwingungen. Unter Berücksichtigung der Beziehungen in Gl. (1.159) sind deshalb

$$\varkappa_1 b + \varkappa_1' b' + \varkappa_1'' b'' = \Delta q_1 = \frac{k_2}{k_1} \Delta q,$$

$$b + b' + b'' = \Delta q,$$

$$\varkappa_2 b + \varkappa_2' b' + \varkappa_2'' b'' = \Delta q_2 = \frac{k_6}{k_7} \Delta q,$$

die Bestimmungsgleichungen der Amplituden; ihre Größen sind:

$$b = y\,\Delta q, \quad b' = y'\,\Delta q, \quad b'' = y''\,\Delta q, \qquad (1.162)$$

wobei

$$y = x\,\frac{(\omega')^2\,(\omega'')^2}{k_1\,k_7}, \qquad y' = x'\,\frac{(\omega)^2\,(\omega'')^2}{k_1\,k_7}, \qquad y'' = x\,\frac{(\omega)^2\,(\omega')^2}{k_1\,k_7},$$

und

$$y + y' + y'' = 1.$$

d) Schwingungsverlauf bei Profilfehlern.

Bei gleichmäßigen Profilfehlern nach Art der in Abb. 1.90 eingetragenen Übersetzungsfehlerlinie, deren gerader Verlauf sich unter gleicher Neigung nach dem Durchlaufen einer Zahnteilung in der Zeit $T = 2\pi/z_1\,\omega_1$ wiederholt, bilden sich beim Eingriffsübergang nur Sinusimpulse aus, da $\Delta q = 0$ ist. Im *Beharrungszustande* besorgt der Impuls a eine Phasenverschiebung der ankommenden Schwingung A_0 im Winkel $(-\omega T)$. Diesen Winkel durchläuft der neue größengleiche Radiusvektor A während der Schwingung im entgegengesetzten Sinne, um am Ende der Periode in die frühere Endlage zurückzukehren.

Es sind daher die Phasenwinkel zu Schwingungsbeginn $(T = 0)$

$$\gamma_0 = (\pi - \omega T)/2,$$
$$\gamma_0' = (\pi - \omega' T)/2,$$
$$\gamma_0'' = (\pi - \omega'' T)/2$$

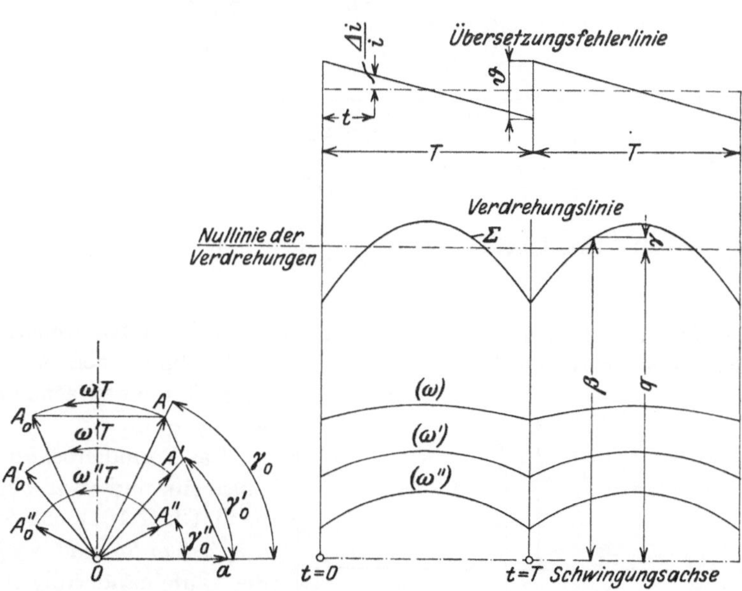

Abb. 1.90. Zeitlicher Verlauf der Verdrehungen bei Profilfehlern.

und bei Berücksichtigung der Gl. (1.161) die Amplituden

$$A = \alpha/2 \sin\frac{\omega T}{2} = \frac{\vartheta}{2}\,\frac{\omega_1}{\omega}\,\frac{x}{\sin\omega T/2}, \qquad A' = \frac{\vartheta}{2}\,\frac{\omega_1}{\omega'}\,\frac{x'}{\sin\omega' T/2}, \qquad A'' = \frac{\vartheta}{2}\,\frac{\omega_1}{\omega''}\,\frac{x''}{\sin\omega'' T/2}.$$

Die Ausschläge der drei Schwingungen addieren sich zum Gesamtausschlag β (Abb. 1.90), dessen Linienverlauf Σ gleichzeitig die Verdrehungen γ darstellt, gemessen von der Nullinie der Verdrehungen, die um den Betrag q von der Schwingungsachse absteht. Die Neigung der Übersetzungsfehlerlinie bestimmt nach Gl. (1.154) den Wert

$$p = -\omega_1\,\frac{d\,\Delta i/i}{dt} = \omega_1\,\frac{\vartheta}{T}$$

und im weiteren nach Gl. (1.156) die mittlere Ordinate des Schwingungsausschlages

$$q = k_1\, k_7\, \omega_1\, \vartheta / C_0\, T.$$

In der Mitte der Periode stellt sich das größte Drehmoment der Massenwirkung ein:

$$M_m = c_z\, \gamma_{\max} = c_z\,(A + A' + A'' - q)$$

$$= c_z\, \vartheta\, \omega_1 \left\{ x/2\,\omega \sin \frac{\omega\,T}{2} + x'/2\,\omega' \sin \frac{\omega'\,T}{2} + x''/2\,\omega'' \sin \frac{\omega''\,T}{2} - \frac{k_1\,k_7}{C_0\,T} \right\}. \qquad (1.163)$$

Eine Einsicht in den Schwingungsverlauf der Massen gewähren die Integrale der Gl. (1.159). Die Umlaufgeschwindigkeit der Masse I_1, die am freien Ende der treibenden Welle sitzt,

$$\frac{d\varphi_1}{dt} = -\int \frac{c_1\,\gamma_1}{J_1}\,dt = \frac{c_1}{\gamma_1}\left(\frac{A}{\omega}\,\varkappa_1 \cos(\gamma + \omega\,t) + \frac{A'}{\omega'}\,\varkappa_1' \cos(\gamma' + \omega'\,t) + \frac{A''}{\omega''}\,\varkappa_1'' \cos(\gamma'' + \omega''\,t) + q_1\,t + C \right).$$

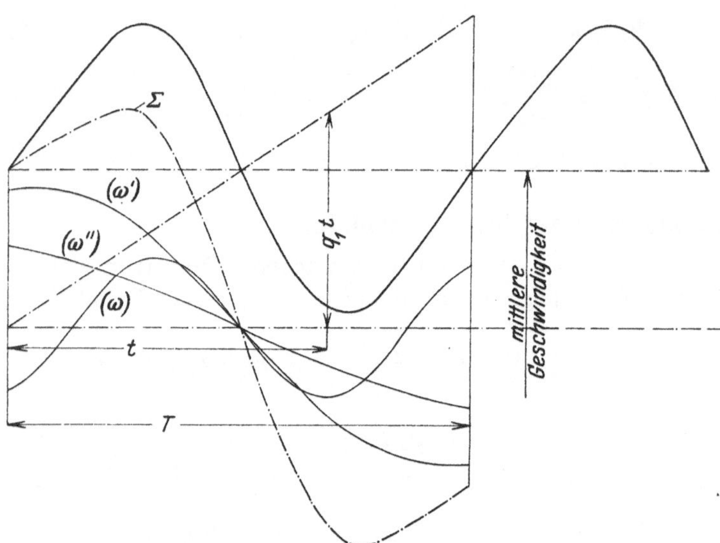

Abb. 1.91. Geschwindigkeitsverlauf der erzwungenen Massenschwingung bei Profilfehlern.

setzt sich zusammen aus einer durch den Festwert C ausgedrückten mittleren Geschwindigkeit, weiter aus der Summe Σ der Geschwindigkeiten, welche die drei Eigenschwingungen hervorrufen, und schließlich aus einem mit der Zeit zunehmenden Geschwindigkeitsanteil $q_1\,T$. Die Summe dieser Geschwindigkeiten zeigt das innerhalb jeder Periode sich wiederholende Bild (Abb. 1.91) der erzwungenen Schwingung, verursacht durch fehlerhafte Zahngestaltung.

e) Schwingungsverlauf bei Teilungsfehlern.

Ein in der Zeit T wiederkehrender Teilungsfehler $\varDelta t$, der sich im vorderen Kanteneingriff ausgleicht, zeigt bei sonst richtigem Profileingriff eine Übersetzungsfehlerlinie nach Abb. 1.92; im Gebiet des Kanteneingriffes entsprechend der Gl. (1.154) gilt der Festwert $p = \omega_1\, \vartheta / t_0$.

Bei Periodenbeginn setzen in jeder Frequenz Impulse ein, und zwar wegen des Übersetzungssprunges ϑ nach Gl. (1.161) ein Sinusimpuls von der Amplitude $a = x\,\vartheta\,\omega_1/\omega$ und wegen der ungleichen Neigung in den aufeinanderfolgenden Teilen der Übersetzungsfehlerlinie

$$\varDelta q = q - 0 = q$$

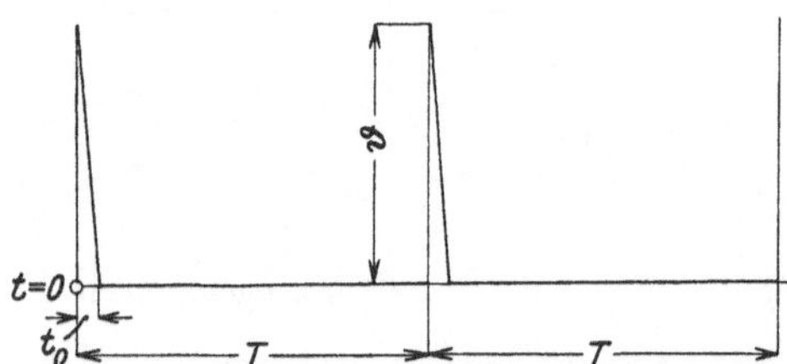

Abb. 1.92. Übersetzungsfehlerlinie bei Teilungsfehlern.

ein Kosinusimpuls von der Amplitude b.

Während der kleinen Zeitdauer t_0 des Kanteneingriffes (Abb. 1.93) durchlaufen beide Radiusvektoren den kleinen Winkel $(\omega\,t_0)$. Beim Übergang vom Kanten- zum Profileingriff stellt sich wegen der nochmaligen Ungleichheit der Neigungen $\varDelta q = 0 - q = -q$ ein zweiter Kosinusimpuls von entgegengesetzter Richtung ein, der sich mit dem gedrehten Vektor des ersten Kosinusimpulses zum resultierenden Vektor $(b\,\omega\,t_0)$ verbindet und mit dem gedrehten Vektor des Sinusimpulses den Winkel $(180 - \omega\,t_0/2)$ einschließt. Die Beziehungen der Gl. (1.161) und (1.162) ergeben Größengleichheit beider Vektoren:

$$b\,\omega\,t_0 = y\,q\,t_0\,\omega = x\,\frac{(\omega')^2\,(\omega'')^2}{k_1\,k_7} \cdot \frac{k_1\,k_7}{(\omega)^2\,(\omega')^2\,(\omega'')^2}\,\omega_1\,\vartheta\,\omega = x\,\vartheta\,\frac{\omega_1}{\omega} = a.$$

Ein Teilungsfehler verursacht daher in der Gesamtwirkung zwei Sinusimpulse von gleicher Amplitude a mit einem Phasenunterschied von $(180 - \omega\, t_0/2)$. Im *Beharrungszustand* entsprechen diesen beiden Impulsen zwei Schwingungen von gleicher Amplitude $A = a/2 \sin(\omega\, T/2)$ mit dem angeführten Phasenunterschied; sie vereinen sich zur resultierenden Schwingung von der Amplitude

$$A\,\omega\,t_0/2 = a\,\omega\,t_0/4 \sin(\omega\,T/2) = \frac{x\,\omega_1\,\vartheta\,t_0}{4 \sin(\omega\,T/2)}.$$

Die Summe der Ausschläge aller Frequenzen liefert den Größtwert der Verdrehung

$$\gamma_{\mathrm{max}} = t_0\,\vartheta\,\frac{\omega_1}{4}\left[\frac{x}{\sin(\omega\,T/2)} + \frac{x'}{\sin(\omega'\,T/2)} + \frac{x''}{\sin(\omega''\,T/2)}\right]. \tag{1.164}$$

Wiederholt sich ein größengleicher Teilungsfehler in gleichen Abständen m_1- oder $m_2$mal an einem der beiden Radumfänge, so ist die Schwingungsdauer der Periode $T_1 = 2\,\pi/m_1\,\omega_1$ bzw. $T_2 = 2\,\pi/m_2\,\omega_2$. Die Amplitude einer Schwingung wird bei Vernachlässigung der Dämpfung unendlich groß, wenn $\sin\omega\,T/2 = \sin(\pi\,\omega/m_1\,\omega_1) = 0$, also die Winkelgröße ein Vielfaches m_0 von π wird: $\pi\,\omega/m_1\,\omega_1 = \pi\,m_0$. Bei einer Winkelgeschwindigkeit von $\omega_1 = \omega/m_1\,m_0$ muß daher Resonanz auftreten. Im Hinblick auf alle möglichen Zufälligkeiten in der Verteilung der Teilungsfehler sollten daher die Umlaufgeschwindigkeiten $\omega_1\,\omega_2$ der beiden Wellen außerhalb der kritischen Geschwindigkeiten:

$$\omega/m_1\,m_0, \quad \omega'/m_1\,m_0, \quad \omega''/m_1\,m_0$$

verbleiben.

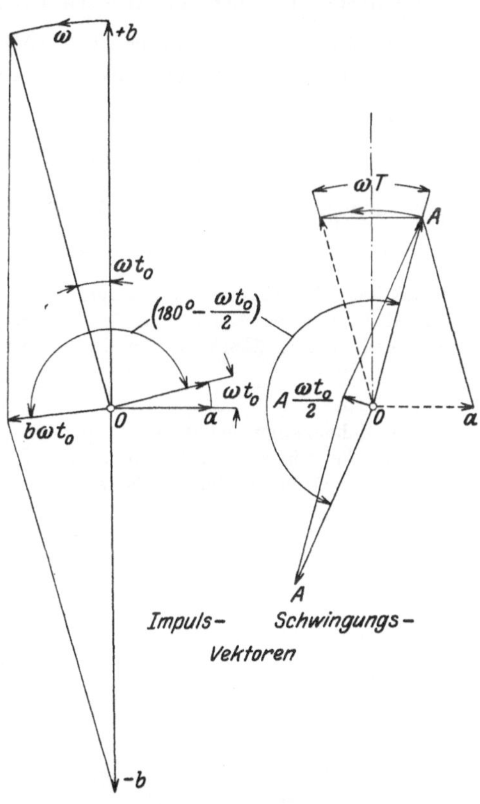

Abb. 1.93. Schwingungsbild bei Teilungsfehlern.

f) Rechnungsbeispiel zur Ermittlung der Resonanz.

Als Zahlenbeispiel sei das in Abb. 1.94 dargestellte Getriebe berechnet.

Gegeben: Antriebsdrehzahl $n_1 = 1000$ [Uml/min], Leistung $N = 1450$ [PS], $i = n_1/n_2 = 1000/5000 = 1/5$. Daraus ergeben sich die Werte:

$$\omega_1 = \pi\,n_1/30 = 104{,}72; \quad M_1 = 75\,N/\omega_1 = 1038\;[\mathrm{mkg}].$$

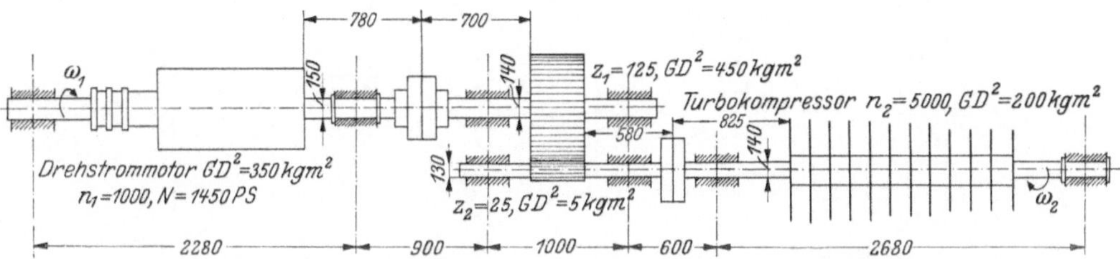

Abb. 1.94 Turbo-Kompressorantrieb als Beispiel zur Berechnung der Eigenschwingung durch Verdrehung.

Nach den eingetragenen Schwungmomenten berechnen sich nach $I = G D^2/4\,g$ [mkg sek²] die Massenträgheitsmomente von

$$\text{Ritzel } I_2' = 0{,}13, \qquad\qquad \text{Kompressor } I_2 = 5{,}10\;[\mathrm{mkg\,sek^2}].$$
$$\text{Motor } I_1 = 8{,}91, \qquad\qquad \text{Rad } I_1' = 11{,}46\;[\mathrm{mkg\,sek^2}].$$

Nach Gl. (1.152) mit den Werten l und d nach der Abbildung ergibt sich für die Federungswerte der Motorwelle $c_1 = 250\,000$ [mkg], der Kompressorwelle $c_2 = 191\,000$ [mkg]. Zur Bestimmung der Zahnfederung c_z ist zunächst $c_f = \left(3{,}9 + \dfrac{3{,}6}{i} + \dfrac{\sqrt[3]{z}}{i}\right) = 4{,}03/100$ [im Sinne der Gl. (1.02) ist i hier immer ganze Zahl, also 5] auszurechnen. Man legt somit als mittleren Wert die Verhältnisse im äußeren EW-Punkt zugrunde. Mit $d_0 = 150$ mm (entsprechend $m = 6$) und Zahnbreite $b = 375$ mm sowie $\alpha_w = 20°$ und $E = 2,2 \cdot 10^6$ kg/cm^2 ergibt sich schließlich

$$c_z = 60\,700 \text{ mkg.}$$

Nach Ausrechnung der Festwerte [Gl. 1.155) und Gl. (1.157 b)]

$$k_1 = 0,0473 \cdot 10^6, \quad k_2 = 0,0053 \cdot 10^6, \quad k_3 = 0,0218 \cdot 10^6, \quad k_4 = 0,0242 \cdot 10^6, \quad k_5 = 0,2937 \cdot 10^6, \quad k_6 = 0,0939 \cdot 10^6,$$

$$k_7 = 1,508 \cdot 10^7, \quad C_0 = 0,000245 \cdot 10^{18}, \quad C_1 = 0,07934 \cdot 10^{12}, \quad C_2 = 1,5795 \cdot 10^6$$

ergibt die kubische Gleichung:

$$\omega^6 - 1,5795 \cdot 10^6 \cdot \omega^4 + 0,07934 \cdot 10^{12} \cdot \omega^2 - 0,000245 \cdot 10^{18} = 0,$$

die Kreisfrequenzen der drei Eigenschwingungen:

$$\omega = 57,5, \quad \omega' = 220, \quad \omega'' = 1230 \text{ [min}^{-1}\text{]}.$$

Von diesen drei Frequenzen kommen im vorliegenden Falle in Betracht nur die aus ω'' abgeleiteten Werte, die durch Teilungsfehler hervorgerufen werden können. Die Umlaufgeschwindigkeit $\omega_2 = 523,60$ hält sich in genügend weitem Abstande von den nächstliegenden kritischen Geschwindigkeiten

$$\omega''/3 = 410 \quad \text{und} \quad \omega''/2 = 615.$$

Da die Zähnezahlen beider Räder nur aus Potenzwerten von 5 bestehen, ist noch $\omega''/5 = 246$ zu bilden. Dieser Wert liegt in weitem Abstande von ω_1 und ω_2.

In dem angeführten Getriebe ist also keine Resonanz in Drehschwingungen zu erwarten.

Teil II.

Anwendung der Rechnungsgrundlagen.

A. Kegelräder.

1. Kegelräder mit geraden Zähnen.

a) Die Grundlagen der Wälzkörper.

Zur Übertragung von Drehmomenten zwischen sich schneidenden Achsen sind im Sinne von Abb. 1.05 und 1.06 und von Gl. (1.07) als Wälzkörper *Wälzkegel* erforderlich. Jeder Punkt C' der gemeinsamen Berührungsmantellinie (Abb. 2.00) mit den Durchmessern d'_{w1} bzw. d'_{w2} hat in beiden Rädern gleiche Umfangsgeschwindigkeit $v' = \omega_1 d'_{w1}/2 = \omega_2 d'_{w2}/2$. Mit den Durchmessern steigt auch die Umfangsgeschwindigkeit verhältnisgleich zu dem Abstand vom Achsenschnittpunkt A. Aus dem allgemeinen Fall des Kegeltriebes wird der Sonderfall des Stirnradtriebes, wenn man die Getriebeachsen bis in die parallele Lage auseinanderdreht.

Zu den kennzeichnenden Größen des Kegelradgetriebes gehören der Achswinkel δ und die Kegelwinkel δ_1 des Ritzels und δ_2 des Rades, ferner die größten Wälzdurchmesser d_{w1} bzw. d_{w2} sowie die längs der Berührungslinie gemessene Breite b. Es ergibt sich für die Übersetzung i:

$$i = \sin\delta_2/\sin\delta_1$$
$$= d_{w2}/d_{w1} = z_2/z_1 = \frac{\omega_1}{\omega_2}. \quad (2.00)$$

Der Drehsinn wird bei Betrachtung von der Kegelspitze aus festgelegt. Es ergibt sich also auch hier für zwei kämmende Räder gegenläufige Drehung; doch wird das negative Vorzeichen von ω_2 wie bei Stirnrädern gewöhnlich nicht berücksichtigt.

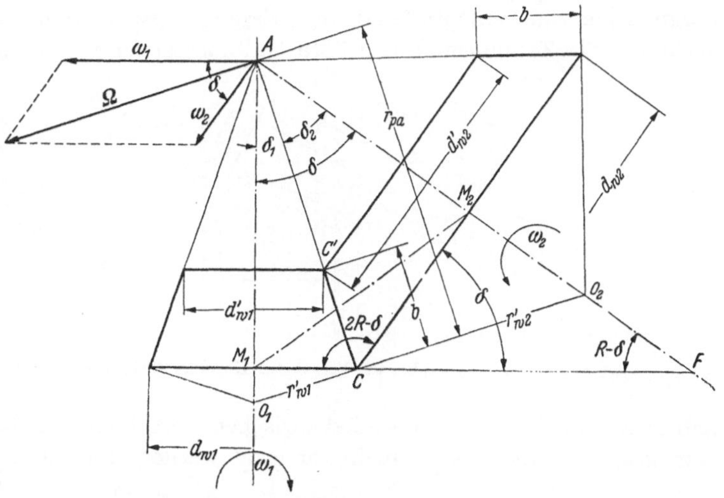

Abb. 2.00. Beziehungen für die Wälzkegel eines Kegelrädergetriebes. Achswinkel δ, Kegelwinkel δ_1 bzw. δ_2.

$\operatorname{ctg}\delta_1 = AM_1/CM_1$, $\quad M_1 A = M_1 F \operatorname{ctg}\delta = (CM_1 + CF)\operatorname{ctg}\delta$, $\quad CF = CM_2/\cos\delta$,
$CM_2/CM_1 = z_2/z_1 = i$, $\quad \operatorname{ctg}\delta_1 = (CM_1 + CM_2\cos\delta)\operatorname{ctg}\delta/CM_1$.
Hieraus folgt Gl. (2.01a).

Nach Abb. 2.00 ist der Winkel δ_1 bestimmt:

$$\operatorname{ctg}\delta_1 = \operatorname{ctg}\delta + i/\sin\delta \quad \text{für} \quad \delta < 90°. \quad (2.01\,\text{a})$$

Bei stumpfem Achswinkel δ ist für die Rechnung folgende Form bequemer:

$$\operatorname{ctg}\delta_1 = i/\sin(180 - \delta) - \operatorname{ctg}(180 - \delta) \quad \text{für} \quad \delta > 90°. \quad (2.01\,\text{b})$$

Der zweite Kegelwinkel ergibt sich zu:

$$\delta_2 = \delta - \delta_1. \quad (2.02)$$

5*

Für die Planradzähnezahl z_w (siehe auch Abb. 2.01), dargestellt durch die Strecke $r_{p\,a}/m = A\,C/m$ ergibt sich nach Abb. 2.00:

$$z_w = \sqrt{z_1^2 + z_2^2 + 2\,z_1 z_2 \cos\delta}/\sin\delta = z_1/\sin\delta \cdot \sqrt{i^2 + 2\,i\cos\delta + 1} \qquad (2.03\,\mathrm{a})$$

oder einfacher, da $A\,C = C\,M_2/\sin\delta_2$,

$$z_w = z_2/\sin\delta_2. \qquad (2.03\,\mathrm{b})$$

Die relative Bewegung der beiden drehenden Systeme entspricht einer Drehung um die Momentanachse $A\,C$ mit einer Winkelgeschwindigkeit Ω (Abb. 2.00). Ihre Größe erhält man aus den Geschwindigkeiten eines über A liegenden Punktes, der in der Entfernung 1 von der Ebene der beiden Drehachsen absteht, aus dem Geschwindigkeits-dreieck mit:

$$\Omega = \sqrt{\omega_1^2 + \omega_2^2 + 2\,\omega_1\,\omega_2\cos\delta}\,.$$

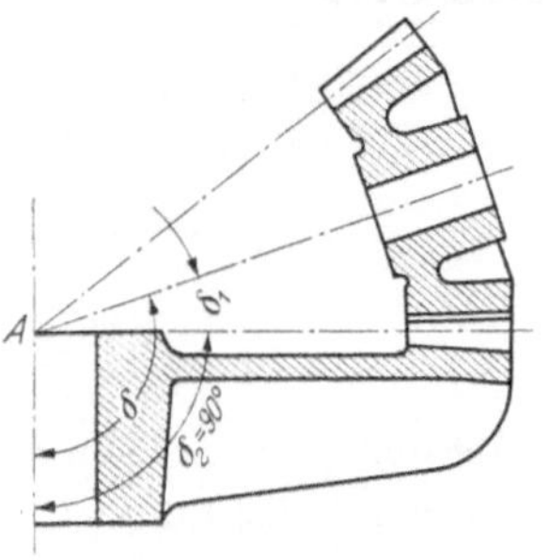

In einem Eingriffspunkt, dessen Entfernung von der Momentan-achse y ist, ergibt sich somit eine Gleitgeschwindigkeit

$$v_g = y\,\Omega. \qquad (2.04)$$

Für den häufigsten Fall der *rechwinklig* sich schneidenden Achsen $\delta = 90°$ vereinfachen sich die Gleichungen:

$$\mathrm{tg}\,\delta_1 = z_1/z_2, \qquad (2.05\,\mathrm{a}) \qquad\qquad \delta_2 = 90° - \delta_1, \qquad (2.05\,\mathrm{b})$$

Abb. 2.01. Planradgetriebe.

$$\Omega = \sqrt{\omega_1^2 + \omega_2^2}, \qquad (2.05\,\mathrm{c}) \qquad z_w = \sqrt{z_1^2 + z_2^2} = z_2/\sin\delta_2. \quad (2.05\,\mathrm{d})$$

Ein besonderer Fall besteht für $\delta_2' = 90°$, der Wälzkegel geht in eine ebene Fläche über (Abb. 2.01). Die zugehörige Radausbildung bezeichnet man als *Planrad*. Dieses entspricht der Zahnstange bei der parallelen Achslage der Stirnräder. Es bestimmt also insbesondere als Erzeugungsplanrad, entsprechend der Erzeugungszahnstange der Stirnräder, bei allen Wälzverfahren die Zahnform. Der größte Halbmesser ist $r_{p\,a}$ (Abb. 2.00); dieser bestimmt auch die

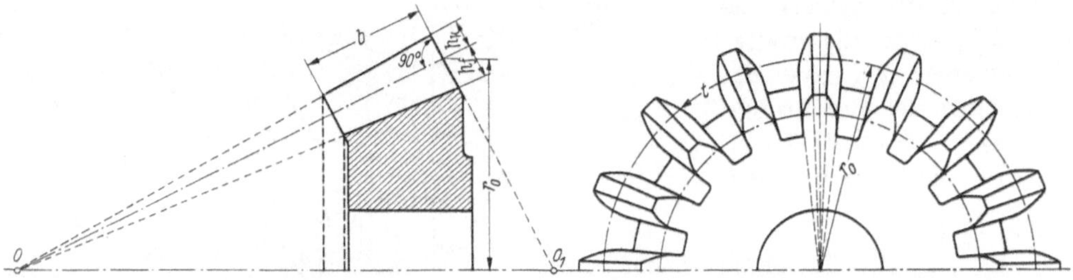

Abb. 2.02. Verzahntes Kegelrad, Teilkreisdurchmesser d_0 außen.

Zahnbreite b, da der Unterschied zwischen dem kleinsten Raddurchmesser innen bei C' und dem größten außen bei C nicht zu groß werden darf. Man wählt zweckmäßig etwa

$$b < r_{p\,a}/3. \qquad (2.06)$$

Die Zahnflächen sind Geradenflächen, deren Erzeugende durch die gemeinsame Kegelspitze A hindurchgehen (Abb. 2.02). Die kinematische Form des Zahnprofils ist auf einer Kugelfläche zu betrachten, die gleichbleibenden Abstand von der Kegelspitze A bzw. O hat. Die gleichen Forderungen wie bei Stirnrädern führen demnach hier zu sphärischen Zykloiden- bzw. Evolventenverzahnungen. Die seitliche Abgrenzung der Zähne erfolgt durch die Mantelfläche des *Ergänzungskegels*, dessen Mantellinie als Erzeugende $O_1 C$ senkrecht auf der Momentanachse $A\,C$ steht. Die Wälzhalbmesser des Ergänzungskegels sind nach Abb. 2.00 mit r'_{w1} bzw. r'_{w2} bezeichnet, allgemein sind seine Größen durch ' gekennzeichnet.

b) Zykloidenverzahnung.

Die Gleitgeschwindigkeit eines Punktes P steht senkrecht zu $P\,C$ (Abb. 2.03); ihre Richtung entspricht der Tangentenlage $P\,O_2'$ für zwei sich in P berührende Zahnprofile. Stellt man nun die Bedingung, daß für die Eingriffspunkte der in C auf der Momentanachse senkrecht stehenden Ebene alle Tangenten durch denselben Punkt O_2' gehen, so ergibt sich als Eingriffslinie ein Kreis mit dem Durchmesser CO_2'. Um gerade Zahnkanten zu erhalten, müssen die Tangentendrehpunkte in den anderen Ebenen auf einer Geraden AO_2' liegen, die im weiteren als Hilfsachse bezeichnet wird und deren Stellung zur Momentanachse durch den Winkel χ_2 gekennzeichnet ist. Dadurch kommt man zu einer orthogonalen Kegelfläche als Eingriffsfläche; außer Kreisschnitten in den zur Momentanachse AC senkrecht stehenden Ebenen weist sie noch solche auch in den Ebenen auf, die senkrecht zur Hilfsachse AO_2' stehen. Die Tangierungsebene der Zahnflächen dreht sich beim Fortschreiten des Eingriffes mit einer Winkelgeschwindigkeit ω_2' um die Hilfsachse AO_2'; ω_2' ist nach Gl. (2.00) bestimmt durch

$$\omega_2' \sin\chi_2 = \omega_1 \sin\delta_1 = \omega_2 \sin\delta_2.$$

Die Geschwindigkeit, mit welcher der Eingriff im Kreisschnitt CM_2' des Eingriffskegels fortschreitet, entspricht der Umfangsgeschwindigkeit im Wälzkreis M_1C wie bei Stirnrädern.

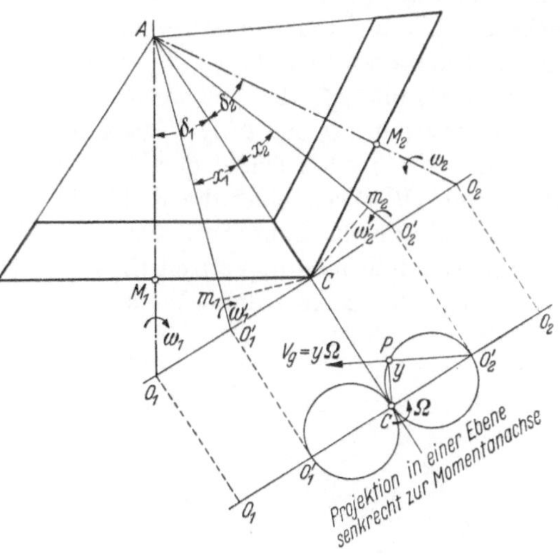

Abb. 2.03. Zykloidenverzahnung des Kegelrades.

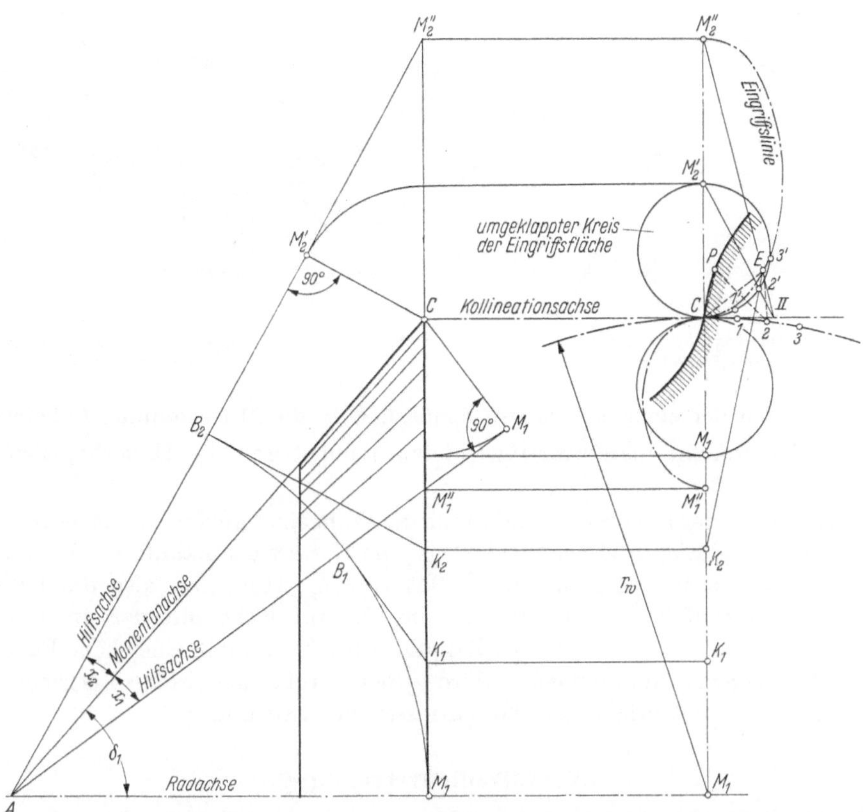

Abb. 2.04. Zeichnerische Ermittlung der Kugelzykloide für die Kegelradflanke.

Diese Beziehung ermöglicht das Aufzeichnen der Zahnflanken in einer zur Drehachse senkrechten Radebene (Abb. 2.04). Man trägt auf dem Wälzkreis r_w und dem in die Radebene umgeklappten Kreis der Eingriffsfläche vom Durchmesser CM_2' eine Anzahl gleicher Bogenteile $C\,1,\ 1\,2,\ 2\,3$

und $C\,1'$, $1'2'$, $2'3'$ usw. auf, da wegen der dort bestehenden gleichen Geschwindigkeiten auch gleiche Wege zurückgelegt werden. Die Durchstoßpunkte der Kegelkanten vom Eingriffskegel mit der Radebene ermittelt man durch Kollineation. Die Kollineationsachse ist in C und steht senkrecht auf $M_1 C$. Das Kollineationszentrum K_2 erhält man durch das Ziehen einer Senkrechten $K_2 B_2$ auf die Hilfsachse im Abstande $A B_2 = A M_1$. Zwei zusammengehörige Punkte des umgeklappten Schnittes $C M_2'$ und des Schnittes mit der Radebene $C M_2''$ hat man in den Punkten M_2' und M_2'' der Hilfsachse.

Die Bestimmung der *Eingriffspunkte E* geschieht nun in folgender Weise. Nach einer Raddrehung von C nach 2 findet der Eingriff in einer durch $2'$ hindurchgehenden Kegelkante statt. Die Gerade $M_2' 2'$ schneidet die Kollineationsachse in II. Die Verbindung von II mit M_2'' gibt die Tangente an das Zahnprofil für die Radlage 2. Deren Tangierungspunkt als Eingriffspunkt des Zahnes erhält man nun durch Einschneiden der aus dem Kollineationszentrum K_2 gezogenen Gerade $K_2 2'$ in E. Auf diese Weise läßt sich für jede Drehstellung der zugehörige Eingriffspunkt des Zahnes ermitteln. Die Eingriffslinie ist eine Ellipse, hervorgegangen aus dem Schnitt des orthogonalen Eingriffskegels mit der Radebene.

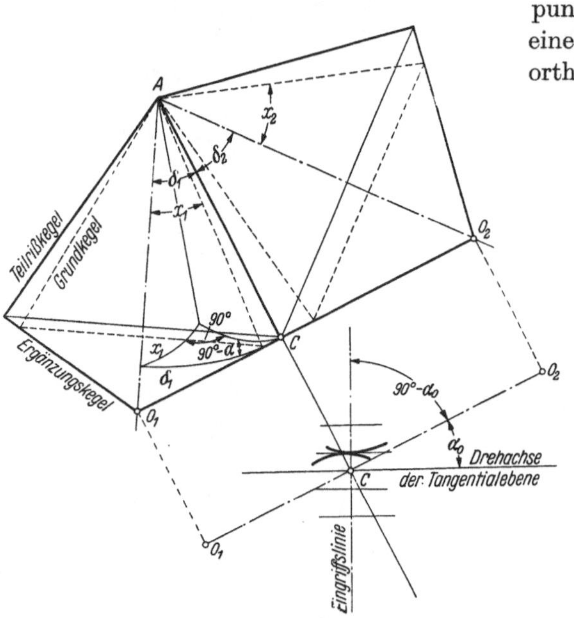

Abb. 2.05. Evolventenverzahnung des Kegelrades.
(Kugelevolvente.)

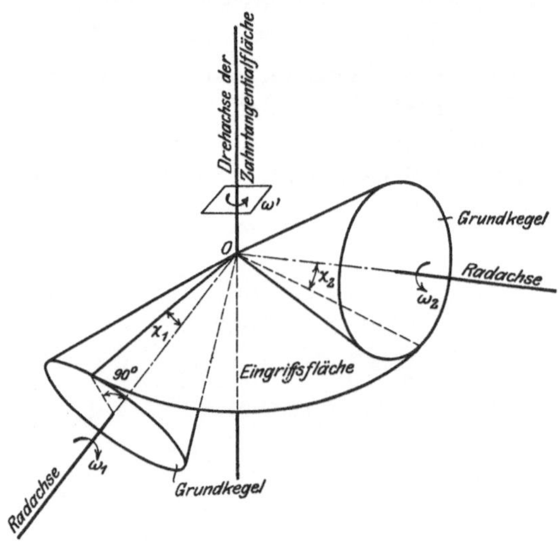

Abb. 2.06. Eingriffsbild der räumlichen Evolventenverzahnung.
(Kugelevolvente.)

Das Zurückführen der einzelnen Eingriffspunkte E in die Mittelstellung C liefert dann die Punkte P der Zahnflanke; man überträgt hierzu symmetrisch die Dreiecke, also $\overline{CE} = \overline{2P}$ und $\overline{2E} = \overline{CP}$.

Die Zykloidenzähne der Kegelräder sind durch die Wahl eines außen- und eines innenliegenden orthogonalen Kegels als Eingriffsfläche festgelegt. Die Gestalt des Zahnfußes ist von der Größe des innenliegenden Eingriffskegels abhängig. Ist $\chi_1 = \delta_1$, läßt man also die Hilfsachse mit der Radachse zusammenfallen, so deckt sich die Zahnfußfläche mit der um die Hilfsachse drehenden Tangentialebene des Zahnes; der Zahnfuß wird dann durch eine ebene Fläche gebildet, welche durch die Radachse hindurchgeht. Wird χ_1 noch größer gehalten, so ergeben sich unterschnittene Zähne. Dies entspricht den Verhältnissen der Stirnräder.

c) Evolventenverzahnung.

Wird für den Eingriffsverlauf in den zur Momentanachse AC senkrecht stehenden Ebenen die Forderung gestellt, daß eine parallele Tangentenverschiebung in den Berührungsstellen erfolgt, so erhält man gerade Eingriffslinien (Abb. 2.05) und die Verzahnung wird zur *Kugel-Evolventen*verzahnung; denn im Gegensatz zu den Stirnrädern ist räumliche Betrachtung auf einer Kugelfläche mit dem Halbmesser AC notwendig. Die Eingriffsfläche ist eine durch die

Momentanachse gehende Ebene, die unter dem Winkel $(90° - \alpha_0)$ gegen die Ebene der beiden Radachsen geneigt ist. Sie tangiert innerhalb der beiden Teilrißkegel zwei Kegelflächen, *Grundkegel*, deren Kegelwinkel χ_1 und χ_2 sich aus dem Kugeldreieck in der Kugelfläche vom Halbmesser AC ergeben mit

$$\sin\chi_1 = \sin\delta_1 \cos\alpha_0 \quad \text{und} \quad \sin\chi_2 = \sin\delta_2 \cos\alpha_0. \tag{2.07}$$

Die Winkelgeschwindigkeit ω', mit der die Eingriffsgerade in der Eingriffsfläche den Ort wechselt, ist aus Abb. 2.06 zu entnehmen:

$$\omega' = \omega_1 \sin\chi_1 = \omega_2 \sin\chi_2.$$

Die *Eingriffsgeschwindigkeit* entspricht nämlich den Umfangsgeschwindigkeiten der Grundkegel in der zugehörigen Entfernung. Man kann sich deshalb die Zahnflächen erzeugt denken durch das Abrollen der Eingriffsebenen auf den Mantelflächen der Grundkegel.

Bei der Bewegung der Räder dreht sich die Tangentialebene an die jeweilige Berührungskante der beiden Zahnflächen mit der Winkelgeschwindigkeit ω' um eine in der Kegelspitze A

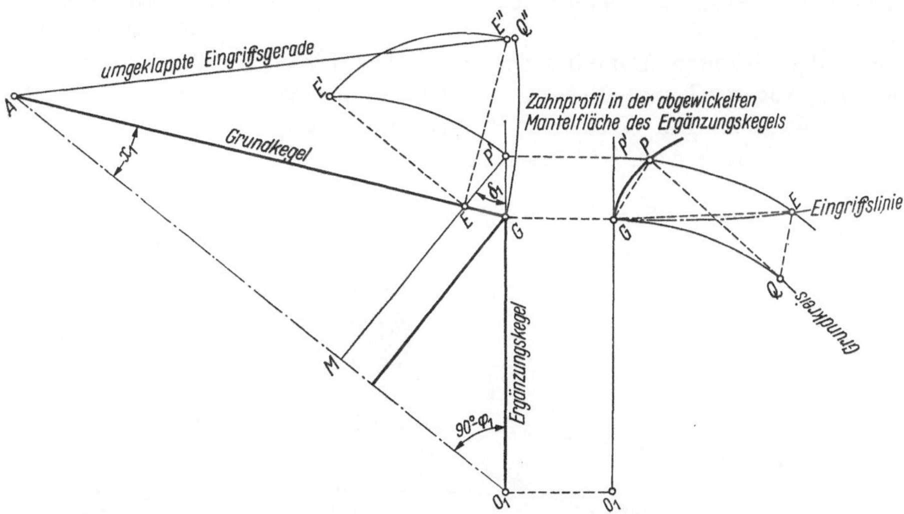

Abb. 2.07. Zeichnerische Ermittlung der Kugelevolventenflanke in der abgewickelten Mantelfläche. Die Eingriffslinie ist als abgewickelte Kegelmantellinie gekrümmt.

auf der Momentanachse senkrecht stehende Drehachse, die im Winkel α_0 gegen die Ebene der beiden Radachsen geneigt ist (Abb. 2.06).

Das Aufzeichnen der Zahnflanken läßt sich auf Grund der vorstehenden Angaben in der abgewickelten Mantelfläche des Ergänzungskegels durchführen. In Abb. 2.07 tangiere die Eingriffsebene den Grundkegel χ_1 in der Kegelkante AG. Ein Kreis vom Halbmesser MP' des Ergänzungskegels schneidet die Eingriffsfläche im Punkte E, dessen Höhe EE' über der Mittelebene durch Umklappen um $M'P$ erhalten wird. Das Übertragen der Bogenlänge $\overarc{P'E'} = \overarc{PE}$ in die Abwicklung auf den zugehörigen Mantelkreis vom Halbmesser O_1P' liefert den Eingriffspunkt E. Die Eingriffslinie ist demnach eine abgewickelte Kegelschnittlinie.

Der am Grundkreis liegende Eingriffspunkt ist G. Die Drehung GQ am Grundkreise, die das Rad während des Fortschreitens des Eingriffes von G nach E ausführt, entspricht dem Bogen am Kreishalbmesser AG, den die Eingriffsgerade AE mit der Anfangslage AG einschließt. In der Umklappung um AG ist die Eingriffsgerade AE'' durch $EE'' = EE'$ festgelegt und damit auch der Bogen $\overarc{GQ''}$, der am Grundkreis längengleich nach GQ aufgetragen wird. Die symmetrische Überführung des Dreiecks GQE nach QGP liefert den Punkt P der Zahnflanke.

Beim *Planrad* (Abb. 2.08) hat der Grundkegel AG nach Gl. (2.07) einen Kegelwinkel $\chi_2 = 90° - \alpha_0$, da $\delta_2 = 90°$ ist. Der Ergänzungskegel wird zum Zylinder vom Halbmesser AC. Das Aufzeichnen der Zahnflanke in der aufgerollten Zylinderfläche nach dem vorstehenden Verfahren liefert eine doppelt gekrümmte Linie mit spiegelbildlichem Verlauf zum Wälzpunkt;

die Profiltangente in C ist unter dem Winkel $(90° - \alpha_0)$ gegen die Teilrißgerade geneigt. Den Linienast der Evolvente begrenzen die beiden Punkte G und G'.

Da die doppelte Krümmung der Flanken für die Kugelevolvente der Kegelräder namentlich für die Wälzverfahren eine sehr große Erschwerung der Herstellung bedeutet, wird die *Kugelevolventenflanke nicht angewendet.* Man begnügt sich mit der im folgenden behandelten Oktoidenverzahnung als Annäherung.

d) Oktoidenverzahnung.

Bei der Oktoidenverzahnung wird als Grundlage der Erzeugung dem Planrad eine gerade Zahnflanke gegeben. Dies entspricht also den geraden Flanken der Zahnstange als Bezugsprofil bei den Stirnrädern. Die Eingriffslinie der Oktoide wird

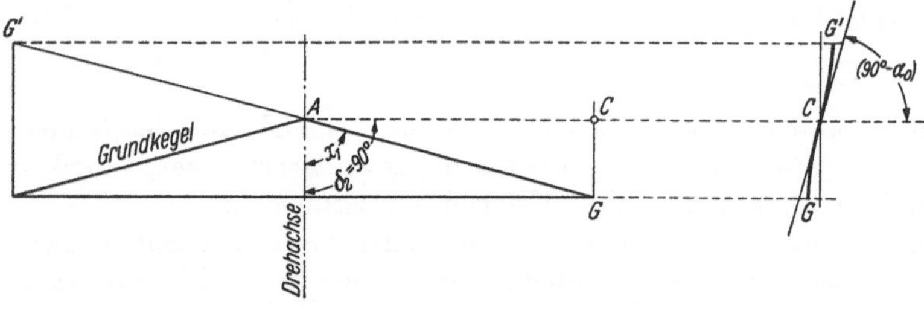

Abb. 2.08. Kugelevolventenflanke des Planrades auf der abgewickelten „Mantelfläche".

dann auf der abgewickelten Mantelfläche eine gerade Linie. Im Wälzpunkt C stimmt die Oktoide mit der Kugelevolvente überein. Der Verlauf beider Flanken und Eingriffslinien ist aus Abb. 2.09 ersichtlich. Die Oktoide $F'P'$ steht im Fußpunkt F' auf einem Grundkreis, dessen Halbmesser r'_g nach Abb. 2.10 bestimmt ist zu:

$$r'_g = r'_w \cos\alpha_w = AO_1 \sin\delta_1 \cos\alpha_w. \tag{2.08a}$$

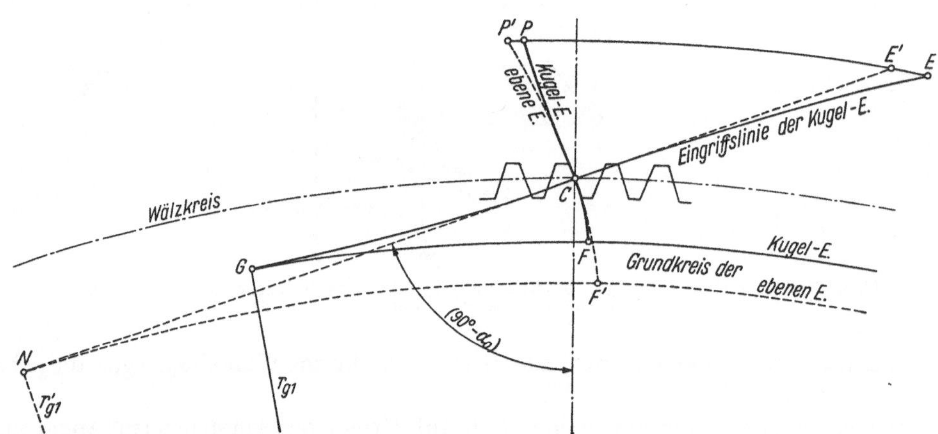

Abb. 2.09. Vergleich der Kugelevolvente mit der Oktoide in der abgewickelten Mantelfläche des Ergänzungskegels.

Für den gleichen Neigungswinkel α_w der Eingriffsebene ergibt sich aus dem Dreieck AO_1G der Abb. 2.07 unter Benutzung der Gl. (2.07) für den Grundkreishalbmesser r''_g der Kugelevolvente der größere Wert von

$$r''_g = O_1G = AO_1 \sin\chi_1/\cos(\delta_1 - \chi_1) = AO_1 \sin\delta_1 \cos\alpha_w/\cos(\delta_1 - \chi_1). \tag{2.08b}$$

Für das Verhältnis der beiden Halbmesser erhält man somit $r''_g/r'_g = \cos(\delta_1 - \chi_1)$.

Die Kugelevolvente ist nach Abb. 2.07 ermittelt; ihre gekrümmte Eingriffslinie GCE zeigt als abgewickelte Kegelschnittlinie einen Wendepunkt im Wälzpunkt C. Dieser Krümmungswechsel ergibt eine Verschiedenheit im gegenseitigen Verlauf der Zahnlinien. Im Kopfteil steht die Kugelevolvente vor der Oktoide, im Fußteil tritt erstere zurück. Dadurch entsteht ein teilweiser Ausgleich im Eingriffsbild des Getriebes nach der Oktoide.

Beide Verzahnungsarten sind kinematisch richtig, nur ist zu beachten, daß die tatsächlich ausgeführte Oktoide strenggenommen nicht die Eigenschaften der Evolvente, insbesondere in der Unempfindlichkeit des Achsabstandes, hat.

Ergänzungszähnezahl. Für die *praktische Rechnung* wird die Betrachtung dadurch sehr wesentlich vereinfacht, daß die Verzahnung des Wälzkegels einer Stirnradverzahnung auf dem *Ergänzungskegel* O_1C gleichgesetzt werden kann (Abb. 2.10). Für *O- und VO-Getriebe* wird als Ausgangspunkt der Masse für den Außendurchmesser $d_0 = 2\,r_0$ nach Gl. (1.16) der genormte Modul, also auch die genormte Umfangsteilung verwendet. Die Zahnhöhe wird senkrecht zum Teilmantel AC als Kopfhöhe h_k und als Fußhöhe h_f gemessen. Nach der Kegelspitze zu verringert sich bei der meist üblichen Herstellung durch Hobeln die Höhe verhältnisgleich zum Spitzenabstand, der dem jeweiligen Planradhalbmesser r_p entspricht. Für ihn gilt:

$$r_p = r_{01}/\sin\delta_1 = r_{02}/\sin\delta_2. \tag{2.09a}$$

Entsprechend für die Planradzähnezahl

$$z_p = z_1/\sin\delta_1 = z_2/\sin\delta_2. \tag{2.09b}$$

Da die Zahnflanken ebenfalls in der Mantelfläche des Ergänzungskegels zu betrachten sind, entsprechen auch die Zahnflanken des Kegelrades denen des gedachten Stirnrades auf dem Ergänzungskegel. Für dessen Zähnezahlen z_1' und z_2' gilt

$$z_1' = z_1/\cos\delta_1 \quad \text{und} \quad z_2' = z_2/\cos\delta_2 \tag{2.10a}$$

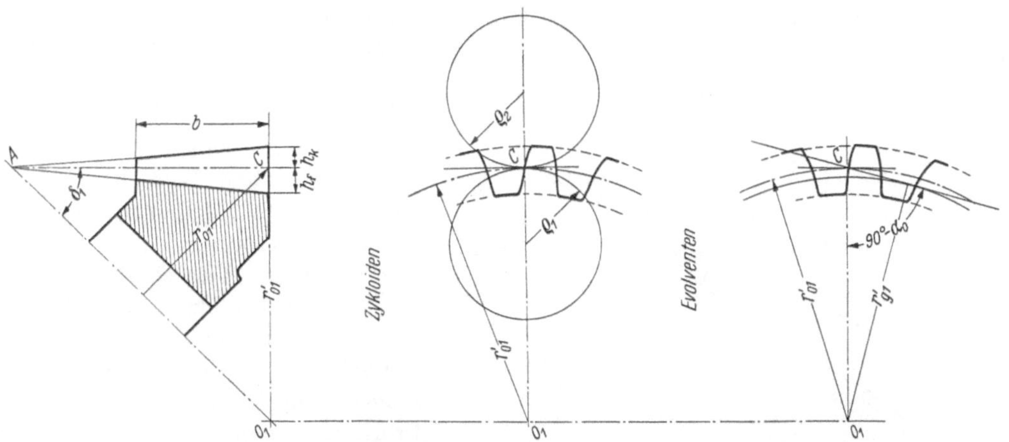

Abb. 2.10. Kegelverzahnung ersetzt durch Stirnradverzahnung auf dem Ergänzungskegel.

oder unter Verwendung der Gl. (2.01) und, da nach Abb. 2.00 $AC/O_1C = z_p/z_1' = \operatorname{ctg}\delta_1$ ist, läßt sich auch schreiben:

$$z_1' = z_p \sin\delta/(i + \cos\delta) \quad \text{und} \quad z_2' = z_p \sin\delta/(1/i + \cos\delta). \tag{2.10b}$$

Für die Planradzähnezahl gilt Gl. (2.09b), da bei *O-* und *VO*-Getrieben die Wälzkörper unverändert im Getriebe und bei der Erzeugung bleiben.

Für *rechtwinklige* Achsen mit $\delta = 90°$ erhält man einfacher:

$$z_p = \sqrt{z_1^2 + z_2^2} = z_1 \sqrt{1 + (i^2)} = z_2 \sqrt{1 + (1/i)^2}, \tag{2.11a}$$

$$z_1' = z_p/i \quad \text{und} \quad z_2' = z_p \cdot i. \tag{2.11b}$$

Die Ergänzungszähnezahlen weichen also um so mehr von denen des Rades z_2 ab, je größer i ist, und erreichen sehr bald so große Werte, daß die Zahnform der geraden Flankenform der Zahnstange praktisch entspricht. Im Eingriffsbild des Getriebes zeigt sich nach Gl. (2.10) ein Eingriffsbild, das dem quadratischen Wert der eigenen Übersetzung entspricht, nämlich: mit $\cos\delta = 0$: $z_2'/z_1' = (z_2/z_1)^2 = i^2$.

e) Profilverschiebung und Drehmaße.

Eine eigentliche Satzräderausbildung gibt es bei Kegelrädern nicht; denn nach dem Vorhergehenden ist die Zahnform in Höhe und Breite auch von dem Übersetzungsverhältnis i abhängig. Demnach können ohne Rücksicht darauf die Profilverschiebungen x_1' bzw. x_2' für die

Ersatzzähnezahlen z_1' und z_2' an Hand der Überlegungen, wie sie im Abschnitt über Verzahnungssysteme dargestellt sind, gewählt werden.

Durch die Winkelform des Kegelrades ist eine besondere Berechnung der *Drehmaße* auf Grund der trigonometrischen Beziehungen in den einzelnen rechtwinkligen Dreiecken erforderlich; die Werte sind aus Abb. 2.11 ersichtlich. Eine wichtige Besonderheit des Kegelrades ist das Einbaumaß l_e, das die Lage der Verzahnung zu einer bearbeiteten Körperkante festlegt und hierzu vom Schnittpunkt der Achsen ausgeht. In der noch vielfach gebrauchten Ausführung läuft sowohl der Kopf- als auch der Fußkegel nach dem Achsenschnittpunkt, dann verringert sich mit der Zahnhöhe auch das Kopfspiel nach der Mitte zu. Da aber die Werkzeuge eine gleichbleibende Abrundung am Fuße von außen nach innen schneiden, ist es sicherer, zur Vermeidung von Klemmungen im Fuß nach den Angaben der Firma Gleason in der gestrichelt gezeichneten Ausführung die Kopfkegelkante parallel der Fußkegelkante des Gegenrades zu legen.

O-Getriebe. Teil- und Wälzkegel fallen zusammen, der Eingriffswinkel α_0 des Werkzeuges bleibt auch Wälzwinkel des Getriebes. Die Berechnung erfolgt nach den entwickelten Formeln, die Profilverschiebung x für Rad und Ritzel wird dabei null gesetzt.

VO-Getriebe. Wie bei Stirnrädern fallen auch hier Wälz- und Teilkegel zusammen, und der Eingriffswinkel des Getriebes entspricht dem des Werkzeuges beim Wälzen. Zu der positiven Profilverschiebung x_1 des Ritzels gehört eine im absoluten Werte gleich große negative Profilverschiebung $-x_2$. Bei Einsetzung dieser Werte der Profilverschiebungen sind aus den bisherigen Formeln sämtliche Größen der Räder und des Getriebes bestimmt.

V-Getriebe. Die Voraussetzung für die Anwendung von V-Getrieben ist Unempfindlichkeit der Verzahnung gegen Achsverschiebung. Diese ist nur bei der Evolventenverzahnung, nicht aber bei

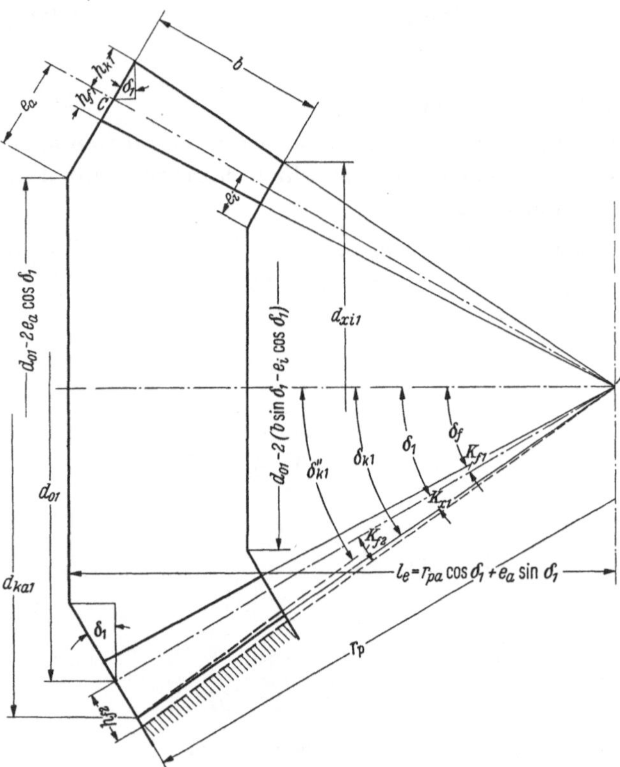

Abb. 2.11. Drehmaße der geradverzahnten Kegelräder für O- und VO-Getriebe.

Teilkreisdurchmesser $d_0 = m\,z$,
Zahnhöhe $h_{k1} = m(1 + x_1)$, $h_{f1} = m(1,2 - x_1)$,
Planradhalbmesser $r_p = d_{01}/2 \sin \delta_1$,
Breite $b \leqq r_p/3$, aber auch $b \leqq 10\,\text{m}$.
Zahnfußwinkel $\operatorname{tg} k_{f2} = h_{f2}/r_p$; Kopfkegelwinkel $\delta_{k1}'' = \delta_1 + k_{f2}$
    (alte Berechnung $\operatorname{tg} k_{x1} = h_{k1}/r_p$, $\delta_{k1} = \delta_1 + k_{x1}$),
Kopfaußendurchmesser $d_{ka1} = d_{01} + 2\,h_{k1} \cos \delta_1$,
Kopfinnendurchmesser $d_{ki1} = d_{ka1} - 2\,b \sin \delta_{k1}$,
Kranzstärke e_a und ϵ_i konstruktiv gewählt,
Kranzaußendurchmesser $d_{01} - 2\,e_a \cos \delta_1$,
Kranzinnendurchmesser $d_{01} - 2\,(b \sin \delta_1 + e_i \cos \delta_1)$,
Einbaumaß $l_e = r_p \cos \delta_1 + \epsilon_a \sin \delta_1$.

der hier angewendeten Oktoidenverzahnung vorhanden. Es ist daher zu prüfen, ob bei Profilverschiebung die Abweichungen im günstigen Sinne, also vor allem als Zurücksetzung der Zahnköpfe auftreten. Nun zeigt sich in Abb. 2.08 bei positiver Profilverschiebung, daß die gerade Erzeugungsflanke der Oktoide im Planrad den Zahnkopf zurücksetzt, und zwar zunehmend mit der Größe der positiven Profilverschiebung, während gleichzeitig der Fuß der Oktoide mit der Annäherung an den Wälzkreis nicht mehr so viel vorsteht. Man kann also bei V-Getrieben durch eine überschüssige positive Profilverschiebung — d. h. $x_1 + x_2 > 0$ — eine im Hinblick auf die elastische Deformation günstige Zahnform erreichen.

Die Berechnung wird allerdings umständlicher. Sinngemäß ist wie bei den VO-Getrieben der Stirnräder auch bei den Kegelgetrieben zwischen den Getriebewälzkegeln mit den Kegelwinkeln δ_{w1} und δ_{w2} und den Erzeugungswälzkegeln, mit den Kegelwinkeln δ_1 und δ_2, die gleichzeitig Teilkegel sind, zu unterscheiden (Abb. 2.12). In dieser Abbildung erscheinen die Wälzkörper in der Lage des O-Getriebes unter Berührung längs der Kante AC. Um für den erhöhten Platz der positiven Profilverschiebung Raum zu gewinnen, sind die beiden Kegel nach außen zu den Wälzpunkten C_1 bzw. C_2 verschoben. Zwischen den Teilkegelwinkeln liegt Radabrückungswinkel δ_η.

$$\delta_\eta = \delta - (\delta_1 + \delta_2). \qquad (2.12\,\mathrm{a})$$

Der tatsächliche Eingriffswinkel α_w des Getriebes unterscheidet sich von dem Eingriffswinkel α_0 des Erzeugungsplanrades und entsprechend die Getriebeplanradzähnezahl z_w von der Erzeugungsplanradzähnezahl z_0. Den gewählten Profilverschiebungen $x_1' + x_2' > 0$ entspricht in diesem allgemeinen Falle nach Gl. (2.60) der Stirnräder

$$\mathrm{ev}\,\alpha_w = \frac{2\,(x_1' + x_2')}{z_1' + z_2'}\,\mathrm{tg}\,\alpha_0 + \mathrm{ev}\,\alpha_y. \qquad (2.12\,\mathrm{b})$$

Die Abmessungen des Planrades mit dem Eingriffswinkel α_0 entsprechen dem normalen Bezugsprofil der Zahnstange. Am Teilkreis, dessen Planfläche mit der Profilmittellinie der Zahnstange auf einer Stufe steht, besteht auf dem äußeren Halbmesser r_{pa} die genormte Modulteilung $t = m\,\pi$ und gleiche Zahnstärke

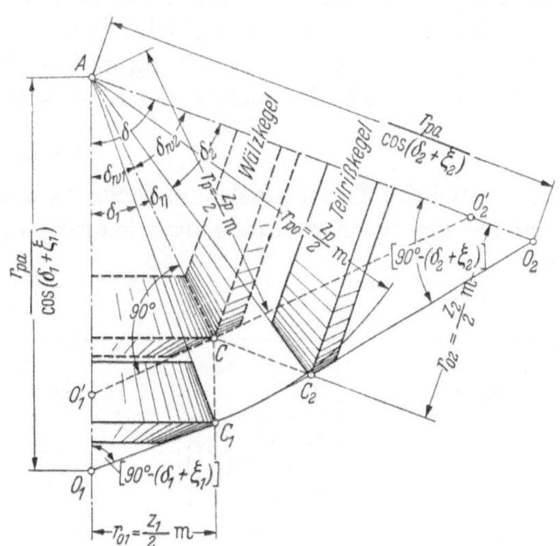

Abb. 2.12. Teil- und Wälzkegel des V-Getriebes.

und Lückenweite vom Maße $0,5\,t$. Die Kopfhöhe des Planrades ist $(m + s_k)$, bei dem üblichen Kopfspiel von $s_k = 0,2\,m$, also $1,2\,m$.

Aus den Verschiebungen x_1' und x_2' ergeben sich die Winkelverschiebungen ξ_1 und ξ_2 nach Abb. 2.13.

$$\mathrm{tg}\,\xi_1 = x_1'\,m/A\,C_0 = 2\,x_1'/z_0 \quad \text{und} \quad \mathrm{tg}\,\xi_2 = 2\,x_2'/z_0. \qquad (2.13)$$

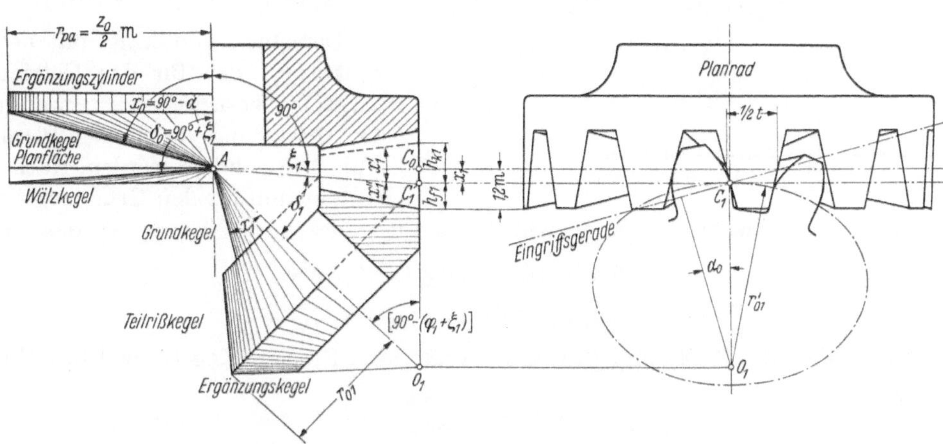

Abb. 2.13. Erzeugung des Kegelrades mit Profilverschiebung für V-Getriebe durch das Werkzeugplanrad.

Man dreht also die Kegelkante $A\,C_1$ des Teilrißkegels um den Winkel ξ_1 der Profilverschiebung von der Planfläche des Planrades weg. In dieser geänderten Anstellung ist die Wälzfläche des Planrades, d. h. die Erzeugungswälzfläche, eine Kegelfläche mit dem Kegelwinkel $\delta_0 = 90° + \xi_1$. Sie berührt den Teilrißkegel des Kegelrades.

Aus dem Wälzwinkel α_w der Eingriffsebene ist im Wälzkegel mit Kegelwinkel δ_{w1} nach Gl. (2.07) der Grundkegelwinkel χ_1 für den Grundkegel bei gleichzeitiger Verwendung der Gl. (2.09b) bestimmt.

$$\sin\chi_1 = \sin\delta_{w1}\cos\alpha_w = \frac{z_1}{z_w}\cos\alpha_w. \qquad (2.14)$$

In diesem Sonderfalle der Getriebeabrückung erfolgt das Zurückführen des Eingriffes auf die Stirnradverzahnung für die Rechnung am zweckmäßigsten in einer durch den Wälzpunkt C_1 gelegten Ebene, die senkrecht auf der Radachsenebene und senkrecht auf der Planfläche steht. Die Spur $C_0 O_1$ dieser Ebene in der Radachsenebene liefert die Kanten $C_1 C_0$ und $C_1 O_1$ der Ergänzungsflächen, auf deren Mantelflächen die Zahnprofile übertragen werden. In der abgewickelten zylindrischen Ergänzungsfläche des Planrades kommt dann das normale Bezugsprofil mit dem Eingriffswinkel α_0 zur Geltung und es liegen die in das Bezugsprofil eingreifenden Flanken des Kegelrades auf der Mantelfläche eines Ergänzungskegels mit dem Kegelwinkel

$$\left(90° - (\delta_1 + \xi_1)\right).$$

Die Kanten des Teilrißkegels und seines Ergänzungskegels nehmen keine senkrechte Lage gegeneinander ein; die Entfernung ihrer Kegelspitze ist

$$A O_1 = r_{pa}/\cos (\delta_1 + \xi_1). \tag{2.15}$$

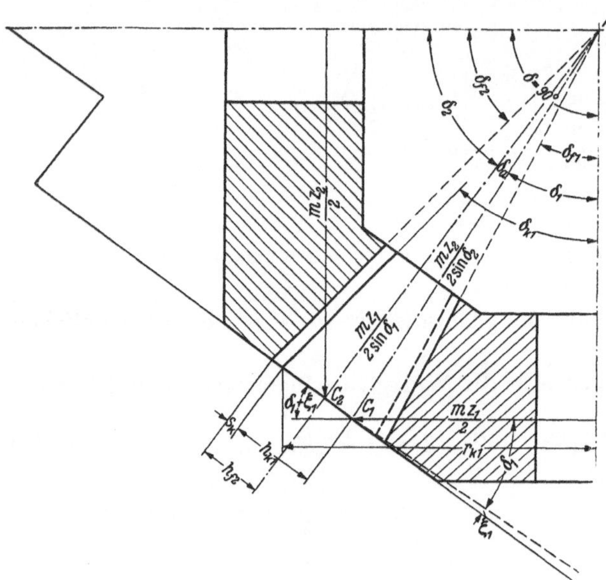

Abb. 2.14. Drehmaße des V-Getriebes. (Siehe auch das durchgerechnete Beispiel IV Tafel VIII.)

Im Ergänzungskegel $O_1' O_2'$, senkrecht zur gemeinsamen Wälzgeraden $A C$ (Abb. 2.12), entscheidet das auf die Stirnradverzahnung zurückgeführte Eingriffsbild über die Höhe der Profilverschiebung. Vereinfacht wird die Rechnung durch Einführung der Zähnezahl z_w des Getriebeplanrades, nach Gl. (2.03 b). Für die Winkel der Wälzkegel läßt sich dann schreiben:

$$\sin \delta_{w1} = z_1/z_w \quad \text{und} \quad \sin \delta_{w2} = z_2/z_w, \tag{2.16}$$

und für die Zähnezahlen der Ersatzverzahnung erhält Gl. (2.10b) jetzt die Form:

$$z_1' = z_w \sin \delta/(i + \cos \delta) \quad \text{und}$$
$$z_2' = z_w \sin \delta/(1/i + \cos \delta). \tag{2.17}$$

Derselbe Grundkegel mit dem Kegelwinkel χ_1, der für das Getriebe durch Gl. (2.14) bestimmt war, muß auch bei der Erzeugung durch das Planrad nach Abb. 2.13 gebildet werden. Nach Gl. (2.07) besteht nun für den Grundkegel des Planrades $x_p = 90° - \alpha_0$, wobei der Kegelwinkel des Planrades $\delta_p = 90 + \xi_1$ ist, das Verhältnis:

$$\sin\chi_1/\sin \delta_1 = \sin\chi_p/\sin \delta_p, \quad \text{also}$$

$$\sin\chi_1 = \sin\delta_1, \quad \cos\alpha_0/\cos\xi_1. \tag{2.18}$$

Vereinigt man die Gln. (2.14) und (2.18), so erhält man für den Kegelwinkel des V-Getriebes

$$\sin\delta_1 = \frac{z_1 \cos \alpha_w}{z_w \cos \alpha_0} \cos \xi_1. \tag{2.19}$$

Für den erzeugenden Planradhalbmesser r_{p0} und die Zähnezahl z_0 des erzeugenden Planrades erhält man nach Abb. 2.13:

$$r_{pa} = r_{01} \frac{\cos\xi_1}{\sin\delta_1} \quad \text{und} \quad z_0 = \frac{z_1}{\sin\delta_1} \cos\xi_1. \tag{2.20}$$

Führt man in die Gl. (2.19) die Zähnezahl z_w des Getriebeplanrades ein, die nach Gl. (2.03) bekannt ist, so erhält man für die Zähnezahl z_0 des erzeugenden Planrades, gültig für beide Räder eines Getriebes:

$$z_0 = z_w \cos\alpha_0/\cos\alpha_w. \tag{2.21}$$

Die Kegelwinkel des Teilkegels ergeben sich aus Gl. (2.20) zu:

$$\sin\delta_1 = \frac{z_1}{z_0}\cos\xi_1 \quad \text{und} \quad \sin\delta_2 = \frac{z_2}{z_0}\cos\xi_2. \tag{2.22}$$

Die Drehmaße der Radkörper für das V-Getriebe berechnen sich in Abweichung von Abb. 2.11, da man auch hier zur Vereinfachung der Herstellung vom Teilkegel ausgeht und jetzt die Mantellinien des Ergänzungskegels und des Teilkegels miteinander den Winkel $(R + \xi_1)$ bzw. $(R + \xi_2)$ bilden und also nicht senkrecht aufeinander stehen. Das Kopfspiel wird mit $0{,}2\,m$ angenommen. Es gelten die Beziehungen der Abb. 2.14; nach ihnen sind die Drehmaße bestimmt. Die Kopfhöhen h_k sind nach Gl. (1.62 b) bestimmt, wobei sinngemäß die Ergänzungszähnezahlen z_1' und z_2' einzusetzen sind.

Das notwendige *Flankenspiel* wird bereits in die Zahnstärke des Werkzeuges gelegt oder durch Tieferschneiden der Zahnlücke angepaßt. Auch eine Vergrößerung des Einbaumaßes l_e erlaubt, noch nachträglich durch Zwischenlagen das Flankenspiel zu erhöhen.

2. Der Einfluß der Kräfte am Kegelrad.

Die Umfangskraft U_k. Unterschiede der Kraftwirkung am Kegelrad gegenüber dem Stirnrad ergeben sich da, wo die Verjüngung des Zahnprofils nach dem Achsenschnittpunkt zu von Einfluß ist.

Der „Verjüngungsfaktor" ist aus den Halbmessern des Erzeugungsplanrades, die den Abstand vom Achsenschnittpunkt angeben, nach Abb. 2.15 bestimmt. Der Verjüngungsfaktor gibt die lineare Verkleinerung der Zahnabmessungen an einem beliebigen Punkt der Zahnbreite gegenüber dem Zahnprofil am äußeren Durchmesser an. In der Mitte des Radzahnes von der Breite b am mittleren Durchmesser d_m erhält der Verjüngungsfaktor den Wert

$$(r_p - b/2)/r_p = (1 - b/2\,r_p). \qquad (2.23\,\text{a})$$

Überschlägig kann dieser Wert mit $b = r_p/3$ zu $0{,}8$ angenommen werden.

Dieser Durchmesser d_m selbst ist gegenüber dem Außendurchmesser d_0 im Verhältnis des Verjüngungsfaktors verkleinert.

$$d_m = d_0\,(1 - b/2\,r_p). \qquad (2.23\,\text{b})$$

Unter Beibehaltung der grundsätzlichen Überlegungen über statische und dynamische Umfangskraft verändert sich zur Berechnung der statischen Umfangskraft U_{ks} des Kegelrades demnach Gl. (1.81) zu:

$$U_{ks} = 2\,M_d/d_m = 2\,M_d/d_{01}\,(1 - b/2\,r_p). \qquad (2.24)$$

Die empirischen Formeln über die dynamische Umfangskraft U_d dürften als Näherungsformeln keine Veränderung benötigen. Für die gesamte Umfangskraft U_k am Kegelrad gilt also:

$$U_k = U_{ks} + U_d. \qquad (2.25)$$

Bei gleichem Modul und gleicher Zähnezahl wird also die Belastung des Kegelrades größer als beim Stirnrad.

Zur Berechnung der *Zahnfestigkeit* ist die Zahnstärke s_{im} am mittleren Durchmesser einzusetzen:

$$s_{im} = s_{ia}\,(1 - b/2\,r_p). \qquad (2.26)$$

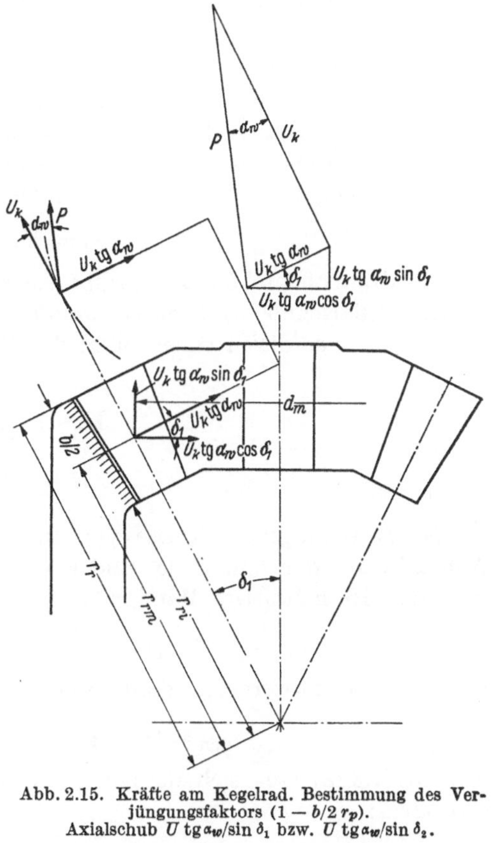

Abb. 2.15. Kräfte am Kegelrad. Bestimmung des Verjüngungsfaktors $(1 - b/2\,r_p)$. Axialschub $U\,\mathrm{tg}\,\alpha_w/\sin\delta_1$ bzw. $U\,\mathrm{tg}\,\alpha_w/\sin\delta_2$.

Die höchste Gesamtspannung σ_g im Zahngrund rührt nach Gl. (1.111) hauptsächlich von der Biegungsbeanspruchung her. Für letztere ist die Stärke s_i maßgebend, und zwar auf der Zahnbreite von 1 cm durch das Widerstandsmoment $s_i^2/6$. Mit abnehmender Zahngröße erhöht sich die Spannung im Quadrat von s_i. Andrerseits wird aber der Zahn auch in der Höhe verkleinert und der Angriffspunkt des Zahndruckes erhält somit einen im Verhältnis des Verjüngungsfaktors verkleinerten Hebelarm für das Biegungsmoment der Beanspruchung, mit abnehmender Zahnhöhe verringert sich also das Biegungsmoment. Insgesamt wird die Spannung σ_g somit nur linear durch den Verjüngungsfaktor verändert. Gl. (1.13) erhält somit für Kegelräder die Form:

$$\sigma_s = \frac{U\,q}{b\,m}\Big/(1 - b/2\,r_p) \leqq \sigma_{zul}\,. \tag{2.27}$$

Für q gelten die Werte der Abb. 1.74 bzw. Gl. (1.112), wobei die Ersatzzähnezahlen z_1' und z_2 zugrunde zu legen sind; σ_{zul} ist auch hier wie bei Stirnrädern nach Gl. (1.116) zu rechnen. Die Gl. (1.114) und (1.115) mit den zugehörigen Überlegungen können ebenfalls übernommen werden, allerdings unter der Voraussetzung, daß der Übergangsradius ϱ_k am Zahnfuß über die ganze Zahnbreite den Wert am Außendurchmesser beibehält, die Verkleinerung der übrigen geometrischen Abmessungen also nicht mitmacht. Bei der Herstellung wird diese Voraussetzung erfüllt.

Bezüglich der *Walzenpressung* ist unter der vereinfachenden Annahme einer gleichmäßigen Verteilung des Zahndruckes über die Breite b hin anstatt des Wertes d_0 in Gl. (1.121) der Wert des mittleren Durchmessers $d_m = d_0\,(1 - b/2\,r_p)$ einzuführen. Man erhält also:

$$U_k/b\,d_{01} = (1 - b/2\,r_p)^2\,p_{zul}\,\cos\alpha_0\,\cos\alpha_w/(\operatorname{ctg}\alpha_{e\,i} + 1/i\,\operatorname{ctg}\alpha_2) \quad [\text{kg/mm}^2]\,. \tag{2.28}$$

Diese Gleichung gilt für Räder aus gleichem Werkstoff: Ge/Ge oder St/St für St/Ge erhält p_{zul}, das nach Gl. (1.120) bestimmt ist, den 1,5fachen Wert wie bei Stirnrädern. Für α_i und α_2 als die Werte für den inneren Punkt des Ritzels [Gl. (1.65d)] mit den Ersatzzähnezahlen z_1' und z_2' ist sinngemäß die rechte Seite der Gl. (1.121b) mit $(1 - b/2\,r_p)^2$ zu multiplizieren.

Die Belastung der Achse durch die Zahnkraft. Die räumliche Lage der Zahnkraft $P = U_k/\cos\alpha_w$, die aus Abb. 2.15 hervorgeht, ruft einen Axialschub in der Welle hervor. Die Zerlegung der Zahnkraft ergibt eine Komponente $U_k\,\operatorname{tg}\alpha_w$ senkrecht zur Kegelmantellinie, die in der anderen Ebene eine als Querkraft auf die Welle wirkende Komponente $U_k\,\operatorname{tg}\alpha_w\,\cos\delta_1$ bzw. $U_k\,\operatorname{tg}\alpha_w\,\cos\delta_2$ und einen Axialschub $U_k\,\operatorname{tg}\alpha_w\,\sin\delta_1$ auf die Welle, der von der Kegelspitze weg gerichtet ist, ergibt. Die gesamte Querbelastung U_q der Welle ist die Resultierende aus der obigen Komponente und der Umfangskraft U_k:

$$U_q = U_k\,(1 + \operatorname{tg}\alpha_w\,\cos\delta_1)\,. \tag{2.29}$$

Die Komponente $U_k\,\operatorname{tg}\alpha_w$ ergibt ein zusätzliches Biegemoment $U_k\,\operatorname{tg}\alpha_w\,\sin\delta_1\cdot d_m/2$.

Der Axialschub wird durch unmittelbare Auflage der Nabenstirnfläche am Lager aufgenommen oder durch einen Bund der Welle von dieser auf das Lager übertragen.

B. Unrunde Räder.

1. Ellipsenräder.

Die Bewegungsverhältnisse von Rädern mit elliptischen Wälzkörpern ergeben sich nach Abb. 1.04 aus den Gln. (1.05) und (1.06). Das Übersetzungsverhältnis verläuft nach Gl. (1.06) in Abb. 2.16 sinusartig. Man erhält für den Höchstwert $i_{\max}$ bei $\varphi_1 = \varphi_2 = 0$

$$i_{\max} = \big(1 + \sqrt{1 - (b/a)^2}\big)/\big(1 - \sqrt{1 - (b/a)^2}\big)\,. \tag{2.30a}$$

Für den Mindestwert $i_{\min}$ ergibt sich bei $\varphi_1 = \varphi_2 = 180°$

$$i_{\min} = \big(1 - \sqrt{1 - (b/a)^2}\big)/\big(1 + \sqrt{1 - (b/a)^2}\big) = 1/i_{\max}\,. \tag{2.30b}$$

Aus Gl. (2.30a) läßt sich für einen gewünschten Wert von $i_{\max}$ das Verhältnis der Achsen b/a berechnen:

$$b/a = \frac{2}{i_{\max} + 1}\,\sqrt{i_{\max}}\,. \tag{2.31}$$

Der Abstand e der Achse von der Ellipsenmitte ist als Abstand des Brennpunktes

$$e = \sqrt{a^2 - b^2}\,. \tag{2.32}$$

Für den Abstand a_e der Achsen gilt:

$$a_e = r_1 + r_2 = 2\,a\,. \tag{2.33}$$

Aus dieser Gleichung und den Gln. (1.05) läßt sich $\cos\varphi_2$ als Funktion von φ_1 ausdrücken, und man erhält für das veränderliche Übersetzungsverhältnis i schließlich:

$$i = r_2/r_1 = \omega_1/\omega_2 = 2\,(a/b)^2\left(1 + \sqrt{1 - (b/a)^2}\,\cos\varphi_1\right) - 1. \qquad (2.34)$$

Die Zahnmittellinien stehen senkrecht zur Ellipse, d. h., sie halbieren nach der Geometrie der Ellipse den Winkel zwischen den Leitstrahlen (dargestellt am Punkt P in Abb. 1.04). Die Zahnform muß sich entsprechend der Änderung des Krümmungshalbmessers auf dem Umfang der Ellipse ebenfalls ändern. Wenn daher grobe Fehler vermieden werden sollen, ist die Herstellung elliptischer Räder nur möglich, wenn im Wälzverfahren der schneidende Zahn die Bewegung des Gegenradzahnes ausführt. Die Änderung der Winkelgeschwindigkeit ω_2 bedingt im übrigen Beschleunigungskräfte der getriebenen Massen. Deshalb ist dieser Antrieb nur für geringe Kräfte und Drehzahlen ausführbar. Durch Verbindung des getriebenen Rades mit einem Kurbeltrieb läßt sich eine nahezu gleichförmige Geschwindigkeit in der *einen* Richtung und ein rascher Rücklauf in der *anderen* Richtung erzielen.

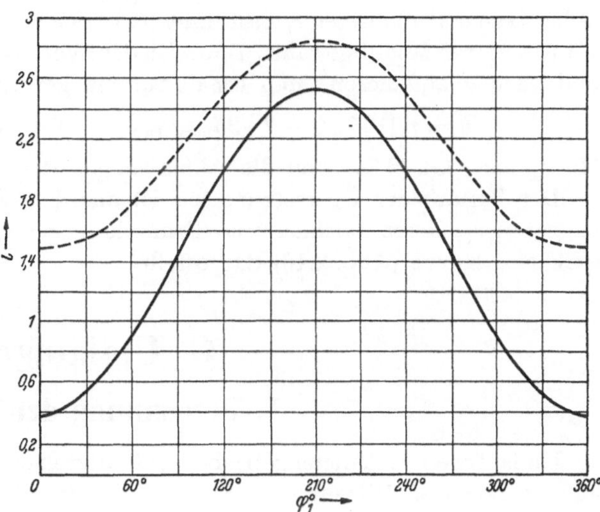

Abb. 2.16. Verlauf des Übersetzungsverhältnisses i für elliptische Räder mit dem Achsenverhältnis $b/a = 0,9$ in Abhängigkeit vom Drehungswinkel φ_1 des treibenden Rades. (Ausgezogene Kurve.) Verlauf des Übersetzungsverhältnisses für Trieb eines außermittigen Kreisrades auf Ellipsenrad nach Abb. 2.17. $b/a = 0,8$; $r/a = 0,45$ (gestrichelt).

2. Außermittiges und elliptisches Rad.

Ein elliptisches, in seinem Mittelpunkt gelagertes Rad mit den Halbachsen a und b wird durch ein kreisrundes, halb so großes, um e_1 außermittig gelagertes Rad mit dem Halbmesser r_1 getrieben (Abb. 2.17). Bei der gezeichneten Stellung treibt der kleine Halbmesser $r_1 - e_1$ auf die große Achse a der Ellipse, so daß diese sich im Verhältnis $(r_1 - e_1)/a$ langsam dreht; bei der gestrichelt gezeichneten Stellung treibt der große Halbmesser $r_1 + e_1$ auf die kleine Achse der Ellipse, so daß diese sich im Verhältnis $(r_1 + e_1)/b$ schnell dreht.

$$i_{\max} = a/(r_1 - e_1), \quad i_{\min} = b/(r_1 + e_1). \qquad (2.35)$$

Das getriebene Ellipsenrad macht nur halb soviel Umläufe in der Minute als das treibende Rad und läuft bei jedem Umlauf zweimal schnell und zweimal langsam. Für den Achsabstand a_m gilt:

$$a_m = a + r_1 - e_1 = b + r_1 + e_1. \qquad (2.36)$$

Mithin

$$e_1 = (a - b)/2. \qquad (2.37)$$

In Verbindung mit Gl. (2.35) ergibt sich

$$b = a\,(2 + i_{\max})/i_{\max} - 2\,r_1. \qquad (2.38)$$

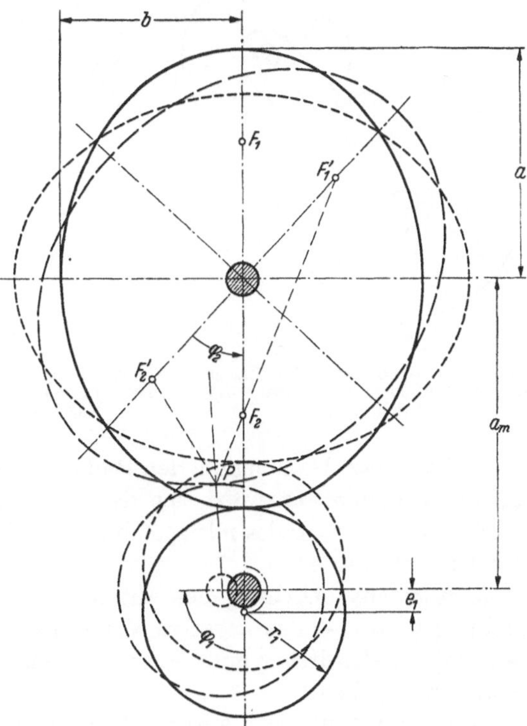

Abb. 2.17. Kreisrundes außermittiges Rad treibt auf Ellipsenrad mit doppelter Zähnezahl.

Der Halbmesser r_1 ist aus der Bedingung bestimmt, daß der Umfang des Kreises halb so groß ist wie derjenige der Ellipse, für deren Umfang die Näherungsformel nach Hütte Bd. 1 benutzt wird. $2\,r_1\,\pi = \left(1{,}5\,(a+b) - \sqrt{a\,b}\right)\pi/2$.

$$r_1 = \left(1{,}5\,(a+b) - \sqrt{a\,b}\right)1/4. \tag{2.39}$$

Für die *praktische Rechnung* ist bei gegebenem i_{max} nach Wahl der Zähnezahl z_1 des Kreisrades dessen Halbmesser r_1 bestimmt nach der Hauptgleichung $2\,r_1 = d_{01} = m\,z_1$. Für m wird ein genormter Modul gewählt. Dann ist der Wert von b nach Gl. (2.38) in Gl. (2.39) einzusetzen und nach a aufzulösen. Man erhält für ein gewünschtes

$$a = r_1\left(10\,i_{max} + 2\,\sqrt{2\,i_{max}\,(i_{max}+7)} + 10{,}5\right)i_{max}/(4\,i_{max}^2 + 8\,i_{max} + 4{,}5). \tag{2.40}$$

Mit e_1 nach Gl. (2.35) sind die Abmessungen des Antriebes festgelegt.

Der Verlauf der Übersetzungen i ist aus den Verhältnissen der jeweils kämmenden Halbmesser r_2/r_1, deren zeichnerische Ermittlung genügt, leicht zu bestimmen und durch die gestrichelte Kurve (Abb. 2.16) dargestellt.

C. Umlaufgetriebe.

1. Berechnung der Übersetzung.

Umlauftriebe (Planetengetriebe) [26] bestehen in der Grundform I (Abb. 2.18) aus dem außenverzahnten Mittenrad 1 (Sonnenrad), dem Steg s und dem Umlaufrad 2 (Planetenrad). Im Gegensatz zu gewöhnlichen Stirnradtrieben ist der Drehsinn durch das Vorzeichen eindeutig auszudrücken. Es erleichtert die Übersicht für zusammengesetzte Umlauftriebe, wenn einheitlich die Mittenräder mit ungeraden, die Umlaufräder mit geraden Zahlen und der Steg mit s bezeichnet wird. Die Umlaufzahl n_2 des Umlaufrades setzt sich aus drei Teilen zusammen. Zunächst macht ein Punkt P des Radumfanges (Abb. 2.19) zwei Bewegungen, nämlich diejenige des Radmittelpunktes und die Drehung *um* den Radmittelpunkt. Also:

1. Bewegung: Drehung des Radmittelpunktes O_2. Nach Abb. 2.19 macht Punkt P *eine* volle Drehung, wenn durch die Stegdrehung n_s das Rad ohne Drehung gegen den Steg die Planetenbahn *einmal* durchläuft. (Punkt P nimmt hierbei die Lagen oben, rechts, unten, links und wieder oben nacheinander ein.) Bei n_s Stegdrehungen/min erhält hierdurch also das Umlaufrad n_s Uml/min.

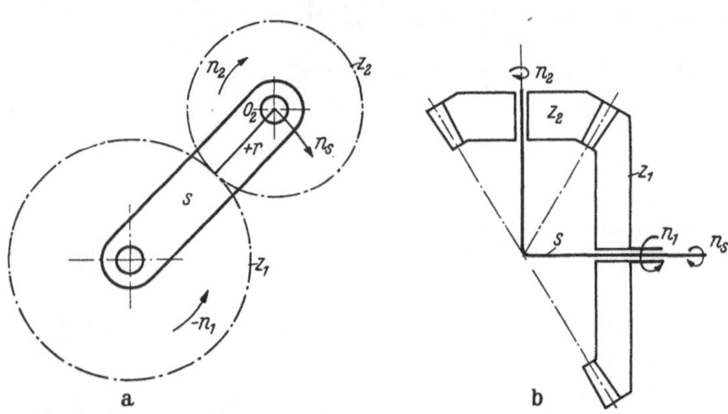

Abb. 2.18 a. Grundform I des Umlauftriebes: Einfacher, gegenläufiger Umlauftrieb. Gl. (2.41).

Abb. 2.18 b. Grundform I des Umlauftriebes in räumlicher Anordnung mit Kegelrädern. Gl. (2.41).

2. Bewegung: Drehung um den Radmittelpunkt O_2. Durch die Bewegung seines Mittelpunktes auf der Planetenbahn wälzt sich der Umfang des Umlaufrades mit seinen z_2 Zähnen auf dem Umfang des Mittenrades mit z_1 Zähnen ab. Hieraus ergeben n_s Stegdrehungen $n_s\,z_1/z_2$ Umläufe des Umlaufrades 2.

3. Bewegung: Drehung des Mittenrades. Erhält nun das Mittenrad auch noch eine Umdrehung $(-n_1)$ — das negative Vorzeichen ist nötig, weil das Mittenrad sich im Gegensinne des Umlaufrades drehen muß —, so wird dem Umlaufrad hierdurch als 3. Bewegung eine Drehung $-n_1\,z_1/z_2$ gegeben.

Insgesamt ergibt sich also n_2 als Summe der drei Bewegungen:

$$n_2 = n_s + n_s\,z_1/z_2 - n_1\,z_1/z_2 = n_s\,(1 + z_1/z_2) - n_1\,z_1/z_2. \tag{2.41}$$

Denselben gegenläufigen Drehsinn des Umlaufrades erhält man durch die räumliche Anordnung mit Kegelrädern nach Abb. 2.18 b. Entsprechend gilt hierfür ebenfalls Gl. (2.41).

Für die Grundform *II* als gleichlaufenden Umlauftrieb in Abb. 2.20 erhält der Halbmesser r des Umlaufrades die umgekehrte Richtung, bezogen auf den Mittelpunkt des Sonnenrades, als bei dem Trieb der Abb. 2.18. $r = -mz_2/2$. Da der Modul m sich in den Gleichungen wegkürzt, erscheint das negative Vorzeichen für die Richtung bei der Zähnezahl z_2. Für diesen Fall geht also Gl. (1.41) über in

$$n_2 = n_s\,(1 - z_1/z_2) + n_1 \cdot z_1/z_2. \quad (2.42)$$

In den Abb. 2.20 b und c sind zwei weitere Ausführungen der Grundform *II* zusammengestellt. Für den Fall c erscheint die doppelte Übersetzung:

$$n_2 = n_s\,(1 - z_1 z_3'/z_2 z_4') + n_1 \cdot z_1 z_3'/z_2 z_4'. \quad (2.43)$$

Mit diesen Grundgleichungen lassen sich sämtliche Fälle der Umlauftriebe berechnen.

Um feststehende An- und Abtriebsachsen zu haben, werden zwei Umlauftriebe zu einem „Doppelumlauftrieb" oder „rückkehrenden Umlauftrieb" vereinigt. Verschiedene Beispiele sind in Abb. 2.21 dargestellt. An- und Abtriebsachse liegen in einer Geraden. Die Berechnung folgt daraus, daß die Drehzahl n_2 der auf einer gemeinsamen Welle sitzenden Umlaufräder z_2 und z_4 die gleiche ist, also für jeden der beiden Umlauftriebe ausgedrückt und gleichgesetzt

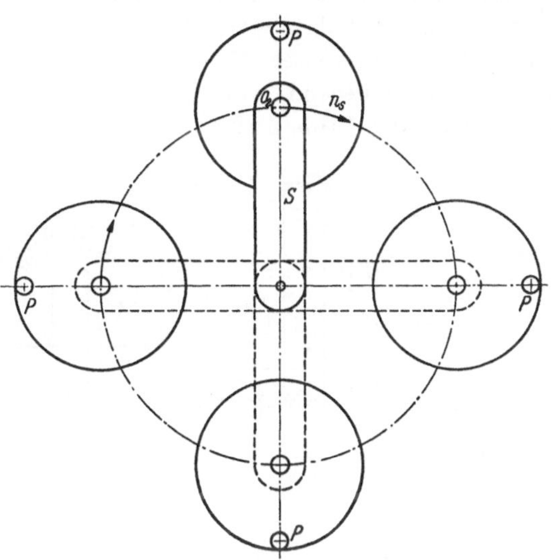

Abb. 2.19. Mittelpunktsbewegung des Umlaufrades: Durchläuft der Mittelpunkt O_2 einen Kreis (Planetenbahn), so macht Umfangspunkt P ebenfalls eine volle Umdrehung.

werden kann. Für die Verbindung der Grundformen der Abb. 2.18 a nach Abb. 2.21 a (beide Mittenräder außen verzahnt) gilt also:

$$n_2 = n_s\,(1 + z_1/z_2) - n_1 \cdot z_1/z_2 = n_s\,(1 + z_3/z_4) - n_3 \cdot z_3/z_4.$$

Daraus folgt:

$$n_3 = n_s\,(1 - z_1 z_4/z_2 z_3) + n_1 \cdot z_1 z_4/z_2 z_3. \quad (2.44)$$

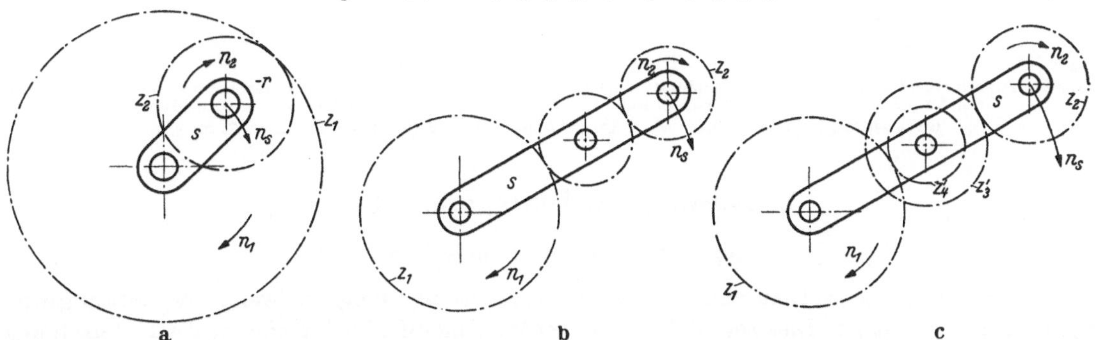

a   b   c

Abb. 2.20. Grundform *II* des Umlauftriebes: Einfacher, gleichläufiger Umlauftrieb. Für Fall *a* und *b* Gl. (2.42). Für Fall *c* Gl. (2.43).

Man erhält für den Fall b und d — ein Mittenrad außen, eins innen verzahnt — auf entsprechendem Wege:

$$n_3 = n_s\,(1 + z_1 z_4/z_2 z_3) - n_1 z_1 z_4/z_2 z_3. \quad (2.45)$$

Abb. 2.21 c zeigt einen Sonderfall von Abb. 2.21 b, in dem $z_3 = z_1$ und $z_2 = z_4$ ist. Gl. (2.45) geht daher über in

$$n_3 = 2\,n_s - n_1 \quad \text{oder} \quad n_s = (n_1 + n_3)\,1/2. \quad (2.46)$$

Abb. 2.21 e ist ein Sonderfall von Abb. 2.21 d, in dem das Umlaufrad z_2 gleichzeitig auf der Außen- und der Innenverzahnung abrollt. Also $z_2 = z_4$. Auf diese Weise ergibt sich die schmalste

Bauausführung. Gl. (2.45) geht dafür über in

$$n_3 = n_s \,(1 + z_1/z_3) - n_1 \, z_1/z_3. \tag{2.47}$$

Diese Bauarten dienen dazu, zwei Antriebsdrehmomente zu einem dritten Abtriebsdrehmoment zu vereinigen. Wahlweise können n_1 und n_3, n_1 und n_s oder n_s und n_3 die beiden Antriebe und das Restglied den Abtrieb bilden.

Wird eines der beiden Mittenräder am Gehäuse festgelegt (Rad *1* oder *3*), dann wird dessen Drehzahl gleich null gesetzt (n_1 oder n_3). Die Gln. (2.41) bis (2.47) gelten in entsprechend vereinfachter Form weiter. Diese Anordnung, bei der nur noch *ein* Antrieb und ein Abtrieb, in gleicher Linie liegend, vorhanden ist, wird als Übersetzungstrieb für große Untersetzungen gern verwendet (Abb. 2.22).

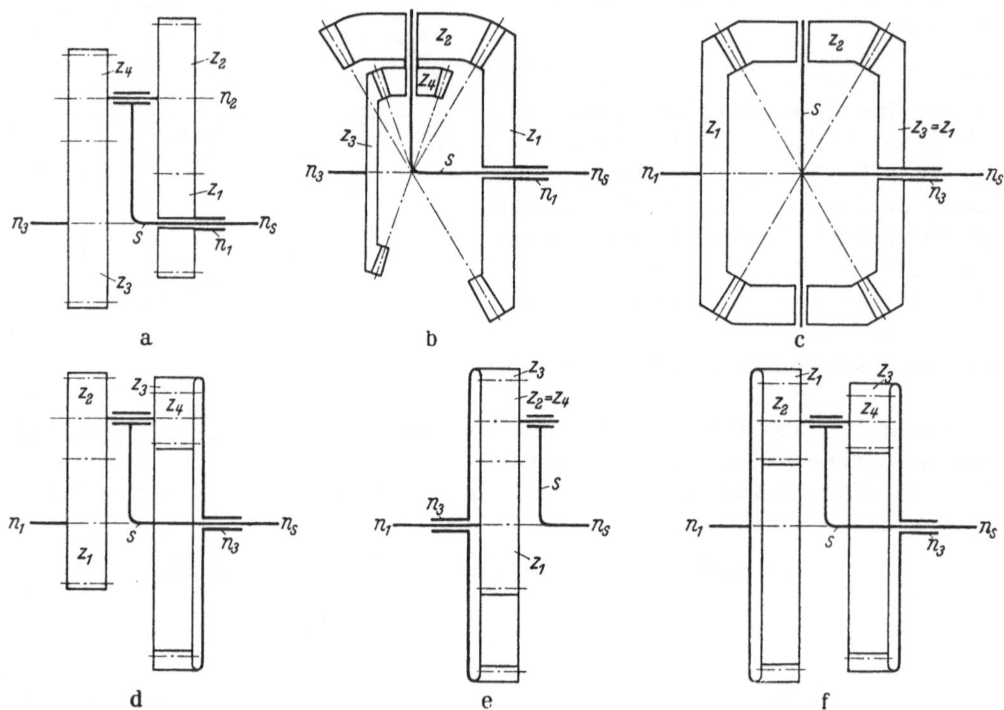

Abb. 2.21. Doppelumlauftriebe. *a*, *b* und *c* Verbindung zweier Getriebe nach Grundform *I*. *d* und *e* Verbindung eines Getriebes nach Grundform *I* mit einem Getriebe nach Grundform *II*. *f* Verbindung zweier Getriebe nach Grundform *II*. Gl. (2.44) gilt für Fall *a* und *f*; Gl. (2.45) für *b* und *d*; Gl. (2.46) für *c* und Gl. (2.47) für *e*.

2. Leistung an Umlaufgetrieben.

a) Nutz- und Scheinleistung.

Der zweckdienliche Aufbau eines Umlaufgetriebes ist nur möglich, wenn der Leistungsfluß sorgfältig untersucht ist. Dies sei zunächst an einem Umlauftrieb für eine große Untersetzung mit feststehendem Mittenrad z_1 nach Abb. 2.22 durchgeführt. Es sei die Antriebsleistung N_0 [PS], das zugehörige Antriebsdrehmoment M_{d0} [cmkg], die Antriebsdrehzahl n_s, da der Antrieb durch den Steg erfolgt. Es besteht die bekannte Beziehung: $M_{d0} = 71\,620\, N_0/n_s$. Dieselbe Leistung muß (von Reibungsverlusten abgesehen) im Abtrieb an Rad *3* erscheinen. Es sei Abtriebsdrehmoment M_{da} und die Abtriebsdrehzahl n_3. Da $n_1 = 0$ ist, geht Gl. (2.44) über in

$$n_3 = n_s \,(1 - z_1 \, z_4/z_2 \, z_3) = n_s \,\big(1 - 21 \cdot 19/(20 \cdot 20)\big) = n_s/400. \tag{2.48}$$

Das Beispiel zeigt, mit welchen geringen Zähnezahlen bei einem Umlauftrieb eine sehr große Untersetzung möglich ist. Für das Abtriebsdrehmoment gilt allgemein

$$M_{da} = M_{d0} \, n_s/n_3 = M_{d0} \cdot 400. \tag{2.49}$$

Da Rad *2* mit Rad *4* auf der gleichen Welle sitzt, gilt $M_{d2} = M_{d4}$. An Rad *1* wirkt das Drehmoment $M_{d1} = M_{d2}\, z_1/z_2$.

Das Drehmoment an Rad *4* errechnet sich, da die Umfangskraft dieselbe wie an Rad *3* ist,
zu $M_{d4} = M_{da} \cdot 19/20$.

Für die Drehzahl n_2 der Umlaufwelle ergibt sich nach Gl. (2.41):

$$n_2 = n_4 = n_s \,(1 + z_1/z_2) = n_s\,(1 + 21/20) = 2{,}05\, n_s \,.$$

Aus der Drehzahl und dem Drehmoment läßt sich nunmehr die Leistung $N_2 = N_4$ an der
Umlaufwelle berechnen:

$$N_2 = N_4 = 19/20 \cdot M_{da} \cdot 2{,}05\, n_s/71\,620 = 380 \cdot 2{,}05 \cdot M_{d0}\, n_s/71\,620 = 779\, N_0 \,. \qquad (2.50)$$

Es ergibt sich also eine außerordentlich hohe *Scheinleistung* an der Umlaufwelle. Diese Scheinleistung erklärt sich daraus, daß die Umfangskraft U_s, die das nutzbare Drehmoment bringt,
als Differenz der Umfangskräfte U_3 und U_1 nach dem Seitenriß von Abb. 2.22 entsteht.

$$U_s = U_3 - U_1 \,. \qquad (2.51)$$

Die Anwendbarkeit derartiger
Getriebe ist daher auf kleinste Leistungen beschränkt.

Diese Scheinleistung kann nach
den Angaben von FRHR. v. THÜNGEN
[*27*] in die für die Berechnung der
Verzahnung hinsichtlich der Reibungskräfte (Abnutzung, Wirkungsgrad) maßgebende *Zahneingriffsleistung* N_E und die *Zahnmitnahmeleistung* N_K aufgeteilt werden.

Die *Zahneingriffsleistung* N_E ergibt sich aus dem Produkt von M_{d2}
mit der relativen Drehzahl des Umlaufrades *2* gegenüber dem Steg *s*,
also mit $(n_2 - n_s)$

$$\begin{aligned}
N_E &= M_{d2}\,(n_2 - n_s)/71\,620 \\
&= M_{da}\,z_4/z_3\,(n_2 - n_s)/71\,620 \\
&= 398\, N_0 \,. \qquad (2.52)
\end{aligned}$$

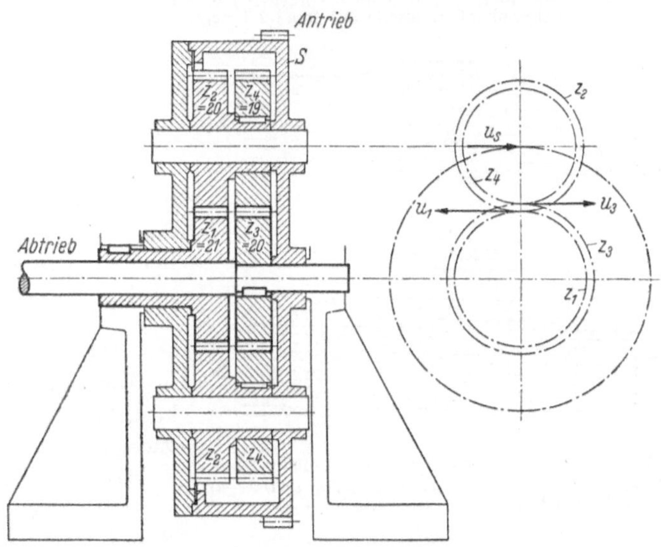

Abb. 2.22. Umlauftrieb mit feststehendem Mittenrad z_1 für große Untersetzung. $n_s/n_a = 1/400$. Antrieb durch den als Gehäuse ausgebildeten Steg.
Abtrieb durch Mittenrad z_3.

Die *Zahnmitnahmeleistung* N_K entspringt aus der Kupplungswirkung eines solchen Getriebes.
Diese kommt in der Bauart von Abb. 2.21c, die u. a. bekanntlich das Drehmoment auf die
beiden Antriebsräder eines Kraftwagens überträgt, besonders deutlich zum Ausdruck. Solange
der Fahrwiderstand auf beiden Seiten derselbe ist, nimmt der Steg beide Mittenräder mit,
wobei der Eingriff in denselben Zähnen verbleibt. Es ist also

$$N_K = M_{d2}\, n_s/71{\cdot}620 = 380\, N_0 \,. \qquad (2.53)$$

b) Leistungsverzweigung.

Betrachtet man jetzt wieder den allgemeinen Fall, daß *beide* Mittenräder eines Doppelumlauf-
triebes angetrieben werden, und zwar von einer Welle aus, so entsteht die Frage, wie sich die
Leistung auf beide Antriebe verteilt. Als Beispiel ist ein Getriebe nach Abb. 2.23 gewählt. In
einem Umlaufgetriebe, Bauart nach Abb. 2.21b, wird Mittenrad *1* unmittelbar durch die Antriebsdrehzahl n_1 und Mittenrad *3* mit den Umläufen $n_3 = n_1/i$ angetrieben, wobei $i = z_6\, z_8/z_5\, z_7$ ist.
Nach dem Vorangegangenen gilt nach Gl. (2.45), wenn vereinfachend $z_1\, z_4/z_2\, z_3 = u$ gesetzt wird:

$$n_s = (n_3 + n_1\, u)/(1 + u) = n_1\,(1/i + u)/(1 + u) \,. \qquad (2.54)$$

Antriebsdrehmoment M_{d0} verhält sich zum Abtriebsdrehmoment M_{ds} umgekehrt wie die Um-
laufzahlen. Mithin:

$$M_{ds} = M_{d0}\, n_0/n_s = M_{d0}\,(1 + u)/(1/i + u) \,. \qquad (2.55)$$

Die Umfangskräfte $U_1 = U_2$ und $U_3 = U_4$ sind bezogen auf die senkrechte Achse dieser Kegelräder im Gleichgewicht, also $U_4 z_4 = U_2 z_2$ (für gleichen Modul ist das Verhältnis der Zähnezahlen gleich dem Verhältnis der Hebelarme); andrerseits sind die Kräfte U an den Rädern 1 und 3 aus den Momenten bestimmt, $U_1 = M_{d1}/z_1$ und $U_3 = U_4 = M_{d3}/z_3$. Man erhält somit:

$$M_{d3} = M_{d1} z_2 z_3/z_1 z_4 = M_{d1}/u. \quad (2.56)$$

Ferner ist die Summe der beiden Antriebsdrehmomente gleich dem Abtriebsdrehmoment, also

$$M_{d1} + M_{d3} = M_{ds}$$

oder in Verbindung mit den Gln. (2.55) und (2.56)

$$M_{d1} (1 + 1/u) = M_{d0} (1 + u)/(1/i + u),$$

$$\left.\begin{array}{l} M_{d1} = M_{d0}\big(u/(1/i + u)\big) \\ M_{d3} = M_{d0}/(1/i + u). \end{array}\right\} \quad (2.57)$$

Für die Leistungen N_1 und N_3 der beiden Zweige erhält man nunmehr, wenn die Antriebsleistung mit $N_0 = M_{d0} n_0 \, 1/71\,620$ bezeichnet wird, wobei natürlich N_0 gleich der Abtriebsleistung N_s ist:

$$N_1 = M_{d1} n_0 \, 1/71\,620 = N_0 u/(1/i + u), \quad (2.58\,\text{a})$$

$$N_3 = M_{d3} n_3/71\,620 = N_0/(1/i + u)\, i. \quad (2.58\,\text{b})$$

Die Faktoren bei N_0 aus den Größen i und u bestimmen den Anteil, der auf jeden der beiden Zweige entfällt.

Dabei ergeben sich nunmehr zwei Fälle:

1. Fall. Rad 3 erhält den gleichen Drehsinn wie Rad 1. i ist positiv, der Faktor von N_0 von der Größe $u/(1/i + u)$ ist kleiner als 1. Für $u = 2$ und $i = 1$ gehen zwei Drittel der Leistung über Rad 1 und ein Drittel über Rad 3 (Abb. 2.24 a).

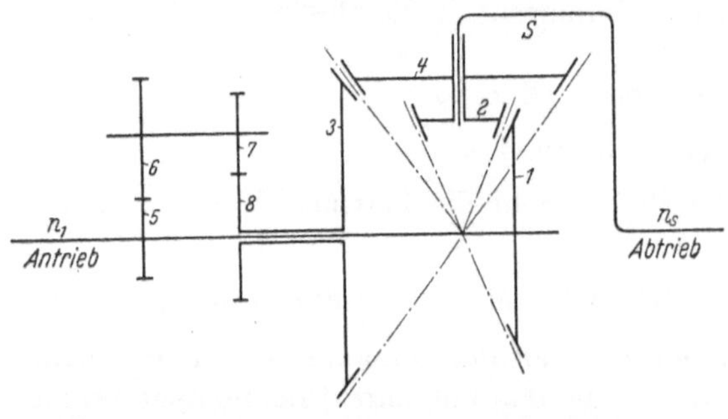

Abb. 2.23. Leistungsverzweigung eines Umlaufgetriebes. Antrieb geht auf zwei Wegen: 1. Weg unmittelbar auf Mittenrad *1* über Umlaufrad *2* auf Steg *s*. 2. Weg über Vorgelege *5/6*, *7/8* auf Mittenrad *3*, weiter über Umlaufrad *4* auf Steg *s*. $1/i = z_5 z_7 / z_6 z_8$.

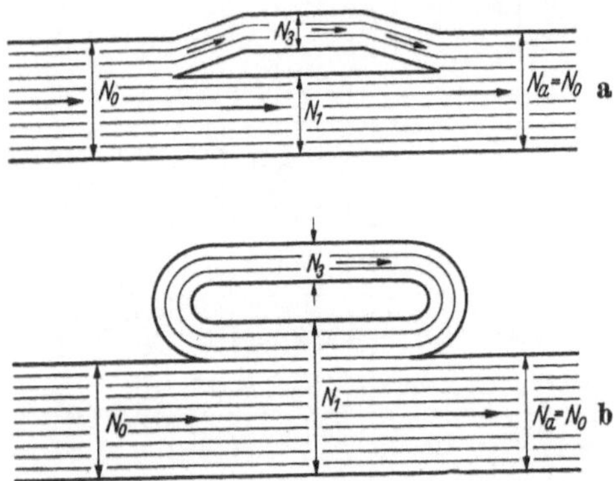

Abb. 2.24. Leistungsverzweigung eines Umlauftriebes. a) Fall 1 ohne Scheinleistung, in Gl. (2.58) $u/(1/i + u) < 1$. b) Fall 2 mit Scheinleistung $u/(1/i + u) > 1$.

2. Fall. Der Drehsinn von Rad *3* wird z. B. durch Einfügung eines Zwischenrades zwischen Rad *7* und *8* in Abb. 2.23 umgekehrt, i wird negativ. Da nun $u/(1/i + u)$ größer als 1 wird, ist N_1 größer als N_0. In obigem Beispiel mit $i = -2$ wird $N_1 = N_0\,4/3$ und $N_3 = -N_0\,1/3$ (Abb. 2.24 b). Es entsteht nun eine im Getriebe umfließende Scheinleistung.

Zwischen beiden Fällen ist noch ein Grenzfall denkbar mit $N_1 = N_0$ und dementsprechend $N_3 = 0$. Die Leistung wird nur durch Rad *1* übertragen. Dann muß nach Gl. (2.58a) $1/i = 0$ sein. Das Untersetzungsverhältnis i wird unendlich, d. h. Rad *3* steht still.

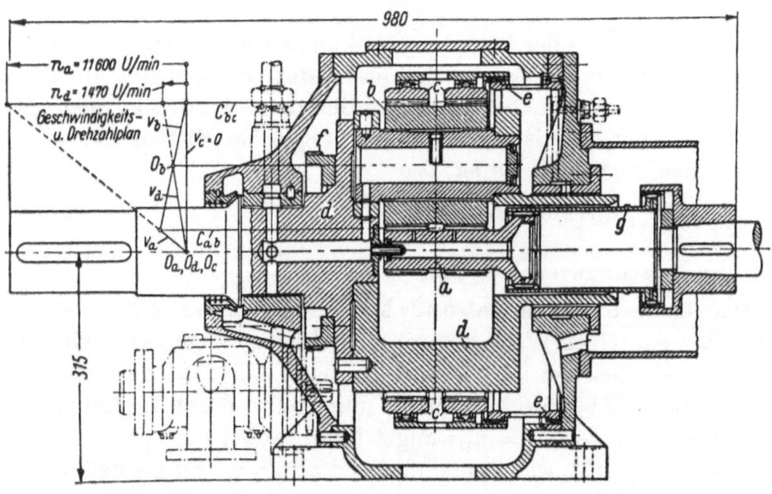

Abb. 2.25. Krupp-Stöckicht-Getriebe. Z. VDI Bd. 94. S. 545.

3. Ausführungsbeispiel.

Wegen der meist verhältnismäßig hohen Kräfte erfordern die Umlauftriebe beste Werkstattarbeit in Verzahnung und Lagerung. Die Umlaufräder werden wegen des Massenausgleiches stets symmetrisch angeordnet, so daß der Steg wenigstens zwei oft aber auch drei übertragende Umlaufräder hat. Man spart dabei an Getriebebreite. Es ist allerdings notwendig, daß auch alle Räder tatsächlich ihren Anteil am Zahndruck übernehmen. Dies wird wesentlich erleichtert durch Ausführungen nach dem DRP. 737 886 (Patent Stoeckicht, nach dem Mittenräder durch nachgebende Kupplungen mit dem Gehäuse bzw. der Welle verbunden sind, Abb. 2.25) [28].

D. Systeme mit Evolventenverzahnung.

1. Grundlagen.

Zahnräder mit gleichem Modul, aber verschiedener Zähnezahl sind untereinander nicht ähnlich, es bedarf daher besonderer Bestimmung der wählbaren Größen, um brauchbare Verzahnungen über den ganzen Bereich von den kleinsten zu den größten Zähnezahlen zu erhalten.

Wählbar sind an einer Evolventenverzahnung die folgenden wesentlichen Größen:

1. Der Eingriffswinkel α_0 als Pressungswinkel am Teilkreis bzw. in der Profilmittellinie. $\cos\alpha_0 = r_g/r_0$.

2. Die Zahnhöhe, und zwar:

a) Die gesamte Zahnhöhe $h_g + s_k$ (Kopfspiel). Für normale Zähne $h_g = 2\,m$, Stumpfzähne (stub teeth) $h_g < 2\,m$, Hochzähne $h_g > 2\,m$.

b) Die Aufteilung dieser Gesamthöhe über den Wälzkreis als Kopfhöhe h_k und Fußhöhe h_f, gekennzeichnet durch Angabe der Profilverschiebung x. Für $x = 0$ gilt $h_k = h_f - s_k = m$. Die gewählten Größen von Kopf- und Flankenspiel sind von untergeordneter Bedeutung.

Für die Bestimmung der Profilverschiebung x bestehen drei grundsätzliche Möglichkeiten:

1. x ist konstant, d. h. unabhängig von den Zähnezahlen.

2. x ist nur abhängig von der Zähnezahl des korrigierten Rades, meist der Ritzelzähnezahl.

3. x ist abhängig von beiden Zähnezahlen der miteinander kämmenden Räder.

a) Ziel der Verzahnungssysteme.

Erstrebt wird, bei den einzelnen Systemen von der kleinsten bis zu der größten Zähnezahl bei allen Übersetzungsverhältnissen die „günstigste" Zahnform zu erreichen. Was unter der günstigsten Zahnform verstanden wird, ist allerdings nicht übereinstimmend. An gewünschten Eigenschaften der Verzahnung kommen z. B. in Frage:

1. Verwendung weniger genormter Werkzeuge.

2. Geringe Höchstwerte der Gleitung.

3. Gleiche Zahnstärken im Fuß bei Rad und Ritzel.

4. Hohe Eingriffsdauer.

5. Einfache Berechnung, insbesondere glatte Zahlenwerte für den Achsabstand.

b) Die Bezugszahnstange.

Eingriffswinkel α_0. Zur Kennzeichnung der Verzahnung dienen die Abmessungen der Bezugszahnstange (Abb. 1.43 und 2.26). In allen Ländern sind diese für

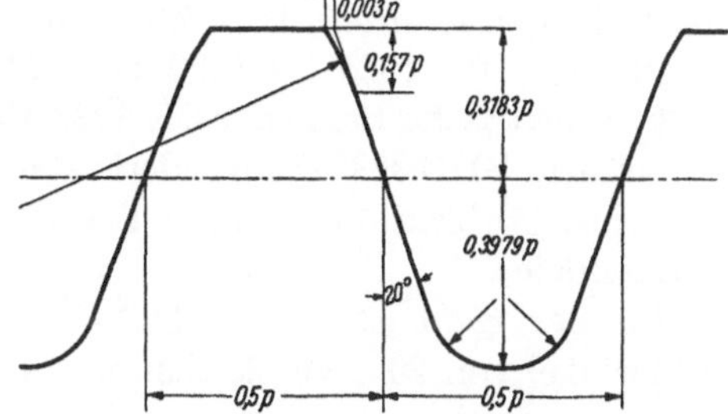

Abb. 2.26. Bezugszahnstange der englischen Verzahnung. (British Standard basic rack.)

die gebräuchlichsten Werte festgelegt. Der Eingriffswinkel wird von $14^1/_2{}^\circ$ bis 24° gewählt. Ein großer Eingriffswinkel ergibt kräftige Zahnfüße (also hohe Festigkeit), keine Unterschneidung bei verhältnismäßig kleinen Zähnezahlen, leichteres Zerspanen der weniger steilen Zahnlücken — das Schneidwerkzeug schneidet sich leichter frei —, aber höhere Zahndrücke [Gl. (1.83)] und im allgemeinen geringere Eingriffsdauer. In Deutschland ist $\alpha_0 = 20^\circ$ nach

DIN festgelegt, aber der früher vorwiegend gebrauchte Eingriffswinkel von 15° ist noch vielfach beibehalten. In Amerika entspricht dem letzteren Eingriffswinkel der Wert $\alpha_0 = 14^1/_2°$.
Für sehr kleine Zähnezahlen werden noch vereinzelt größere Eingriffswinkel angewendet, z. B.
$22^1/_2°$ und 24°. $22^1/_2°$ hat sich für Schrägverzahnungen bei schweren Antrieben infolge der
geringen Gleitung bei einsatzgehärteten Rädern bewährt.

Zahnhöhe. Die Stumpfzähne der Amerikaner haben in Deutschland weniger Verbreitung
gefunden. Bei Differentialkegelrädern im Hinterachsantrieb der Kraftfahrzeuge, wo diese Räder
mehr als Kupplung wie als Getriebe wirken, trifft man eine verringerte Kopfhöhe von
$h_k = 0,8\ m$ an. Hochzähne finden nur in Sonderfällen, wie z. B. Zahnradpumpen, Anwendung.

2. Eingeführte Systeme.

Evolventenverzahnung nach VDE 3226. (Früher AEG-Verzahnung.) Diese Verzahnung wird
mit dem Eingriffswinkel $\alpha_0 = 15°$ ausgeführt (Abb. 2.27). Es handelt sich um ein *VO*-Getriebe
mit der konstanten Profilverschiebung $x_1 = 0,5\ m$ und $x_2 = -0,5\ m$. Die Zahnstärken im Teilkreis sind $0,6\ t$ bzw. $0,4\ t$. Entsprechend ihrer Entstehung für Getriebe von der rasch laufenden
Welle des Elektromotors auf die langsamere Arbeitsmaschine ergeben sich brauchbare Verzahnungseigenschaften für Zähnezahlen des Ritzels
von 14 bis 30 und Untersetzungen mindestens von
$i = 3$.

DIN-Verzahnung. Unter dem Zwange der wirtschaftlichen Notwendigkeiten mußte nach dem ersten
Weltkrieg eine Normung der Verzahnung geschaffen
werden, obwohl die Voraussetzungen dafür noch
nicht gegeben waren. Nach heutigen Begriffen bestehen daher einige Mängel. Immerhin ist es ein
unbestreitbares Verdienst der Normung, den Mei-
nungsaustausch auf dem schwierigen Gebiete der
Verzahnung außerordentlich gefördert zu haben und
klare, begriffliche Zusammenhänge geschaffen zu
haben. Es bestehen zur Zeit folgende Normen bzw.

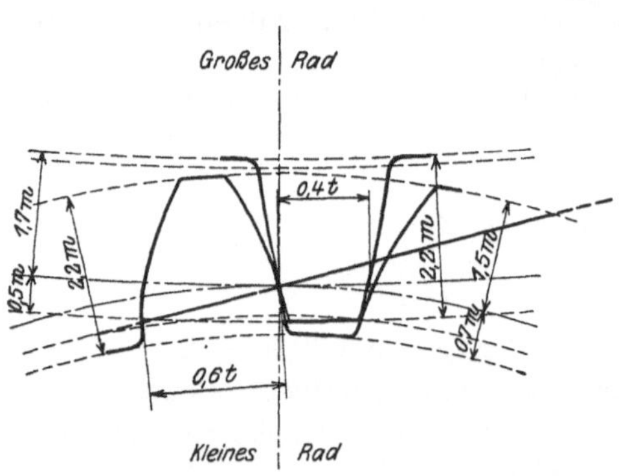

Abb. 2.27. Evolventenverzahnung mit Profilverschiebung
nach VDE 3226. (Früher AEG-Verzahnung.)

Norm-Entwürfe über Verzahnungen und Zahnräder: DIN 37 Sinnbilder für Zahnräder, DIN 780
Modulreihe, DIN 867 Zahnform für Stirn- und Kegelräder, DIN 868 Bezeichnungen der Zahn-
räder, DIN 869 Bestellung von Stirn- und Kegelrädern, DIN 870 Profilverschiebung, DIN 3960*
Bestimmungsgrößen und Fehler an Stirnrädern, Grundbegriffe (früher Merkblatt Stirnradfehler),
DIN 3961* und 3962* Toleranzen für Stirnräder mit Evolventenverzahnung nach DIN 867,
DIN 3963* Wälzfehler und Flankenrichtungsfehler (Auszug aus DIN 3062), DIN 3964* Getriebe-
und Gehäusetoleranzen, DIN 3972* Bezugsprofile von Verzahnwerkzeugen, DIN 8001 und 8002
Wälzfräser, DIN 1825 bis 1828 Schneidräder.

Für elektrische Bahnen VDE 3226 Evolventenverzahnung, VDE 3227 Großräder, VDE 3230
Kleinräder, VDE 3233 Zahnräderkasten.

Ferner für Textilmaschinen: Tex 4525, Tex 4530 und Werkzeugmaschinen DIN 781 und 782
Wechselräder.

Die Bezugszahnstange für DIN-Verzahnung (Abb. 1.43) zeigt gerade Flanken und den Eingriffswinkel von 20°. Vergleichsweise ist die englische Norm in Abb. 2.26 mit zurückgesetztem
Kopf und stark ausgerundetem Grund dargestellt. In Amerika wird die Kopfzurücksetzung
in drei Gütegraden durchgeführt. Bei DIN-Verzahnung ist die wirksame Zahnhöhe $2\ m$ und
das Kopfspiel $0,2\ m$, gegenüber dem früheren Wert von nur $0,166\ m$. In diesem System wird
nur erstrebt, bei kleinen Zähnezahlen die Unterschneidung zu verringern, und daher wird eine
Profilverschiebung nur bei kleinen Zähnezahlen unterhalb von 14 (für $\alpha_0 = 20°$) vorgesehen.
Es gilt die empirische Beziehung

$$x = (14 - z)/17 \text{ für } \alpha_0 = 20°, \qquad\qquad (2.59\,\text{a})$$

$$x = (25 - z)/30 \text{ für } \alpha_0 = 15°. \qquad\qquad (2.59\,\text{b})$$

Da die Profilverschiebung hiernach erst unterhalb der Grenzzähnezahl [siehe Gl. (1.55)] von 17, nämlich bei 14 bzw. 25 beginnt, wird ein geringer Unterschnitt zugelassen, und zwar ist in Gl. (1.55) der Wert $\xi = 5/6$ gesetzt. Die Zulässigkeit dieses kleinen Unterschnittes wird damit begründet, daß am Fuß bei kleinem Pressungswinkel α durch den rasch kleiner werdenden Krümmungsradius ϱ [Gl. (2.41)] die Flächenpressung dieser Teile ohnehin so hoch wird [Gl. (1.117)], daß sie sich rasch abnützen und dann doch nichts mehr helfen. Die Profilverschiebungen nach DIN [Gl. (2.59)] sind die kleinstmöglichen. *Sie dürfen daher niemals unterschritten werden.*

Die kleinste Zähnezahl des Systems ist 7. Sind die Zähnezahlen der beiden Getriebräder 14 oder mehr, so werden O-Getriebe ausgeführt; sind beide Zähnezahlen geringer als 14, werden V-Getriebe verwendet. An Stelle der Gln. (1.60) und (1.61) wird bei ihnen zur Bestimmung des Achsabstandes eine Näherungsberechnung angegeben. Ist die Zähnezahl des Ritzels niedriger als 14, kann ein VO-Getriebe ausgeführt werden, wenn die Zähnezahl z_2 eine absolut gleich große, aber negative Profilverschiebung x_2 nach Gl. (2.59) zuläßt.

Die Eigenschaften der Verzahnung sind sehr unterschiedlich. Bei kleinen Zähnezahlen erhält man ausreichend kräftige Zahnfüße. Laufruhe wird mit einiger Sicherheit auch bei genauer Herstellung und richtiger Kopfzurücksetzung oft erst bei Zähnezahlen über etwa 35 des Ritzels erreicht.

Maag-Verzahnung. MAAG hat als erster auf en.pirischer Grundlage ein Verzahnungssystem angewendet, bei dem mit *einer* Erzeugungszahnform durch Profilverschiebung *beider* Räder ein Optimum zwischen möglichst hoher Eingriffsdauer und geringster Gleitung angestrebt wird. Der Eingriffswinkel ist 15°. Die Berechnung für die Größe der Profilverschiebungen x_1 und x_2 ist nicht veröffentlicht. Soweit bekannt, erfolgt eine positive Profilverschiebung schon bei Zähnezahlen unter 50. Dadurch werden größtenteils V-Getriebe verwendet. Der Getriebewälzwinkel α_w ist dann größer als 15°. Um trotzdem runde Werte für die Achsabstände zu erhalten, sind die Modulwerte im Hauptverwendungsbereich fein abgestuft. So liegen zwischen Modul *1* und *2* 16 Stufen, Abstand 1/16, bei Modul *2* bis *4* sind die Abstände 1/12, zwischen Modul *5* und *6* erfolgt die Abstufung um 1/10 und dann bis Modul *10* um 1/8.

Infolge des systematischen Aufbaues fallen die Gleitungswerte stetig mit wachsender Zähnezahl, während die Eingriffsdauer steigt. Das System hat sich in Verbindung mit einer sehr genauen Herstellung gut bewährt.

Schiebel-Verzahnung. SCHIEBEL hat wohl als erster klar ausgedrückt, daß entsprechend den beiden Profilverschiebungen x_1 und x_2 auch zwei voneinander unabhängige Eigenschaften rechnerisch in gewünschte Bahnen geleitet werden können. Für einen Eingriffswinkel α_0 von 15° erfüllen die beiden Profilverschiebungen die Bedingungen:

1. Gleiche Zahnstärke im Fuß bei Rad und Ritzel.
2. Möglichst hohe Eingriffsdauer.

Eingeschränkt sind diese Gesichtspunkte dadurch, daß ein Spitzwerden der Zähne im Kopf (Punkt P_s in Abb. 1.45) vermieden werden muß. Der Schnittpunkt P_s der Flanken soll mindestens den Abstand $m/6$ vom Kopfkreis haben.

Die Verschiebungen folgen etwa den Gleichungen:

$$x_1 = (26 - z_1)/(32 + 0,4\,z_1) + 0,3\,(z_2 - z_1)/(z_2 + z_1), \tag{2.60}$$

$$x_2 = (26 - z_2)/(32 + 0,4\,z_2) + (z_2 - z_1)/(17 + 0,64\,z_2)\,(1 + 0,02\,z_1). \tag{2.61}$$

Die Grenze für die Ausführbarkeit gleich dicker Zähne liegt an der Radzähnezahl

$$z_2 \leqq 300/(15 - z_1) - 12. \tag{2.62}$$

Bei Getrieben mit größerer Radzähnezahl ließen sich nur spitze Ritzelzähne ausführen; man bemißt dann die Profilverschiebungen in Übereinstimmung mit einer etwaigen Paarung von Ritzel und Zahnstange in den Werten

$$x_1 = (32 - z_1)/(32 - 0,1\,z_1) \quad \text{und} \quad x_2 = 0. \tag{2.63}$$

Dabei werden bei Zähnezahlen $z_1 \leqq 12$ Zahnkürzungen des Ritzels auf den Betrag der Kopfhöhe

$$\xi = 1,76 - 2/z_1 \tag{2.64}$$

notwendig, um übermäßige Zahnzuspitzungen zu vermeiden.

Für andere Eingriffswinkel α_0 lassen sich aus diesen für $\alpha_0 = 15°$ gerechneten Werten die zugehörigen Größen der Profilverschiebungen entnehmen, wenn man zum Aufsuchen der Profilverschiebungen und der Grenzwerte statt der wirklichen Zähnezahlen z die aus ihnen abgeleiteten Zähnezahlen

$$z' = z \, (\sin\alpha_0/\sin 15°)^2 \tag{2.65}$$

verwendet. Für den Eingriffswinkel $\alpha_0 = 20°$ erhält man

$$z' = 1,75 \, z.$$

Das Verfahren hat sich nicht wesentlich eingeführt. Vor allem erscheint wohl wenig wünschenswert, daß der Getriebewälzwinkel $\alpha_w = 15°$ der hohen Eingriffsdauer wegen vielfach unterschritten wird. Gleiche Zahnstärken sind auch nur berechtigt, wenn die Biegefestigkeit im Zahnfuß maßgebend für die Abmessungen ist, also nur bei gehärteten Flankenflächen.

3. Profilverschiebungen für gegebene Eigenschaften.

Man kann nicht von günstigster Verzahnung schlechthin sprechen, sondern diese ist im allgemeinen nur in zwei gewählten Eigenschaften erreichbar. Da an der Zahnhöhe wenig zu verbessern ist, können auf gegebenem Raum gewünschte Eigenschaften nur durch die beiden Profilverschiebungen x_1 und x_2 von Rad und Ritzel herausgeholt werden, allenfalls verstärkt durch die Wahl des Erzeugungswälzwinkels α_0. Zunächst ist Klarheit zu schaffen, wie *eine* geforderte Eigenschaft erzielbar ist. Dabei können folgende Forderungen gestellt werden:

1. Glatte Zahlenwerte, insbesondere für den Achsabstand. Diese Bedingung wird allgemein durch *VO*-Getriebe — im Grenzfall durch Nullgetriebe — erfüllt. Immerhin hat diese Forderung nicht die Bedeutung, die ihr oftmals im Schrifttum zugemessen wird, schon im Hinblick auf die Anwendung von Schrägverzahnungen mit ihren krummen Zahlengrößen.

2. Hohe Lebensdauer, d. h. geringe Abnützung. Im folgenden als *L*-Verzahnung bezeichnet.

3. Hohe Bruchfestigkeit. Diese wird durch *F*-Verzahnung mit entsprechenden Verschiebungswerten x_1 und x_2 erreicht.

4. Größte Laufruhe. Diese Forderung ist das große Sorgenkind der Herstellung. Voraussetzung dafür ist jedoch schon eine richtig durchkonstruierte Zahnform mit günstigsten Schmierverhältnissen, *S-Verzahnung*, und frei von Schwingungsresonanzen.

a) Verzahnungen mit günstigsten Werten für eine Eigenschaft.

Verzahnung mit größter Lebensdauer. *L*-Verzahnung. Die vielfach durchgeführte Betrachtung der Gleitgeschwindigkeit allein als Kennzeichen für Abnützung und Lebensdauer ist nicht ausreichend. Auch der Flächendruck muß mit berücksichtigt werden. Nach den Erkenntnissen der vorangegangenen Abschnitte will deshalb die *L*-Verzahnung, auf der DIN-Bezugszahnstange mit $\alpha_0 = 20°$ aufbauend, durch geeignete Profilverschiebungen möglichst günstige Lebensdauer erreichen. Dies wird nach Gl. (1.122d) durch Verschiebungen von Rad und Ritzel erreicht, die etwa gleiche Werte für die Flächenreibungsleistung im Ritzelfuß und Kopf ergeben. $L_{Rf1} = L_{Rk1}$. [Gl. (1.122) und die Abb. (1.76) und (1.77)]. Bei gegebener Lebensdauer erreicht man umgekehrt kleinste Abmessung der Verzahnung. Die Rechnung erfolgt zahlenmäßig durch Probieren, indem in Gl. (1.122) für drei oder mehr gewählte Verschiebungen x_1 bei gesetzmäßig bestimmtem, z. B. unveränderlichem Werte x_2 die Größen für α und i am Kopf bzw. Fuß des Ritzels eingesetzt werden. Bei einem bestimmten Wert x_1 erscheint die gleiche Größe der Flächenreibung an Kopf und Fuß. Bei den so ermittelten Werten ist in Abhängigkeit von der Zähnezahl des Ritzels jedem x_1 der Ritzelprofilverschiebung ein x_2-Wert für die Verschiebung des Radprofils nach Abb. 2.28 zugeordnet. In der Rechnung ist berücksichtigt, daß die Reibungszahl μ_s der stoßenden Reibung und der Lastverteilungsfaktor k im Sinne von Gl. (1.105) im Ritzelfuß größer ist als die entsprechenden Werte im Ritzelkopf [siehe auch Text vor Gl. (1.122d)]. Das Verhältnis dieser verschiedenen Beanspruchungen ist mit etwa 3:4 angenommen. Im Ritzelkopf steigt die Flächenreibungsleistung L_{Rk1} nur wenig mit wachsender Profilverschiebung x_1, dagegen fällt L_{Rf1} mit wachsendem x_1, besonders stark mit kleinen Größen des innen eingreifenden Pressungswinkels α_i, da für $\alpha_i = 0$ der Flächendruck unendlich wird (Gl. 1.118). Das genannte Wertverhältnis 3/4 beruht allerdings nur auf Schätzung, aber dieser Vergleich der Flächenreibungsleistungen im Fuß und Kopf ist wesentlich zuverlässiger als die alleinige Berücksichtigung der Gleitwerte nach der bisherigen Auffassung.

Nach Abb. 2.28 entspricht bei einer gegebenen Ritzelzähnezahl einer kleinen Veränderung von x_1 bereits eine wesentlich größere Verschiebung x_2 am Rad in dem gleichen Sinne, d. h. mit steigendem x_1 steigt auch das zugeordnete x_2. Gibt man dem Abnutzungsfaktor bei 40 Zähnen den Wert 1, so steigt dieser mit fallender Zähnezahl und erreicht bei 11 Zähnen den 3,3-fachen Wert, wie die in der Abbildung eingetragenen Zahlen zeigen; bei derselben Zähnezahl fällt diese Vergleichszahl mit größer werdendem x_1. Der Einfluß der Übersetzung i ist in Abb. 2.29 für 17 Ritzelzähne eines VO-Getriebes gezeigt, er macht sich bei kleiner werdendem Übersetzungsverhältnis stärker bemerkbar; mit wachsendem i wächst die notwendige Profilverschiebung etwas. Für größere Zähnezahlen mit ihren geringen Werten der Flächenreibungsarbeit sinkt die Bedeutung der L-Verzahnung.

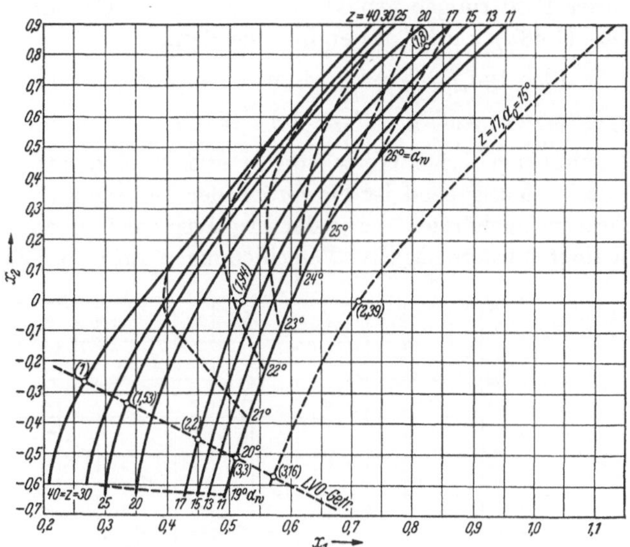

Abb. 2.28. Zusammenhang zwischen der Profilverschiebung x_1 des Ritzels und x_2 des Rades für L-Verzahnung als der Verzahnung mit der günstigsten Lebensdauer für $i = 3$ und $\alpha_0 = 20°$ ($L_{Rf1} = L_{Rk1}$, Abb. 1.77). Abnutzungsfaktoren in Klammer für $z = 40$ gleich 1 gesetzt. Linien gleicher Wälzwinkel gestrichelt, punktiert Werte für $\alpha_0 = 15°$.

Bei einem Übersetzungsverhältnis $i = 1$ besteht das Bestreben, Rad und Ritzel gleiche Abmessungen zu geben. Dazu ist bei beiden eine gleichgroße Profilverschiebung auszuführen, so daß sich stets ein LV-Getriebe ergibt. Infolge der Verschiedenheit des Reibungs- und Belastungsfaktors in Kopf und Fuß ist die Bedingung $L_{Rf1} = L_{Rk1}$ nur näherungsweise erfüllbar.

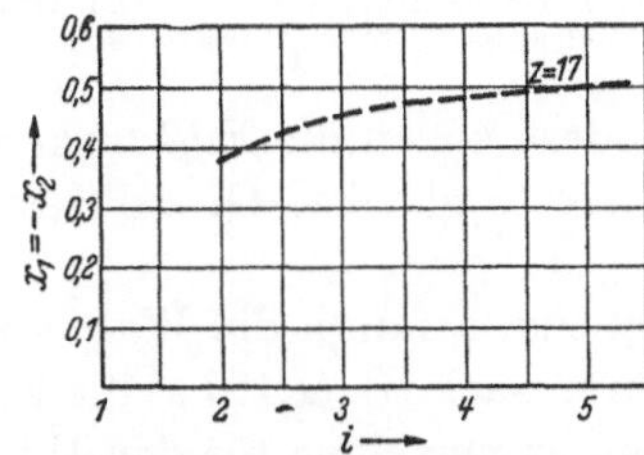

Abb. 2.29. Abhängigkeit der Profilverschiebung für L-Verzahnung vom Übersetzungsverhältnis i bei 17 Zähnen.

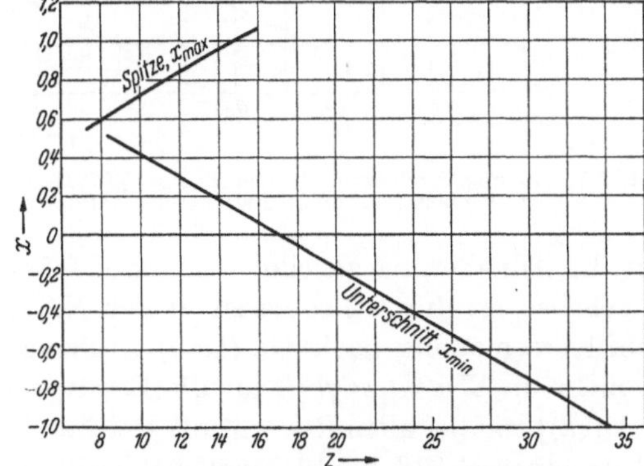

Abb. 2.30. Grenzen der Profilverschiebung für $\alpha_0 = 20°$.

Die günstige Lebensdauer der L-Verzahnung ist nach Abb. 2.28 in einem ziemlich großen Bereich zusammengehöriger Verschiebungswerte erreichbar, z. B. reicht für $z = 17$ x_1 von 0,425 bis 0,87. Begrenzt sind die Profilverschiebungen nach oben wie immer durch das Spitzwerden (Abb. 2.30) der Zähne, und nach unten durch die zulässige Größe der negativen Werte von x_2, oder in diesem Zusammenhange wesentlich auch dadurch, daß α_{i2} des Rades nicht kleiner werden darf als α_{i1} des Ritzels.

Verzahnung mit größter Festigkeit des Getriebes. Hierbei sind zwei Fälle möglich: Bei Rad und Ritzel sind die Flanken gehärtet *(F-Verzahnung)* und die *Bruchfestigkeit* ausschlaggebend oder sie sind nicht gehärtet, so daß die Walzenpressung maßgebend ist.

F-Verzahnung. Für gleiche Werkstoffe bei Rad und Ritzel ist die Zahnfußstärke s_f bei beiden gleichgroß zu machen. Man kann auch bei dem Rad mit der größeren Zähnezahl als dem teureren Teil die Zahnstärke etwas größer halten, dann wäre x_2 etwas zu erhöhen. In erster Annäherung dieser Forderungen genügt es, von gleicher Grundkreisstärke $s_{g1} = s_{g2}$ auszugehen. Nach den Gln. (1.48a) und (1.54) ergibt sich dann:

$$(2\,x_1\,\mathrm{tg}\alpha_0/z_1 + \pi/2\,z_1 + \mathrm{ev}\,\alpha_0)\,m\,z_1\,\cos\alpha_0 = (2\,x_2\,\mathrm{tg}\alpha_0/z_2 + \pi/2\,z_2 + \mathrm{ev}\,\alpha_0)\,m\,z_2\,\cos\alpha_0.$$

$$x_1 - x_2 = \mathrm{ev}\,\alpha_0/2\,\mathrm{tg}\alpha_0 \cdot (z_2 - z_1). \quad (2.66) \qquad x_1 - x_2 = 0{,}0205\,(z_2 - z_1). \ \text{Für } \alpha_0 = 20°. \quad (2.67)$$

Zusammengehörige Werte von x_1 und x_2 sind auf Grund dieser Gleichung in Abb. 2.31 dargestellt. Maßgebend ist die Größe der Differenz $(z_2 - z_1)$. Für gleiche Differenz verlaufen die zusammengehörigen Werte der Profilverschiebungen (x_1, x_2) linear. Großer Unterschied $(z_2 - z_1)$ bedingt stärkere negative Verschiebungen am Rad. Diese begrenzen die Ausführungsmöglichkeit.

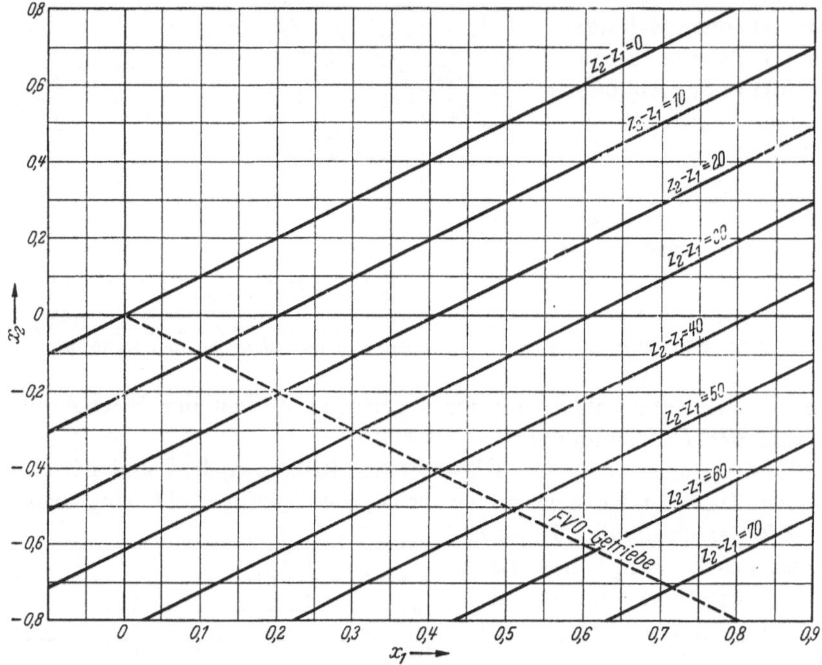

Abb. 2.31. *F*-Verzahnung. Profilverschiebungen x_1 und x_2 für Getriebe mit gleichen Grundkreisstärken von Rad- und Ritzelzahn für harte Flanken [Gl. (2.67)]. Die Getriebe auf der gestrichelten Linie sind gleichzeitig *FVO*-Getriebe.

Genügt die Annäherung gleicher *Grundkreis*stärken nicht, sondern sollen die *Fuß*stärken genau gleich sein, so ist durch Probieren in der Nähe der obigen Werte gleicher Grundkreisstärken die Profilverschiebung nach Gl. (1.45) nachzurechnen.

Ist nicht die *Bruchfestigkeit* für die Beanspruchung maßgebend, sondern die *Walzenpressung* [Gl. (1.121a)] wie bei allen Rädern mit weichen Flanken, so wären nach Gl. (1.121a) die Eingriffswinkel im inneren *EW*-Punkt möglichst groß zu halten. Dies gilt vor allem für den Winkel α_{ei} des Ritzels, während mit größer werdendem i der Einfluß des Gegenwinkels am Rade α_{ea2} rasch unbedeutend wird. Die Rechnung mit großen Profilverschiebungen ergibt tatsächlich große Steigerungen der zulässigen Umfangskraft gegenüber DIN-Verzahnung. So läßt sich in Beisp. I der Tafel VII durch $x_1 = 0{,}47$ und $x_2 = -0{,}63$ rechnerisch die Umfangskraft gegenüber DIN-Verzahnung auf den 1,7fachen Wert steigern. Solange jedoch für p_{zul} nur Versuche im eng begrenzten Bereiche vorliegen, bleiben die Rechnungswerte zweifelhaft. Man wird sich daher zweckmäßig vorerst mit den Profilverschiebungen der *S*-Verzahnung (siehe nächster Abschnitt) begnügen. Am einfachsten bleibt die Rechnung für *SVO*-Verzahnung, dann sind für x_1 die Größen von Abb. 2.33 für $\alpha_w = 20°$ anzuwenden, und es wird $x_2 = -x_1$. Für besondere Steigerung der Haltbarkeit hinsichtlich der Walzenpressung wären *SV*-Getriebe mit Verschiebungen nach Abb. 2.33 aber für $\alpha_w = 22{,}5°$ erforderlich.

Verzahnungen für ruhigen Lauf durch günstigen Ölfilm. S-Verzahnung. Nach den dargelegten Gedankengängen können von seiten der Konstruktion der Zahnform Maßnahmen zur Förderung des ruhigen Laufes durch Verbesserung der Schmierwirkung getroffen werden. Durch Abb. 1.64 ist die Bildung günstiger Schmierbedingungen im Ritzelkopf und ungünstiger Bedingungen im Ritzelfuß beschrieben. Wollte man nach dieser Tatsache allein die Verzahnung entwerfen, so müßte der Wälzkreis in den Fußkreis gelegt werden; denn dann ergäbe sich nur günstige ziehende Gleitung. (Abb. 86.) Man erreicht damit zwar leichter ruhigen Lauf, aber die Kopfgleitung wird zu hoch und die Abnutzung zu stark. Man kann aber schon dadurch die Reibungskräfte vermindern und die Schmierwirkung verbessern, daß in dem Ritzelfuß mit der ungünstigen Reibung und Schmierung immer *zwei* Zähne tragen, da ja dann nur ein Teil der Belastung von dem Fuße getragen wird und der andere Teil vom Kopf des Nachbarzahnes. In diesem Grenzfalle würde also der Wälzpunkt C mit dem inneren EW-Punkt E_i zusammenfallen.

Sicherheitshalber wird man nach Abb. 2.32 dem EW-Punkt E_i sogar einen Durchmesser geben, der größer als der Wälzkreis ist, oder anders ausgedrückt, es soll Pressungswinkel $\alpha_{ei} > \alpha_w$ sein. Dadurch wird gleichzeitig der Schwingungsimpuls durch den Richtungswechsel der Reibungskräfte im Wälzpunkt C verringert, denn es wirkt dort nur ein Teil des vollen Umfangsdruckes. Dieses ist der Grundgedanke *der S-Verzahnung*. Sie verlangt also einen ausreichend großen Kopfkreis des Ritzels. Man berechnet den Pressungswinkel am Kopf α_k, der Punkt E_i in den Wälzpunkt fallen läßt. Für $\alpha_{ei} = \alpha_w$ erhält Gl. (1.68a) die Form:

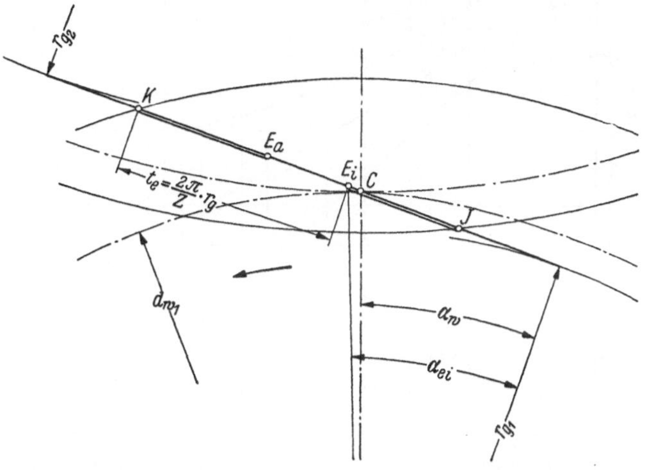

$$\operatorname{tg}\alpha_{k1} = \operatorname{tg}\alpha_w + 2\pi/z_1. \quad (2.68)$$

Abb. 2.32. Eingriffslinie für S-Verzahnung. Innerer EW-Punkt E_i liegt etwas außerhalb des Wälzpunktes C. Zwei Zähne tragen längs $I\,E_i$ und $E_a\,K$.

Aus der Beziehung $r_{k1} = r_g/\cos\alpha_{k1}$ ist der Kopfdurchmesser des Ritzels bestimmt und damit die notwendige Profilverschiebung. Zu den errechneten Grenzwerten ist infolge der Kopfzurücksetzung, die den Eingriff später beginnen läßt, ein Zuschlag zu geben. Hier ist dieser zu $0,06\,m$ gewählt. Mit diesen Werten ergeben sich für verschiedene Wälzwinkel α_w die Profilverschiebungen x_1 für die S-Verzahnung in Abhängigkeit nur von der Zähnezahl z_1 des Ritzels (Abb. 2.33). Die dargestellten Werte sind Mindestwerte. Eine größere Profilverschiebung x_1 verstärkt die gewollte Wirkung nur unwesentlich und erhöht die Gleitung. Diese Mindestverschiebungen wachsen mit fallender Zähnezahl, charakteristisch ist für die x_1-Werte aber, daß sie mit kleiner werdendem Wälzwinkel herabgehen. Da ein zu hoher Flächendruck das Schmiermittel herausdrückt, sprechen auch die Gedankengänge der L-Verzahnung gleichzeitig bei dem ruhigen Lauf eine wesentliche Rolle (siehe LS-Verzahnung). S-Verzahnung läßt sich auch für hohe Zähnezahlen sinngemäß für Wechsel der Eingriffsdauer zwischen 2 und 3 anwenden.

Die Eingriffsschwingungen werden durch einen kräftigen Ölfilm ebenfalls gedämpft, im übrigen läßt sich durch Profilverschiebungen die Eingriffsdauer ε nicht so viel ändern, wie es Abb. 1.82 verlangt. So verläuft bei $i = 3$ für $z_1 = 11$ die mögliche Eingriffsdauer zwischen den gegebenen Grenzwerten der L-Verzahnung zwischen 1,37 bis 1,48 und für $z_1 = 17$ zwischen 1,506 bis 1,747. Zur Erhöhung der Eingriffsdauer ist der Wälzwinkel des Getriebes zu verringern.

b) Verzahnungen mit günstigsten Werten für zwei Eigenschaften.

Da sich eine einzelne Eigenschaft in einem verhältnismäßig großen Bereich von Profilverschiebungen erreichen läßt, können auf zeichnerischem Wege leicht Profilverschiebungen gefunden werden, die zwei gewünschte Eigenschaften in sich vereinigen.

***VO*-Getriebe als 2. Eigenschaft.** *LVO-Getriebe* ergeben günstige Lebensdauer im Sinne der *L*-Verzahnung (Abb. 2.28) und gleichzeitig als *VO*-Getriebe dessen glatten Zahlenwert des Achsabstandes. Es gelten dann die Profilverschiebungen der Abb. 2.28 bei $i = 3$, für die $x_1 = - x_2$

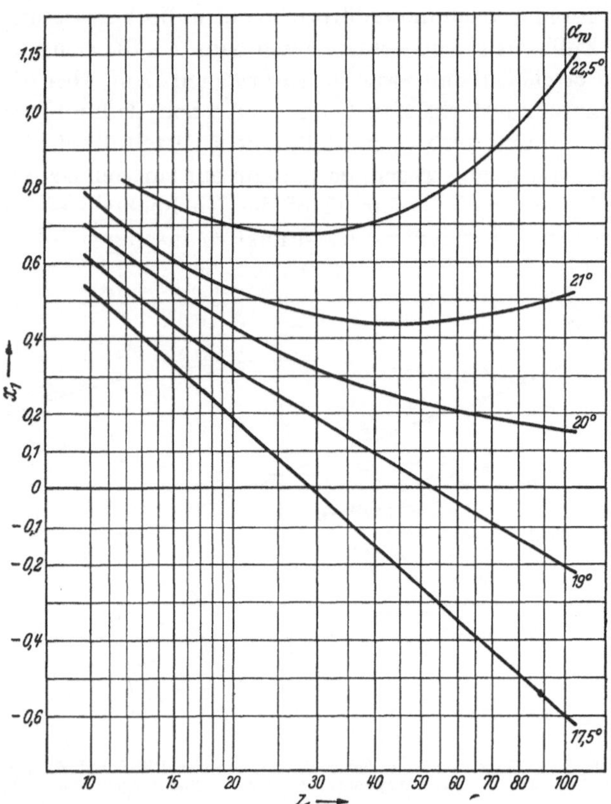

ist. Für diese Übersetzung sind die Werte x_1 auf der gestrichelten Linie der Abbildung unmittelbar ablesbar. Allgemein sind die notwendigen Verschiebungen des *LVO*-Getriebes in Abb. 2.34 dargestellt. Im Grenzfall für $i = 1$, und in dessen Nähe sind sie nicht ausführbar.

SVO-Getriebe sind immer ausführbar, da *S*-Verzahnung keine Bedingungen an x_2 stellt und somit $x_2 = - x_1$ gesetzt werden kann. Abb. 2.33 bei $\alpha_w = 20^0$.

FVO-Getriebe vereinen höchste Bruchfestigkeit des Zahnes mit den glatten Werten des Achsabstandes. Bei gleichen Werkstoffen von Rad und Ritzel ergeben sich die Profilverschiebungen $x_1 = - x_2$ nach der gestrichelten Linie von Abb. 2.31.

Vereinigung von *L*- und *S*-Verzahnung. *LS-Getriebe* ergeben die günstigsten Laufeigenschaften für Geradverzahnung, da geringster Flächendruck und niedrige Gleitwerte durch die *L*-Verzahnung und geringe Reibungskräfte beim Richtungswechsel im Wälzpunkt sowie geringe Belastung im ganzen Gebiet der stoßenden Gleitung durch die *S*-Verzahnung erreicht werden. Die Profilverschiebungen sind aus den bereits entwickelten Einzelkurven der *L*- und *S*-Verzahnung zu

Abb. 2.33. Profilverschiebung bei *S*-Verzahnung für verschiedene Wälzwinkel α_w.

ermitteln. Hierzu werden die Profilverschiebungen x_2 der *S*-Kurve errechnet, indem die nach Abb. 2.33 bekannten Werte x_1 und α_w für eine bestimmte Zähnezahl, z. B. 17, und eine bestimmte Zähnesumme, z. B. $(z_1 + z_2) = 68$ — das entspricht $i = 51/17 = 3$ —, in Gl. (1.60) eingesetzt werden. In Abb. 2.35 sind die so errechneten Werte eingetragen und ebenfalls die *L*-Kurve für $z = 17$ und $i = 3$, die unmittelbar aus Abb. 2.28 übernommen werden kann. Der Schnittpunkt dieser beiden Kurven befriedigt die Bedingungen beider Verzahnungen; seine Koordinaten $x_1 = 0{,}44$, $x_2 = - 0{,}52$ sind die gesuchten Profilverschiebungen der *LS*-Verzahnung. Auf diese Weise ergeben sich insgesamt die Werte der Abb. 2.36.

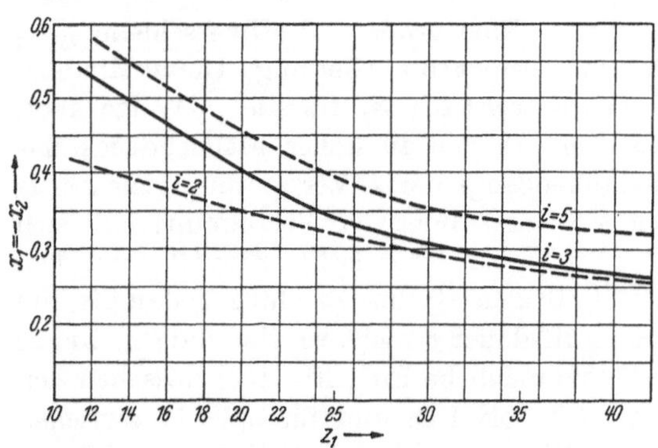

Abb. 2.34. Profilverschiebung für *LVO*-Verzahnung.

Die Zähnezahlen zwischen den Kurven SS und TT ermöglichen die eigentliche *LS*-Verzahnung. Bei größeren Zähnezahlen, also rechts von TT, geht die *LS*-Verzahnung in die einfache *S*-Verzahnung (Abb. 2.33) über. Für kleinere Zähnezahlen, also links von Kurve SS, nähert man sich dem Übersetzungsverhältnis $i = 1$, an dem nur *V*-Getriebe mit gleicher Profilverschiebung $x_1 = x_2$ an Rad und Ritzel sinnvoll sind und annähernd die Bedingungen der *L*-Verzahnung erfüllen. Die Verschiebungen x_1 für das Ritzel auf der Kurve SS sind in diesem Bereich der Übersetzungen bis herab zu $i = 1$ beibehalten und die negativen Werte der Radverschiebungen werden auf die Werte x_1 geführt, die sie bei $i = 1$ erreichen.

LF-Verzahnung. Die günstige Lebensdauer der L-Verzahnung läßt sich in gewissen Bereichen der Zähnezahl auch mit den höchsten Festigkeitswerten der F-Verzahnung verbinden.

Die LF-Verzahnung für gleiche Fußstärken ist nach Abb. 2.37 für Übersetzungen etwa zwischen $i = 2$ bis 3 ausführbar. Die negativen x_2-Werte beschränken die Ausführungsmöglichkeit.

c) Verzahnungen für günstigste Werte mit d r e i Eigenschaften.

Bei ganz bestimmten Zähnezahlen ergeben sich drei wünschenswerte Eigenschaften. Diese lassen sich aus den Getrieben auswählen, in denen zwei Eigenschaften schon vorhanden sind; diese Zähnezahlen sind aus den Abb. 2.36 und 2.37 sofort herauszulesen.

$LSVO$-Verzahnung ist nach Abb. 2.36 für alle Getriebe mit den Zähnezahlen der Linie TT gegeben, z. B. 17/61.

$LFVO$-Verzahnung erscheint nach Abb. 2.37 z. B. bei 19/57 oder 29/58.

Schon in der Nähe dieser Zähnezahlen ließen sich Getriebe mit drei gewünschten Eigenschaften in guter Annäherung verwirklichen.

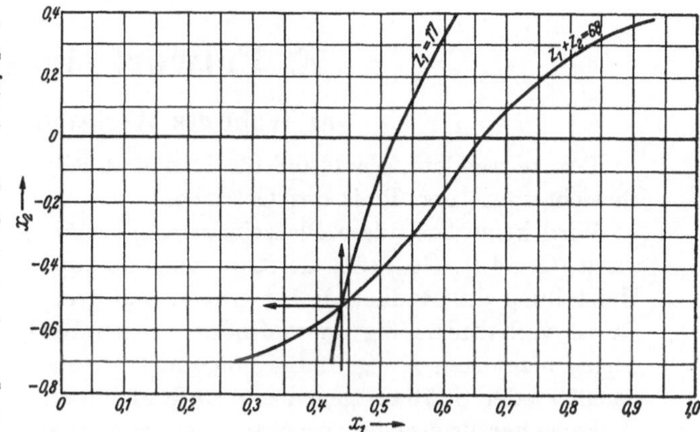

Abb. 2.35. x_2-Werte nach Abb. 2.33 für S-Verzahnung errechnet im Schnitt mit L-Kurve nach Abb. 2.28 ergibt Profilverschiebung für LS-Verzahnung. Als Beispiel $i = 3$, $z_1 = 17$.

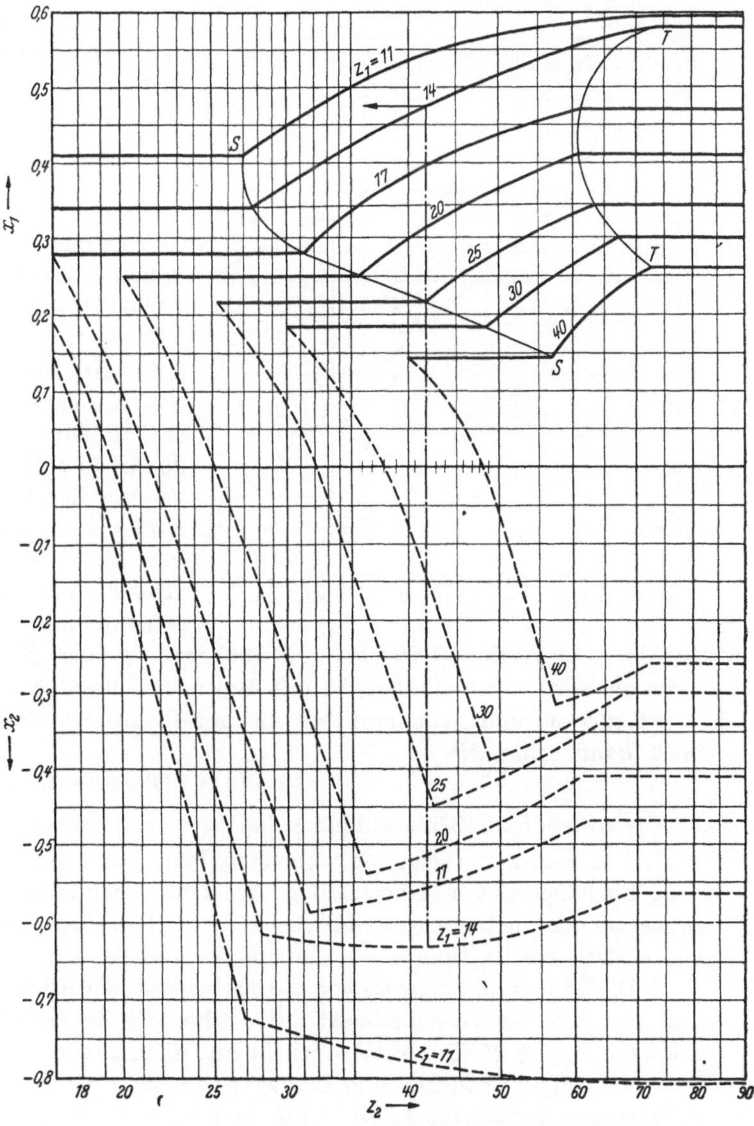

Abb. 2.36. LS-Verzahnung, die Profilverschiebung für gute Lebensdauer und Flankenschmierung. x_1 ausgezogen, x_2 gestrichelt.

E. Entwurf eines Getriebes.

a) Wahl des Werkstoffes. (S. a. Tafel VI.)

Der verwendete Werkstoff für Rad und Ritzel bestimmt sehr wesentlich Platzbedarf und Gewicht sowie den Preis des Getriebes.

Wird keine besondere Platzeinsparung benötigt, so wird Gußeisen für Rad und Ritzel gewählt. Ge 1491, Ge 1891, Ge 2291 und Ge 2691. Dieser Werkstoff gestattet wirtschaftlichste Herstellung der Radkörper bei großen und größten Stückzahlen und ist leicht zu bearbeiten. Ge ist verhältnismäßig unempfindlich gegen Kerbwirkung und verschleißfest. Die Radkörper neigen nicht zum Klingen. Bei höheren Übersetzungen empfiehlt es sich, das Ritzel aus Stahl, St 6011 oder St 7011, gegen ein Ge-Rad laufen zu lassen.

Phosphor-Bronze hat erhöhte Festigkeit und ist am unempfindlichsten gegen hohe Gleitwerte. Sie wird deshalb für Schneckenräder verwendet, für andere Fälle ist sie zu teuer.

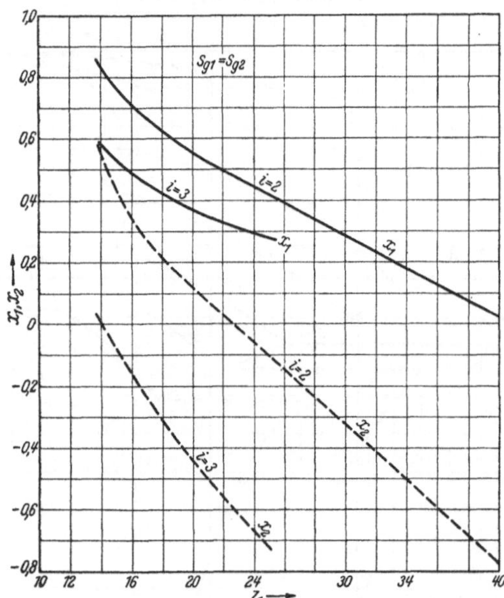

Abb. 2.37. *LF*-Verzahnung, die Profilverschiebung für gute Lebensdauer und gleiche Grundkreisstärken.

Ritzel aus Kunststoff (Novotext, Vulkanol usw.) haben etwa dieselben Festigkeitswerte wie Ge. Sie wirken außerordentlich schwingungsdämpfend. Dadurch „verschlucken" sie Verzahnungsgeräusche und auch auf der Welle des Elektromotors dessen Antriebsschwingungen.

Stahlguß hat höhere Festigkeitswerte als Ge, erfordert aber besondere Erfahrungen für die Anwendung bei Zahnrädern.

Für reine Steigerung der Biegefestigkeit werden z. B. bei Wechselrädern auch Rad *und* Ritzel aus St 7011 hergestellt. Allgemein kommen dann Vergütungsstähle in Frage, als unlegierte Stähle C 35, C 45 (Alte Bez. St C 3561, St C 4561). Bei legierten Stählen sind die Chromnickelstähle 15 CMD 5 (EC Mo 80) meist aus preislichen Gründen durch 35 MS 5 (VMS 135) vollwertig ersetzt.

Aus demselben Grunde werden Räder, die zu härten sind, aus Stahl 16 MC 5 (EC 80) an Stelle von 13 NC 14 (ECN 35) angefertigt. Bei sorgfältiger Einhaltung der Temperaturen für die Warmbehandlung ist der Erfolg bei diesem „Ersatzstahl"

derselbe. Der Werkstoff 20 CM 5 (EC 100) ergibt größere Festigkeit, neigt aber zur Sprödigkeit, wenn die Warmbehandlung nicht mit äußerster Sorgfalt erfolgt.

Schmierung und Schmiermittel, die mit Recht den Baustoffen gleichgestellt werden, sind im 2. Band behandelt.

b) Wahl der Zähnezahl.

Die anwendbare Zähnezahl hängt bei gegebener Leistung und Drehzahl in erster Annäherung

1. von dem zur Verfügung stehenden Platz bzw. dem zulässigen Gewicht ab.

2. Sie hängt ab vom Übersetzungsverhältnis i. Ein großer Wert von i erfordert kleine Ritzelzähnezahl oder mehrstufiges Getriebe. Kleinste Ritzelzähnezahl $z = 1$ bei eingängiger Schnecke Die wirtschaftliche Grenze für einstufige Getriebe wird gewöhnlich bei $i = 5$ angenommen.

3. Die Zähnezahl hängt ab von der verlangten Lebensdauer des Getriebes, da nach Gl. (1.122) und Abb. 1.77 der Verschleißwert mit wachsender Zähnezahl z fällt. Danach wird die Mindestzähnezahl $z_{min} \geqq 35$ für hohe Ansprüche an Lebensdauer und Laufruhe der stationären Getriebe. Bei notwendiger Gewichts- und Platzersparnis geht z_{min} bis auf 16 herab. Vergleiche auch die Schwingungsgleichungen 1.143, 1.145 und 1.146. Für untergeordnete Zwecke wird bei Geradverzahnungen, die eine Leistung zu übertragen haben, die Zähnezahl 10 kaum unterschritten.

4. Bei DIN-Verzahnung muß die Zähnesumme $z_1 + z_2 \geqq 24$ bleiben, um die Eingriffsdauer 1 nicht zu unterschreiten. Für Innenverzahnungen soll die größte Ritzelzähnezahl um 10 kleiner als die Radzähnezahl z_2 sein. $z_1 \leqq z_2 - 10$.

Zur Erfassung von „Feinheiten" in der Zähnezahl dienen die Überlegungen der folgenden Punkte. Von diesen widersprechen sich die Punkte 5 und 6, so daß eine einseitige Entscheidung nötig ist.

5. Entweder werden für z_1 und z_2 nicht ineinander aufgehende Werte verlangt, z. B. 49/100. Das erschwert die Bildung von Resonanzschwingungen bei periodisch auftretenden Bearbeitungsungenauigkeiten.

6. Oder es sollen gerade umgekehrt die beiden Zähnezahlen von Rad und Ritzel aufgehen, um das Einlaufen oder Läppen zu erleichtern. Siehe auch S. 106.

7. Bei geteilten Radkörpern ist eine gerade Zahl von Zähnen zu wählen.

c) Wahl der Zahnbreite.

Auch die Zahnbreite b wird in Vielfachen des Moduls ausgedrückt. $b = c_b\,m$. Die Räder tragen auf großer Breite nur, wenn außer genauer Zahnrichtung Lagerung und Wellen starr sind und die Achsen bei Stirnrädern genauestens parallel, bei Kegelrädern unter dem Herstellungsachswinkel δ liegen.

In Abhängigkeit von der Lagerung gilt demnach:

$c_b \leqq 30$ bei genauester Lagerung und starrem Unterbau.

$c_b = 15$ bis 25 bei Getriebekästen.

$c_b = 6$ bis 10 bei Lagerung auf Eisenkonstruktionen.

„Ballenträger" erleichtern den Einbau auch bei Ungenauigkeiten der Lagerung und lassen die Räder allmählich auf größere Breite einlaufen.

d) Wahl des Moduls.

Wenn keine Erfahrungen vorliegen, muß der Modul nach der alten Überschlagsformel $U = c_u\,b\,t = c_u\,c_b\,m^2\pi$ als vorläufiger Wert bestimmt werden. Mit $U = M_d/r_0 = 2\,M_d/m\,z_1$ wird Gl. (1.81) umgeformt und nach m aufgelöst. Es ergibt sich:

$$m = \sqrt[3]{\frac{45\,600\,N}{z_1\,c_u\,c_b\,n_1}} \quad [\text{cm}], \quad N\,[\text{PS}], \tag{2.69}$$

wobei

$$c_u = \sigma/14 \cdot 3/(3 + v), \tag{2.70}$$

$\sigma\,[\text{kg/cm}^2]$ als Bruchfestigkeit. c_b ist nach den Angaben des letzten Abschnittes als Breitenfaktor bestimmt. Für c_u ergibt sich bei Rädern aus Ge 20 bis 30, für Vergütungsstahl 60 bis 80, bei gehärteten Rädern aus Einsatzstahl 75 bis 150, im Fahrzeugbau bis 200.

Dieser vorläufig ermittelte Modul ist dann nach den Gln. (1.82), (1.116), (1.118) und (1.134) nachzuprüfen. *Der Modul ist so klein, wie irgend möglich zu nehmen*, da sich dann auf gegebenem Raum eine größere Zähnezahl unterbringen läßt.

e) Wahl der Profilverschiebung.

Der Konstrukteur hat zu entscheiden, welche der beiden möglichen Eigenschaften die Verzahnung haben soll; denn danach richtet sich die notwendige Profilverschiebung.

O-Getriebe mit $x_1 = x_2 = 0$ sind nur für unbeschränkt austauschbare Räder, wie z. B. Wechselräder, anzuwenden.

Sonst sind die Verschiebungen nach den Abb. 2.36 oder 2.37 für zwei günstige Eigenschaften zu wählen.

Für Kegelräder kommen vor allem *LVO*- oder *SVO*-Getriebe in Frage, da *V*-Getriebe dabei weniger erwünscht sind. Abb. 2.34, 2.33.

Vergleiche die Rechenbeispiele in Tafel VII und VIII.

Die Unterschiede im Bau des Zahnes bei Anwendung verschiedener Verzahnungsarten zeigt Abb. 2.38. DIN-Verzahnung ergibt bei geringer Ritzelzähnezahl einen geschwächten Ritzelfuß. *LS*-Verzahnung bringt durch die negative Profilverschiebung des Rades einen steilen Radzahn. Der dritte gezeichnete Fall mit positiven Profilverschiebungen bei Rad und Ritzel ergibt einen starken Radfuß und günstige Werte für den Krümmungsradius; diese Form ist besonders geeignet bei Stahlritzel gegen Ge-Rad.

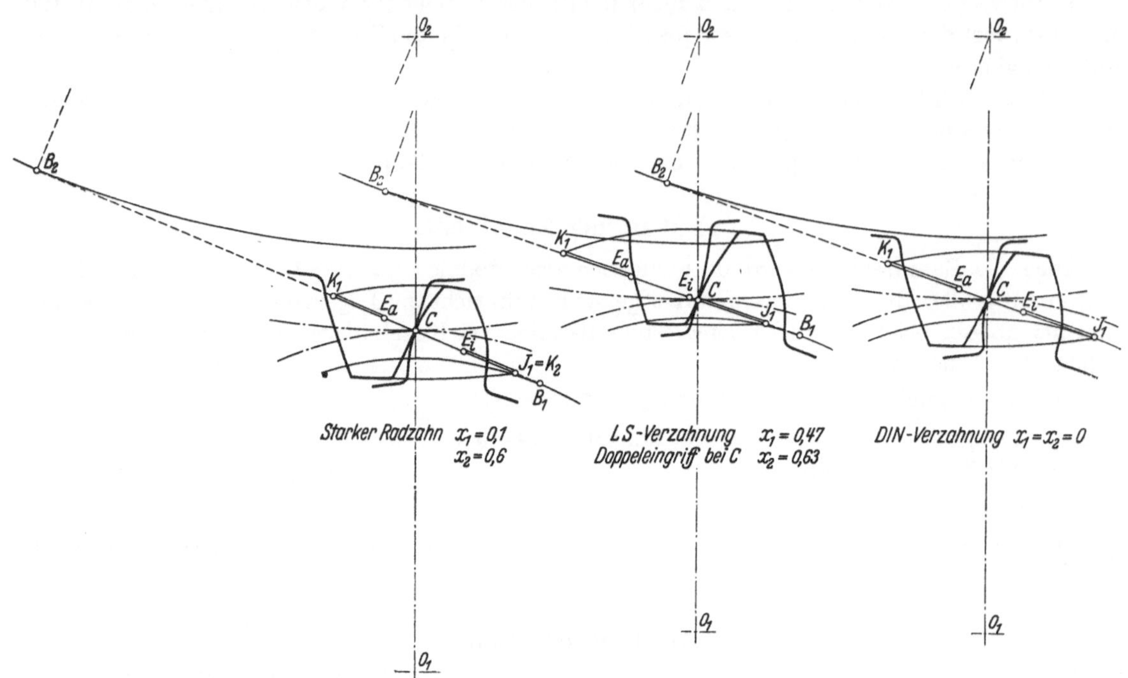

Abb. 2.38. Zahnformen eines Getriebes 14/42 für Verzahnung nach: a) DIN, b) *LVO*- und c) mit starkem Radzahn.

F. Die Herstellung der Zahnräder.

Die Herstellung hochwertiger Zahnräder beginnt im *Stahlwerk*; denn wie bei allen hochbeanspruchten Maschinenteilen ist *Gleichmäßigkeit* und Leistungsfähigkeit des Werkstoffes die erste Voraussetzung hierfür. Die Konstruktion (siehe nächsten Abschnitt) muß der Werkstatt genaue und wirtschaftliche Herstellung, Prüfung und Einbau ermöglichen. Bei der Herstellung selbst sind schon bei der Anfertigung des Rohlings durch Drehen usw. an die Werkzeuge, die Werkzeugmaschinen und die Aufspannung des Rohlings die höchsten Ansprüche zu stellen.

Die eingeführten Verfahren zur Verzahnung von Zahnrädern können nach der Erzeugungsart, der Schaltung von Zahn zu Zahn oder nach der Bearbeitung eingeteilt werden.

1. Einteilung nach der Erzeugungsart der Flanken. *A. Formverfahren.* a) Die Schneiden des verwendeten Werkzeuges bilden die Gestalt der Zahnlücke. Gebräuchlich sind scheibenförmige Zahnradfräser „Modulfräser", vereinzelt Fingerfräser und behelfsmäßig Stoßstähle, ferner profilierte Schleifscheiben, für größte Stückzahlen auch Räumen durch Räumnadeln.

b) Das Werkzeug mit geraden oder abgerundeten Schneiden wird durch eine Schablone nach der Zahnflankenform geführt.

c) Einformen der Zähne nach Modell oder Schablone und Abgießen.

d) Schlagen in ein Gesenk, vor allem für Kegelräder.

B. Wälzverfahren. Das Werkzeug hat die Gestalt einer Zahnstange, eines Zahnrades oder einer Schnecke, allgemein ausgedrückt: Das Werkzeug ist ein Verzahnungselement. Dieses und das zu verzahnende Werkstück, der „Rohling", bewegen sich wie fertig verzahnte Teile gegeneinander.

2. Einteilung nach der Art der Schaltung von Zahn zu Zahn. *A. Teilverfahren.* Nach Fertigstellung einer Zahnlücke läuft das Werkzeug in die Anfangsstellung, und der Rohling wird in die Stellung der nächsten Zahnlücke gedreht, d. h. „geschaltet". *Alle* Formverfahren sind Teilverfahren und *manche* Wälzverfahren.

B. Pausenlose Arbeitsverfahren. In einem stetigen Arbeitsverfahren bleibt das Werkzeug ununterbrochen am Schnitt, tote Rücklaufzeiten treten nicht auf. Schneidrad und Wälzfräser erfüllen diese Bedingungen.

3. Einteilung nach der Art der Bearbeitung. Die Herstellung kann in reinem Wälzverfahren *spanlos* erfolgen. (Verfahren von Grob in München.)

Die Zahnlücke wird *zerspant*, und zwar durch Hobeln bzw. Stoßen, Fräsen oder Schleifen. Eine Verbesserung der Oberflächengüte kann bei allen Rädern durch „Läppen", bei weichen Rädern auch durch „Schaben" erfolgen. Zur Herstellung gehören ferner noch Härte- und Prüfmaschinen.

1. Herstellung von Stirnrädern im Formverfahren.

a) Formfräsen.

Auf jeder Universalfräsmaschine können mit Teilkopf [29] Stirn- und Schraubenräder hergestellt werden. Für das Formfräsen wird ein Scheibenfräser, dessen Profil der Zahnlücke ent-

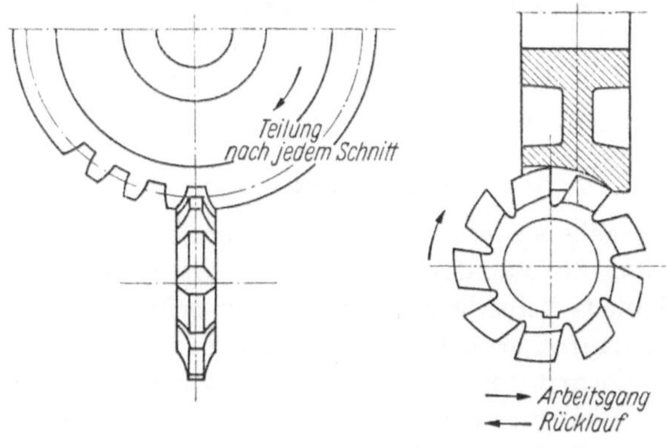

Abb. 2.39. Einstellung und Arbeitsweise des Modulfräsers.

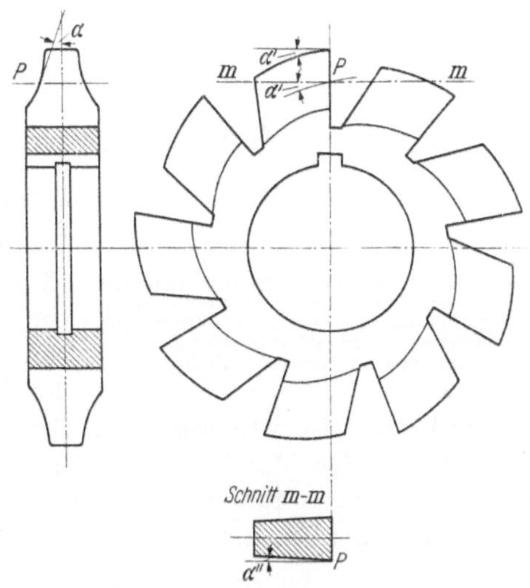

Abb. 2.40. Modulfräser. α Pressungswinkel des Zahnes im Punkt P, dem hier die Profilschräge entspricht. α' Freiwinkel am Kopf, α'' Freiwinkel an der schrägen Flanke im Punkt P.

spricht, benutzt, der als *Modulfräser* bezeichnet wird. Beim Einstellen des Fräsers in der Maschine ist darauf zu achten, daß die Fräsermitte senkrecht über der Radachse steht (Abb. 2.39). Die auf den Fräser geschlagene Frästiefe ist genau einzuhalten.

Beim Arbeitsgang des Fräsers wird eine Zahnlücke über die ganze Breite hin ausgeschnitten. Nach dem Rücklauf wird das Werkstück um eine Teilung weiter geschaltet, so daß der nächste Zahn geschnitten werden kann.

Der Fräser wird als hinterdrehter Formfräser [21], [29] hergestellt. In den vorgedrehten Fräskörper werden zunächst mit einem Winkelfräser die Spannuten derart eingeschnitten, daß radiale Brustflächen entstehen (Abb. 2.40). Zum Hinterdrehen sind sorgfältig auf der Profilschleifmaschine geschliffene Lehren und Hinterdrehstähle zu verwenden. Hinterschliffene Modulfräser, mit denen der Härteverzug nach dem Härten beseitigt werden kann, sind in Deutschland nicht handelsüblich.

Wie bei allen Formfräsern ist an der steilsten Stelle des Profiles bei radialer Hinterdrehung α' der wirksame Freiwinkel α'' am ungünstigsten. Es besteht die Beziehung $\operatorname{tg}\alpha'' = \operatorname{tg}\alpha' \operatorname{tg}\alpha$. Bei der Evolventenflanke herrschen daher ungünstige Schneidverhältnisse am Fuß, die die Oberflächengüte dort ungünstig beeinflussen und ebenso die Spanleistung.

An und für sich ist für jede Zähnezahl und jeden Modul ein besonderer Fräser notwendig, da jede Zähnezahl eine andere Flankenform hat. Aus wirtschaftlichen Gründen begnügt man sich damit, mehrere Zähnezahlen gruppenweise zusammenzufassen. Für den Bereich von 12 Zähnen bis zur Zahnstange, die der Zähnezahl unendlich entspricht, sind dementsprechend ein 8teiliger, ein 15teiliger oder für größte Genauigkeit ein 26teiliger Modulfräsersatz für jeden Modul nach beistehender Zahlentafel gebräuchlich. Fräser mit Profilverschiebung für kleine Zähnezahlen sind nicht handelsüblich.

26-, 15- und 8facher Satz für Modulfräser.

Zähnezahl	12	13	14	15	16	17	18	19	20	21	22	23	24—25	26—27	28—29	30—31
26facher Satz Nr.	1	$1\frac{1}{2}$	2	$2\frac{1}{2}$	$2\frac{3}{4}$	3	$3\frac{1}{4}$	$3\frac{1}{2}$	$3\frac{3}{4}$	4	$4\frac{1}{4}$	$4\frac{1}{2}$	$4\frac{3}{4}$	5	$5\frac{1}{4}$	$5\frac{1}{2}$
15facher Satz Nr.	1	$1\frac{1}{2}$	2	$2\frac{1}{2}$	$2\frac{1}{2}$	3	3	$3\frac{1}{2}$	$3\frac{1}{2}$	4	4	$4\frac{1}{2}$	$4\frac{1}{2}$	5	5	$5\frac{1}{2}$
8facher Satz Nr.	1	1	2	2	2	3	3	3	3	4	4	4	4	5	5	5

Zähnezahl	32—34	35—37	38—41	42—46	47—54	55—65	66—79	80—102	103—134	135—∞
26facher Satz Nr.	$5\frac{3}{4}$	6	$6\frac{1}{4}$	$6\frac{1}{2}$	$6\frac{3}{4}$	7	$7\frac{1}{4}$	$7\frac{1}{2}$	$7\frac{3}{4}$	8
15facher Satz Nr.	$5\frac{1}{2}$	6	6	$6\frac{1}{2}$	$6\frac{1}{2}$	7	7	$7\frac{1}{2}$	$7\frac{1}{2}$	8
8facher Satz Nr.	5	6	6	6	6	7	7	7	7	8

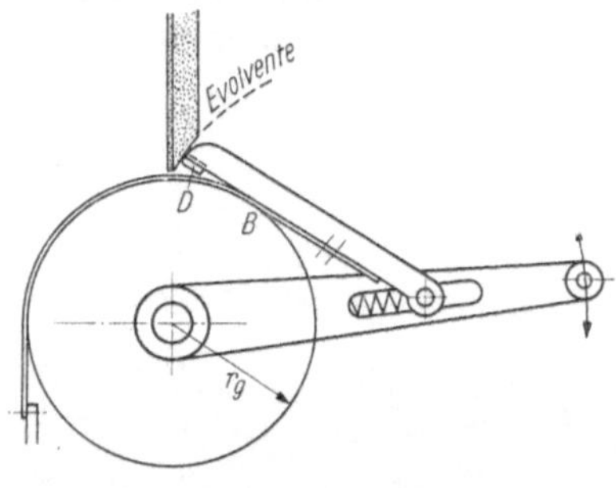

Abb. 2.41. Zum Formschleifen wird der Schleifstein durch den Diamanten D abgezogen, der durch das um den Grundkreis geschlungene Stahlband zwangläufig die zugehörige Evolvente beschreibt.

Das Verfahren hat gegenüber den Wälzverfahren an Bedeutung eingebüßt. Doch werden danach Sondermaschinen zum Vorschruppen ausgeführt, bei denen alle Bewegungen selbsttätig erfolgen. Zum Schneiden werden dann Messerköpfe mit seitlicher Hinterdrehung für die rechte und linke Zahnflanke verwendet.

b) Formschleifen.

Das Formschleifen gehört zu den genauesten Verfahren zur Herstellung der Zahnflanken. Die richtige Evolventenform der Schleifscheibe wird zwangsläufig beim Abziehen mit dem Diamanten erreicht. Die Flankengenauigkeit geht bis auf $2\,\mu$. Korrekturen, wie das Zurücksetzen des Zahnkopfes, lassen sich ausführen. Bei der Maschine der Sfedr (Société Française d'Engrenages à Denture Rectifiée) wird der Diamant durch ein System von Hebeln, bei der Maschine von Schmid & Schaudt als Endpunkt der Fadengeraden geführt, indem sich ein Stahlband auf Wälzbogen abwälzt. Die letztere Maschine schleift Innenverzahnungen (Abb. 2.41).

2. Herstellung von Stirnrädern im Wälzverfahren.

In den Wälzverfahren verschafft sich der Zahn des Werkzeuges im Werkstück, dem Rohling, durch die „Wälzbewegung" den notwendigen Platz, indem die Zahnlücke erzeugt wird.

Die eigentliche *Wälzbewegung* besteht darin, daß sich das Werkzeug als Verzahnungselement so mit dem zu verzahnenden Rohling bewegt, wie es dessen fertiger Verzahnung entsprechen würde. Ist z. B. das Erzeugungswerkzeug eine Zahnstange, so muß sich der Rohling nach Abb. 2.42 im Gegenzeigersinne drehen, während die Zahnstange sich geradlinig verschiebt.

Alle Wälzverfahren gestatten mit ein und demselben Werkzeug für jeden Modul beliebige Profilverschiebungen zu schneiden. (Im Sinne von Abb. 2.57.)

Ein solches reines Wälzverfahren zur Erzeugung von Zahnrädern ist aus dem Gewindewalzen von den Gewindewalzmaschinenfabriken Pee-Wee, Berlin, und Grob, München, entwickelt worden. Da es sich um die Herstellung von Schrägverzahnungen und Schnecken handelt, wird das Verfahren im 2. Band näher beschrieben. Versuche über Warmwälzen siehe [19].

Sowohl die elastischen Deformationen unter der Belastung wie auch die unvermeidlichen Herstellungsfehler sind im Werkzeug, in der Wälzbewegung oder der Maschineneinstellung bei der Erzeugung der Radflanke zu berücksichtigen.

Im allgemeinen jedoch wird die Zahnlücke durch Zerspanung erzeugt, zu der Wälzbewegung muß daher eine *Schneidbewegung* des Werkzeuges kommen und das Erzeugungswerkzeug, wie z. B. die Zahnstange, muß mit Schneidwinkeln, vor allem einem ausreichenden Freiwinkel versehen werden.

Da das Ausschneiden der Zahnlücke sofort auf die ganze Breite oder Tiefe oft nicht möglich ist, wird noch eine *Vorschubbewegung* notwendig. Sie läßt die volle Zahnbreite oder Tiefe nur allmählich erfassen.

Manche Wälzverfahren verlangen noch eine *Teilbewegung*, indem wie bei den Formverfahren von einer fertiggestellten Zahnlücke oder einer Gruppe von Zahnlücken nach der nächsten der Rohling durch eine zusätzliche Drehung weiter geschaltet werden muß.

a) Die Zahnstange als Werkzeug.

Wälzhobeln. Für Evolventenzähne ist die Herstellung durch Zahnstange sehr günstig, da ihre Flanken gerade sind und die zu erzeugende Evolventenflanke bei Außenverzahnung erhaben ist und somit durch die geraden Zahnstangenflanken eingehüllt werden kann. Für Innenverzahnung mit Evolventenflanken und für Zykloidenflanken im allgemeinen ist ein geradflankiges Werkzeug unbrauchbar. Nur der erhaben gekrümmte Zahnkopf mit seiner Epizykloide wäre durch gerade Schneide herstellbar.

Leistungsfähig und genau ist das Wälzhobelverfahren nach MAAG. Aus der Zahnstange wird der Kammstahl, Abb. 2.43, der mit dem Freiwinkel α' und auf der Spanfläche zur Verbesserung des Spanwinkels mit einer Hohlkehle neben der Schneide versehen ist. Wie bei Formfräsern wird der wirksame Freiwinkel α'' an der Flanke geringer. Wird der Kammstahl unter $\delta = 6° 30'$ geneigt in den Hobelschlitten eingespannt, so hobelt die Kopfschneide mit einem Freiwinkel $\alpha' - \delta = 5° 30'$, wenn $\alpha' = 12°$ beträgt. Damit das Schneidzahnprofil senkrecht zur Schneidrichtung den Eingriffswinkel $\alpha_0 = 15°$ erhält, muß der Flankenwinkel am Werkzeug auf $\alpha_0' = 14° 55'$ ermäßigt werden nach der Beziehung $\operatorname{tg}\alpha_0' = \operatorname{tg}\alpha_0 \cos\delta$. Der Kammstahl wird auf Spezialmaschinen hergestellt nach den Angaben der Firma mit Toleranzen von $\pm 1\,\mu$ für die Ebenheit der Flanken, von $1'$ für den Winkel und von 2 bis $7\,\mu$ Teilgenauigkeit je nach Modulgröße.

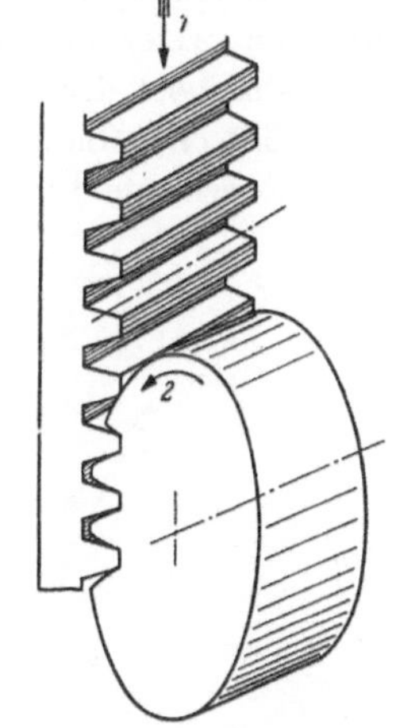

Abb. 2.42. Die nach unten laufende (Wälzbewegung *1*) Zahnstange wälzt die Zahnlücke des im Gegenzeigersinne (Wälzbewegung *2*) sich drehenden, plastischen Rohlings aus. Auf dem Wälzkreis ist die Umfangsgeschwindigkeit des Rohlings gleich der Verschiebungsgeschwindigkeit der Zahnstange. Dort erscheint der Eingriffswinkel α_0 der Zahnstange als Wälzwinkel.

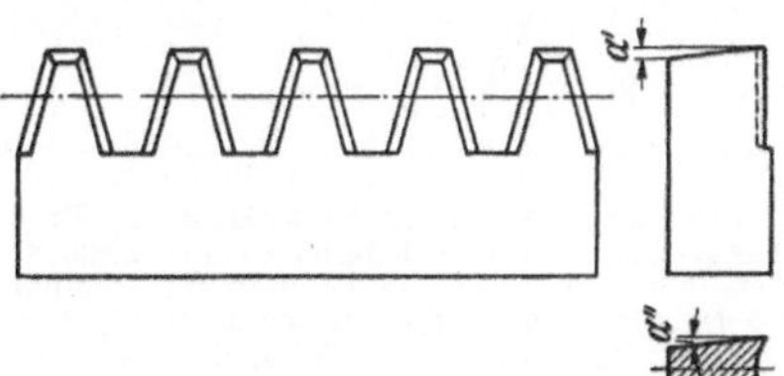

Abb. 2.43. Kammstahl nach MAAG.

In der *Maag-Hobelmaschine* führt das Werkstück die ganze Wälzbewegung, also Drehung und Längsverschiebung, allein aus, ähnlich Abb. 2.44, während der Kammstahl die Schneidbewegung in Richtung der Werkstückachse vollzieht. Die Teilbewegung erfolgt absatzweise beim Rückgang des abgehobenen Stahles. In Sonderfällen gibt man dem Kammstahl die Anzahl von Schneidzähnen, die der gewünschten Zähnezahl des Werkstückes entspricht. Dann ist keine Teilbewegung erforderlich. Im allgemeinen jedoch kann der Kammstahl nur eine Gruppe von Zähnen durchlaufen. Danach wird das Werkstück in die Anfangslage zurückgeführt, während seine Drehbewegung sowie die Schneidbewegung des Stahles abgestellt sind. Es wird nun zur nächsten Zahngruppe geteilt, und das Spiel beginnt von neuem.

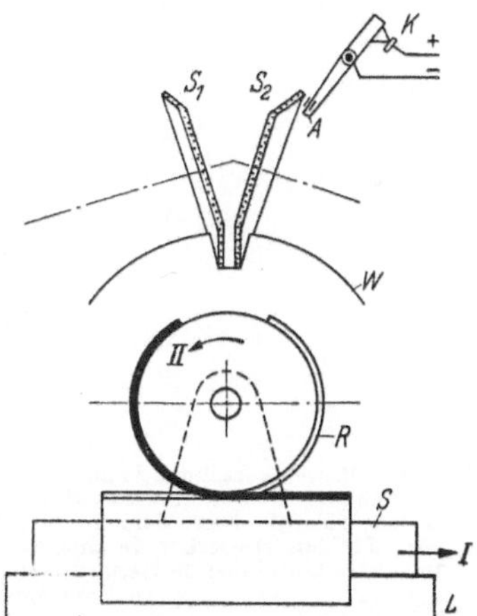

Abb. 2.44. MAAG-Schleifmaschine. Beide Wälzbewegungen werden bei der MAAG-Maschine vom Werkstück ausgeführt, indem der Werkzeugschlitten nach *I* geradlinig verschoben wird und sich das Werkstück nach *II* um seine Achse dreht. Bewegung *I* wird beim Hobeln durch Abwälzen an einer Zahnstange erreicht. S_1, S_2 Schleifscheiben mit schmalem Rand, *W* Werkstück, *L* Längsschlitten, *S* Wälzschlitten, *R* Rollbogen, *A* Abziehdiamant mit Schaltrelais *K*.

7*

Mit dem geraden Kammstahl können auf der Maschine auch beliebige Schrägverzahnungen geschnitten werden.

Sferoid-Verzahnung mit Messerköpfen. Bei der Sferoid-Verzahnung der Firma Klingelnberg wird *ein* Zahnstangenzahn zur Erzeugung verwendet. Seine Flanken werden von den Schneiden zweier Messerköpfe gebildet, von denen der eine die rechte, der andere die linke Flanke einer Zahnlücke des Werkstückes fräst. Das Verfahren ist für Stirn- und Kegelräder möglich (Abb. 2.55). Die Schneidmesser sind wechselweise an den Messerkörpern angeordnet, so daß beide Messerköpfe durch dieselbe Zahnlücke gehen können. Der leitende Gedanke des Verfahrens

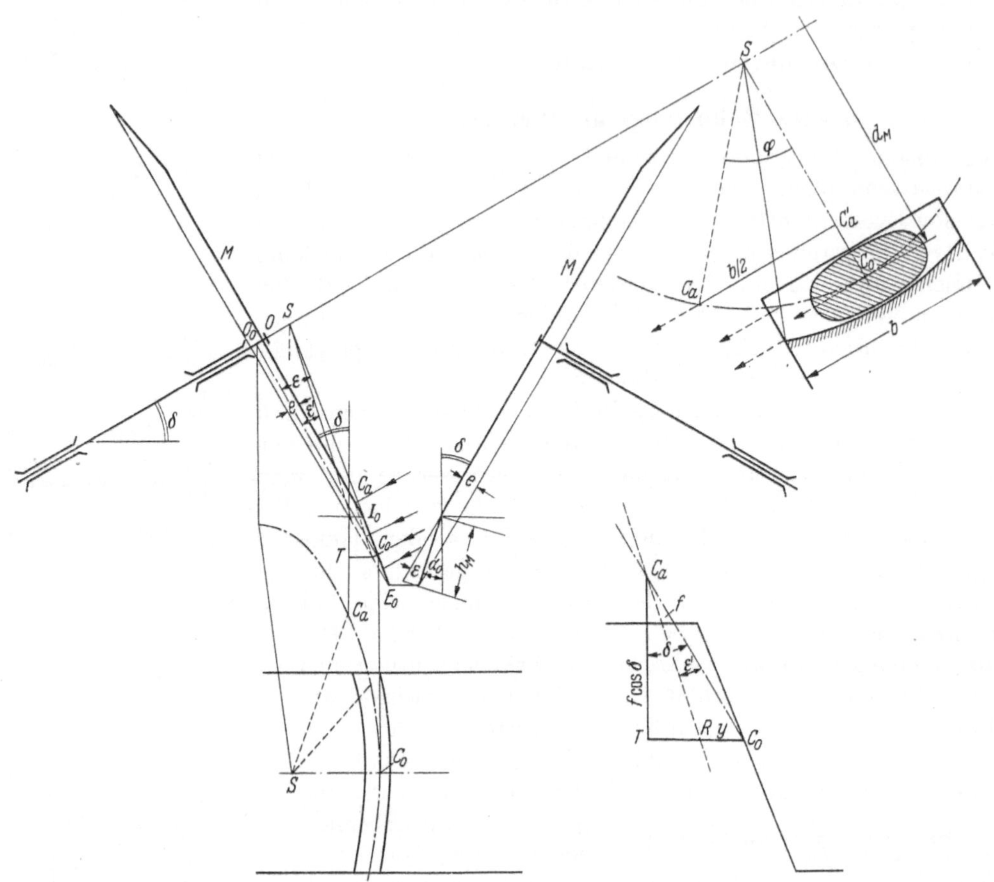

Abb. 2.45. Sferoid-Verzahnung mit einem Messerkopf für jede Flanke. Hohlkegelmantellinie SC_0 erzeugt mit Messer I_0E_0 die Breite der Verzahnung. Die Flanke wird auf die Breite $C_aC_a' = b/2$ um das Maß y zurückgesetzt. Das Messer geht dabei aus der Lage SC_0 in die Lage SC_a, d. h. aus Winkel ε wird ε'. ,,Balliges'' Tragbild rechts schraffiert. Bei einem Drehungswinkel φ wird die Pfeilhöhe $C_0C_a = f$ für den Messerkopfdurchmesser d_M: $f = d_M/2 \cdot (1 - \cos\varphi)$, wobei $\sin\varphi = b/d_M$. (Rad ist fälschlich schmaler als b gezeichnet, um die Linien zu trennen.) Im linken Bild ist Winkel $I_0E_0O_0 = \varepsilon$. $\operatorname{tg}\varepsilon = e/h_M$. ($h_M$ Messerhöhe). Winkel $SC_aO_0 = \varepsilon'$. $\operatorname{tg}\varepsilon' = e/h_M\cos\varphi$. $y = C_0R = C_0T - RT = f(\sin\delta - \cos\delta \cdot \operatorname{tg}(\delta - \varepsilon'))$.

ist die Schaffung eines ,,Ballenträgers'' über die Zahnbreite (Abb. 2.45, rechts oben). Die Wälzbewegung wird auch hier vom Werkstück allein durchgeführt. Die Messerköpfe machen keine Vorschubbewegung über die Zahnbreite, der Zahngrund wird infolgedessen kreisförmig. Durch den im Verhältnis zur Zahnbreite großen Messerkopfdurchmesser ist der Kreis jedoch sehr flach. Die Schneide der Erzeugungsflanke bewegt sich auf einem Hohlkegel, dessen Mantellinie sie bildet. Aus der geometrischen Darstellung (Abb. 2.45) ist ersichtlich, daß die Schneiden von der Zahnmitte aus nach den Seiten die Lücke verbreitern, und zwar um das Maß y der Balligkeit.

$$y = f(\sin\delta - \cos\delta \operatorname{tg}(\delta - \varepsilon')). \tag{2.71}$$

Die Größe der Balligkeit ist demnach durch die Neigung δ der Messerkopfwellen und durch den Winkel ε bestimmt, der von den Schneidflanken und der Senkrechten zur Drehachse gebildet wird. Nach dem Ausdruck der Gl. (2.71) wird die Zurücknahme der Flanke von der Größe $f \sin \delta$ dadurch vermindert, daß durch Höherkommen des Schneidzahnes an der Seite dort der schmalere Kopfteil die Lücke bildet. Der Flankenwinkel $\alpha_0 = \delta - \varepsilon$ in der Mitte des Werkstückrades verringert sich auf $(\delta - \varepsilon')$ an den Seiten. Bei einer Breite $b = 40\,\mathrm{mm}$, dem Messerkopfdurchmesser $d_M = 650\,\mathrm{mm}$, $\delta = 30$ und $\varepsilon = 10°$ erreicht die Balligkeit y den Wert von etwa $0{,}1\,\mathrm{mm}$. Der Messerkopf mit 32 Messern erlaubt Schnittgeschwindigkeiten bis zu $70\,\mathrm{m/min}$. Die Leistung der Maschine ist demnach sehr hoch.

Nach dem Durchwälzen einer Zahnlücke erfolgt der Rücklauf des Werkstückes und die Teilung auf die nächste Zahnlücke.

Schleifen. In den Schleifwälzverfahren werden die erzeugenden Flanken durch eine oder zwei Schleifscheiben gebildet, auch hier bleibt von der Erzeugungszahnstange also nur *ein* Zahn. Abgesehen von der Zahl der verwendeten Schleifscheiben unterscheiden sich die verschiedenen Schleifverfahren auch noch durch die Scheiben*form*, ob nämlich eine breite oder schmale Schleiffläche arbeitet.

Nach den Gesetzen des Wälzens mit einer Zahnstange (siehe Paarung mit Zahnstange, Abb. 1.57) wird auf den Radwälzkreis d_w der Erzeugungseingriffswinkel α_0 übertragen. Soll nun am Radteilkreis d_0 ein von α_0 abweichender Pressungswinkel α_t entstehen, so ist der Grundkreis des Rades [Gl. (1.34)] $d_0 \cos\alpha_t$ oder durch den Kreis d_w ausgedrückt $d_w \cos\alpha_0$; $d_g = d_w \cos\alpha_0 = d_0 \cos\alpha_t$. Mithin ist die Maschine auf den Wälzkreis d_w einzustellen.

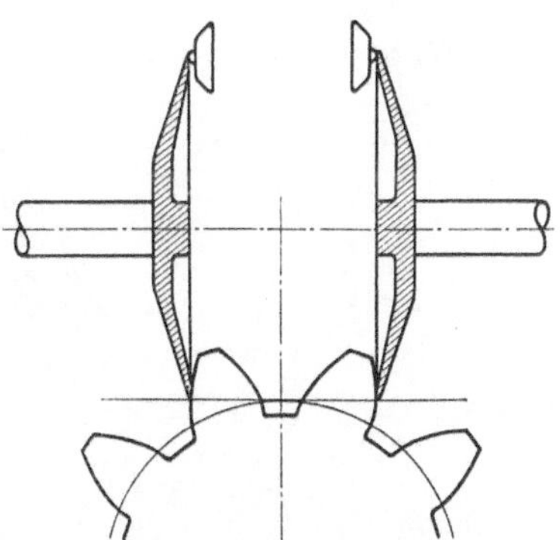

Abb. 2.46. 0°-Schleifen nach MAAG. Grundkreis gleich Erzeugungswälzkreis.

$$d_w = d_0 \cos\alpha_t / \cos\alpha_0. \tag{2.72}$$

Der Radeingriffswinkel am Teilkreis ist praktisch also unabhängig vom Erzeugungseingriffswinkel der Schleifscheibe. Dies wird beim 0°-Schleifen (Abb. 2.46) von MAAG ausgenutzt.

Die Wälzbewegungen wie auch die Vorschübe über die Zahnbreite werden wie beim Hobeln vom Werkstück ausgeführt. Die beiden Wälzbewegungen, nämlich die Drehung des Tisches und die geradlinige Verschiebung des Werkstückes längs des Erzeugungszahnes werden durch Wechselräder (Niles-Schleifmaschine) oder durch Rollbogen der Maag-Schleifmaschine (Abb. 2.44) zueinander abgestimmt. Bei allen Maschinen wird auf die nächste Zahnlücke durch Drehung des Werkstückes beim Umschalten der Wälzbewegung geteilt.

Für die besonderen Merkmale der Verfahren gilt folgendes:

1. Bei der Niles-Schleifmaschine bildet die verwendete Schleifscheibe einen vollen Erzeugungszahn. Er wird etwas dünner gehalten als die Lückenweite und schleift mit der *einen* Seite beim Hingang des Werkstückes die *eine* Flanke und nach Betätigung eines Spielausgleiches bei der Umsteuerung im Rückgang die *andere* Flanke des Werkstückes mit der anderen Scheibenseite.

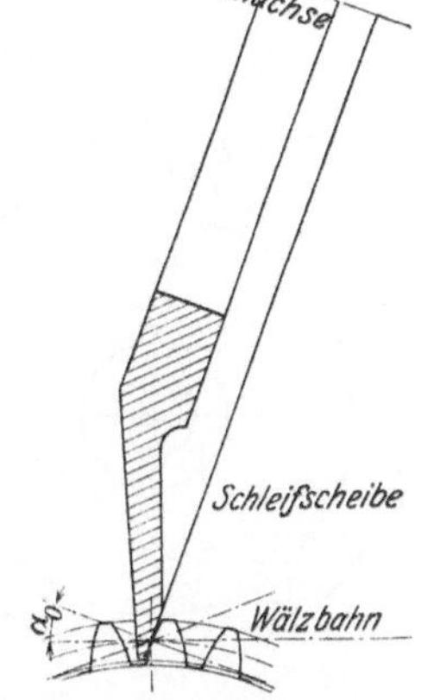

Abb. 2.47. Schleifscheibe mit breiter Schleiffläche.

2. Die Maschine von Lees-Bradner, Cleveland, schleift mit großer Schleifscheibe von 750 mm Durchmesser (Abb. 2.47) bis zum Raddurchmesser von 300 mm und 40 mm Zahnbreite mit breiter Schleiffläche, welche die ganze Zahnfläche in Höhe und Breite überdeckt. Die Linienberührung der Schleifscheibe über die ganze Zahnbreite und der nicht zu weiche Stein erfordern hohen Anpreßdruck. Es muß deshalb naß geschliffen werden. Die Abnutzung des großen Steines bleibt gering. Zur Bearbeitung der zweiten Flanke muß das Werkstück umgespannt werden.

3. Bei der Stirnradschleifmaschine von MAAG, die ein Erzeugnis von Weltruf darstellt, schleifen zwei kleinere Tellerscheiben gleichzeitig beide Zahnseiten. Die Maschine ist für beliebige Zahnbreiten verwendbar, die größte Maschine schleift Räder bis zu einem Teilkreisdurchmesser von $3{,}5\,\mathrm{m}$. Der 2 mm breite Rand der Schleifscheibe berührt die Zahnfläche nur an zwei Stellen in

winziger Länge, die den gleichen Werkstückdurchmesser haben. Durch Bewegung des Werkstücktisches oder des Schleifscheibenschlittens wird der Zahn in der ganzen Breite geschliffen. Die verbleibenden schwachen Schleifriefen des wandernden Scheibenumfanges durchkreuzen sich und verleihen der Zahnflanke das Aussehen des „Kreuzschliffes" (Abb. 2.48). Auch bei Abnutzung bleibt die Schleifauflage eben. Ein Fühlhebel tastet nach je 5 sek den Schleifrand ab und bewirkt eine Nachstellung der Tellerscheibe, sobald die Abnutzung den Betrag von $1\,\mu$ erreicht hat. Die Maschine arbeitet mit Trockenschliff, da der geringe Schleifdruck und die große Fläche der Wärmeausstrahlung durch die ganze Flanke keine wesentliche Temperaturerhöhung ergibt. Der Stein braucht infolge der sicheren Nachstellung nicht sehr hart zu sein; das bedeutet eine hohe Schleifleistung.

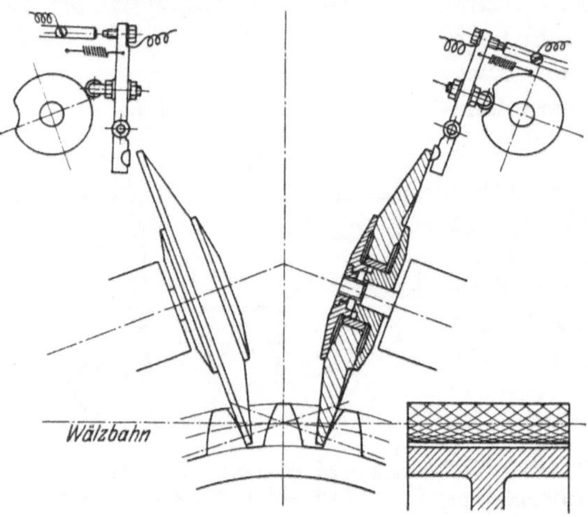

Abb. 2.48. Schleifen mit schmalem Schleifrand unter $\alpha_0 = 15°$ nach MAAG, Kreuzschliff.

Das 0°-Schleifen für größere Serien (Abb. 2.46) bringt eine Verkleinerung des Wälzweges und vor allem einen kürzeren Vorschubweg über die Zahnbreite hin, da die Schleifscheibe nur an *einem* Punkt angreift. Dadurch, daß die Umschaltung der Wege schon in der Endstellung der Scheibe beginnen kann, wird an diesen Stellen etwas mehr abgenommen.

Es entsteht also in der Zahnhöhe und Breite ganz von selbst eine gewisse Balligkeit. Beim normalen Maschinenschleifen kann die Wälzbewegung auch durch eingesetzte Kurven so beeinflußt werden, daß eine stets wiederholbare Kopf- und Fußkorrektur der kinematischen Evolventenform erfolgt. Ebenso ist „Längsballigkeit" durch Verwendung besonderer Zusatzvorrichtungen im Schliff erreichbar.

Es ist auch neuerdings eine Maschine zum Schleifen von Innenverzahnungen von MAAG entwickelt worden.

Am Zahnfuß muß die Schleifscheibe Auslauf haben, um einen Absatz zu vermeiden. Dies läßt sich durch eine nach dem Fuß sich verjüngende Schleifzugabe oder durch eine Aushöhlung des Fußes wie bei einem Schleifstich erreichen.

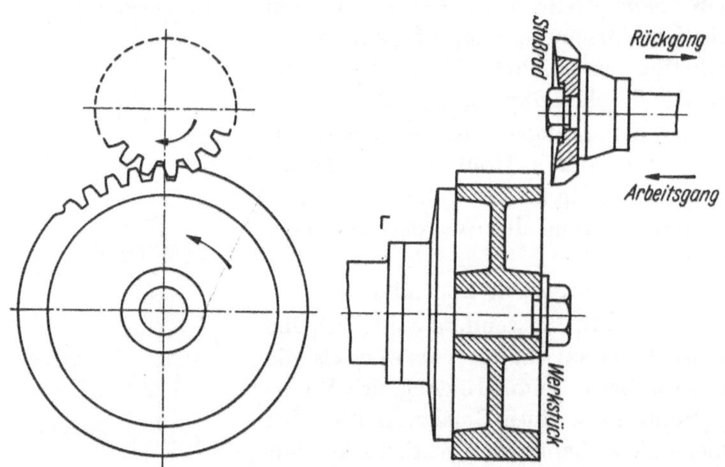

Abb. 2.49. Das Zahnrad in Form eines Schneid- oder Stoßrades als Erzeugungswerkzeug, Fellow-Stoßverfahren.

b) Das Zahnrad als Werkzeug.

Wird ein Zahnrad als Wälzwerkzeug verwendet, Abb. 2.49, so besteht die Wälzbewegung in einer Drehung von Schneidrad und Werkstück im Verhältnis der Zähnezahlen. Die Schneidbewegung erfolgt als Stoßbewegung, weshalb das Schneidrad auch als Stoßrad bezeichnet wird. Beim Rücklauf weicht das Werkstück seitlich aus, so daß das Werkzeug frei durch die Lücke geht. Als Vorschub wirkt eine zum Werkstück radiale Bewegung, die das Schneidrad allmählich auf volle Tiefe des Zahnes kommen läßt. Das Verfahren wird auch vielfach als Fellow-Verfahren nach der amerikanischen Firma, die das Verfahren im wesentlichen entwickelte, bezeichnet. Der Schnitt gibt eine gute Oberflächengüte, die Leistungsfähigkeit des Verfahrens ist durch

Erhöhung der Hubzahlen des Werkzeuges auf mehr als 500 Doppelhübe/min ständig gesteigert worden. Dabei braucht es nur ganz geringen Auslauf, und das Verfahren kann daher zum Schneiden von Rädern der Schiebeblöcke wie sogar für echte Pfeilverzahnungen vorteilhaft verwendet werden. Aus diesem Grunde, und weil hohle Flanken nicht von geraden Flanken geschnitten werden können, werden auch Innenverzahnungen fast ausschließlich mit Schneidrad gestoßen.

Die Schneidräder sind nach DIN E 1825 bis 1829 genormt. Bei ihnen ist hiernach ein Spanwinkel von 5° vorgesehen. Durch den Hinterschliff wird der Kopfdurchmesser nach oben verringert. Mit wachsendem Abschliff, der auf Spezialmaschinen an der Spanfläche erfolgt, wird also der Durchmesser des Schneidrades geringer, zulässig bis Modul 4 sind 0,1 mm, bis Modul 8 nach DIN E 1829 0,2 mm. Durch einen besonderen Hinterschliff der Flanken wird außerdem der Zahn in der Schneidrichtung an beiden Flanken um je 2° verjüngt. Das in Abb. 2.49 dargestellte Scheiben- oder Tellerschneidrad wird für Modul 1 bis 8 geliefert und am meisten verwendet.

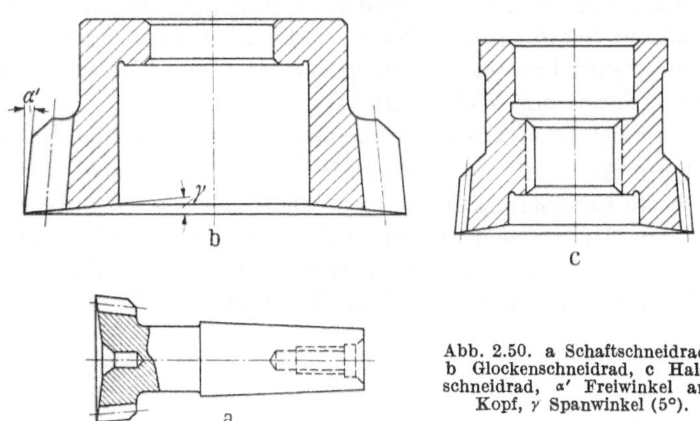

Abb. 2.50. a Schaftschneidrad, b Glockenschneidrad, c Halsschneidrad, α' Freiwinkel am Kopf, γ Spanwinkel (5°).

Wird der Auslauf für die Befestigungsmutter durch das Werkstück gehindert, so müssen Glocken-, Hals oder Schaftschneidräder (Abb. 2.50) Verwendung finden.

Es ist jedoch zu beachten, daß die Bildung des Zahnes durch ein *Schneidrad* beim Wälzen von der Erzeugung durch die *Zahnstange* abweicht, und zwar um so mehr, je kleiner die Zähnezahl des Schneidrades ist. Nach Abb. 2.51 ist das eingreifende Kopfstück des Schneidrades $C f$ auf der Eingrifflinie kürzer als bei einer eingreifenden Zahnstange. Dies wird dadurch ausgeglichen, daß man die Kopfhöhe des Schneidrades bei mittlerem Modul auf $5/4\,m$ erhöht gegenüber der Zahnstange (Kammstahl). Schwieriger liegen die Verhältnisse am Fuß des Schneidrades. Da innerhalb des Grundkreises keine Evolvente mehr besteht, wird der vom Schneidradfuß geschnittene Radkopf, also das Stück $N'B'$, nicht mehr evolventisch. Um das Stück $N'B'$ möglichst kurz zu halten, sind Eingriffswinkel unter 20° kaum gebräuchlich.

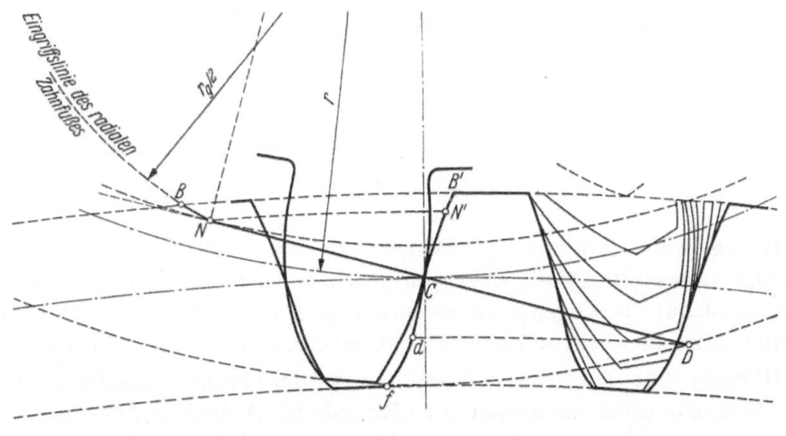

Abb. 2.51. Bildung des Zahnes am Werkstück beim Auswälzen durch ein Stoßrad.

Hierbei arbeitet ein 24zähniges Schneidrad noch Hohlradzähne bis zur Mindestzähnzahl von 40 in normaler Kopfhöhe vollkommen aus. Besondere Schwierigkeiten können sich ergeben, wenn Räder, die auf andere Weise z. B. mit Kammstahl geschnitten sind, mit solchen gepaart werden, die mit Schneidrad ausgewälzt wurden. Im allgemeinen vermeidet man das.

Zum Stoßen von Schrägverzahnungen muß ein Schneidrad verwendet werden, daß dieselbe Größe des Schrägungswinkels, aber bei Außenverzahnung andere Steigungsrichtung trägt. Durch eine Führungshülse wird die Werkzeugspindel in der Maschine schraubenförmig auf und ab bewegt. Die Umständlichkeit der Werkzeughaltung erlaubt das Schneiden von Schrägverzahnungen nur für größere Fertigungsreihen.

c) Die Schnecke als Werkzeug.

Wegen seiner Vielseitigkeit stark verbreitet ist das Wälzfräsen mit schneckenförmigem Wälzfräser. Zum vollen Verständnis gehört die Theorie der Schnecke, das Verfahren wird deshalb
im 2. Band behandelt.

3. Die Herstellung von Kegelrädern.

Bei geradverzahnten Kegelrädern verjüngt sich die Zahnlücke nach der Kegelspitze zu,
deshalb ist bei ihnen nur einseitige Flankenbearbeitung möglich, wobei das Werkzeug schmaler
als die engste Lückenweite zu halten ist. Auch hier sind, wie bei der Bearbeitung von Stirnrädern, Form- und Wälzverfahren möglich.

Formverfahren: Fräsen, Hobeln mit Schablone und Räumen.

Formfräsen. Mit Formfräsern lassen sich Kegelräder nur näherungsweise richtig verzahnen.
Die beste Annäherung erhält man, wenn die Zähne des Kegelrades gleich hoch gemacht werden
und die Flanke des Werkzeuges der Innenflanke mit ihrer stärkeren Krümmung entspricht.
Da jede Flanke eine andere Winkeleinstellung des Werkzeuges erfordert, müssen die Flanken
nacheinander bearbeitet werden. Das Verfahren ist deshalb nur hilfsweise zu brauchen.

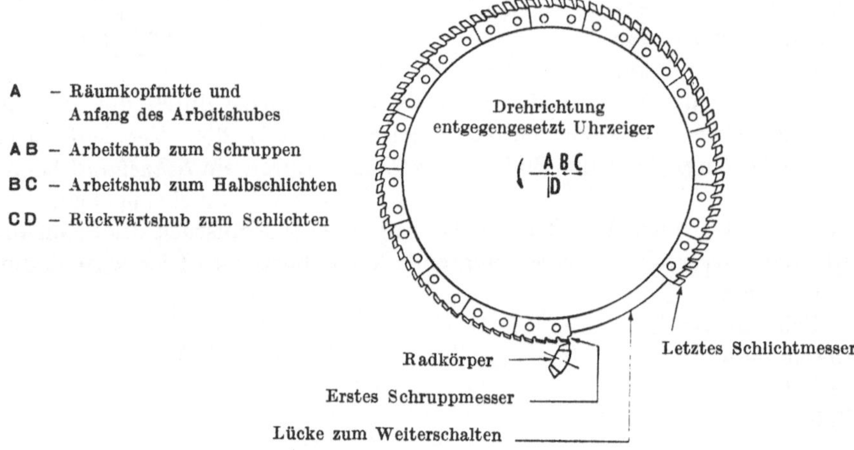

Abb. 2.52. Werkzeug der Gleason-Räummaschine für geradzahnige Kegelräder mit Ballentragen.

Hobeln mit Schablone. Der Werkzeugschlitten wird von einer Blechschablone, auf der die
Zahnform wesentlich vergrößert ausgearbeitet ist, geführt. Die Bewegung des abgerundeten
Stahles ist auf die Kegelspitze zu gerichtet. Das Werkstück steht während des Arbeitens vollkommen fest. Es wird von Zahn zu Zahn geteilt. Das Verfahren ergibt richtige Zähne am Kegelrad.

Räumen. Für sehr große Stückzahlen ist von GLEASON ein Räumautomat entwickelt worden.
Als Werkzeug dient ein kreisrunder Räumkopf (Abb. 2.52), der die Zahnlücke in gleichmäßiger
Drehung erst mit kurzen Messern schruppt und dann mit Messern, deren Länge der Zahntiefe
entspricht, schlichtet. Der Räumkopf wird mit einer Kurve am Radkörper entlang geführt, und
zwar so, daß die Zähne in der Breitenrichtung ballig werden.

Wälzverfahren für geradzahnige Kegelräder. An Stelle der Zahnstange tritt bei Kegelrädern
das Erzeugungsplanrad. Die Wälzbewegung besteht in der Drehung dieses Planrades und des
Rohlings gegeneinander im Verhältnis der Zähnezahl des Rohlings zur Zähnezahl des Planrades. Es werden allgemein gerade Flanken des Schneidwerkzeuges, also ein geradflankiges
Planrad, verwendet.

Das Wälzverfahren wurde zuerst von BILGRAM 1885 ausgeführt. Ein auf fester Führung
hin- und hergehender Hobelstahl mit gerader Schneide besorgt beim Vorwärtsgang den einseitigen Flankenschnitt, während beim leeren Rücklauf eine Teilvorrichtung den Rohling um
eine Teilung weiter schaltet und gleichzeitig eine kleine Wälzbewegung vorgenommen wird.

Auf diese Weise kommt der Stahl allmählich vom Zahnkopf bis zum Lückengrund. Nach vollendeter Wälzung ist eine Flankenseite am ganzen Radumfang fertiggeschnitten. Das Wälzen des Rohlings erfolgt durch Schwenken der Radachse AA (Abb. 2.53). Dabei rollt ein eigener Wälzkegel, der dem Wälzkegel des Rohlings entspricht, durch Stahlbänder auf der Planfläche (im Sinne von Abb. 2.44) und überträgt seine Drehbewegung durch die Radachse auf das Werkstück.

Bei neueren Maschinen (Heidenreich und Harbeck, Gleason) hobeln zwei Schneidstähle gleichzeitig die beiden Flanken eines Zahnes bis zur Fertigstellung; nach erfolgter Drehung des Rohlings um eine Zahnteilung wird alsdann die Bearbeitung des folgenden Zahnes aufgenommen. Die Wälzdrehungen werden durch Wechselräder hervorgerufen.

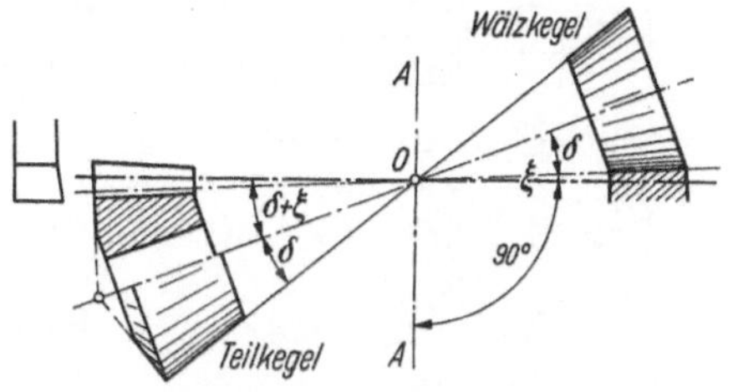

Die Maschinen sind mit einem Satz von Rollkegeln ausgerüstet. Beim Schneiden eines Rades, dessen Kegelwinkel einen Zwischenwert aufweist, muß man sich mit der Annäherung durch den nächst *kleineren* Rollkegel begnügen.

Abb. 2.53. Hobeln auf der Bilgram-Maschine. Planradmitte O, Wälzkegelwinkel um ξ kleiner als Teilkegelmantel.

Nach dem System *Warren* werden Messerköpfe mit ebenen Schneiden verwendet. Zwei solcher Köpfe bearbeiten gleichzeitig Rechts- und Linksflanke (Abb. 2.54). Sie werden mit langsamem Vorschub entlang der Fußkante durch die ganze Radbreite geführt. Senkrecht zu dieser Bewegung wird ihnen eine hin- und herschwingende Wälzung erteilt, so daß nach dem

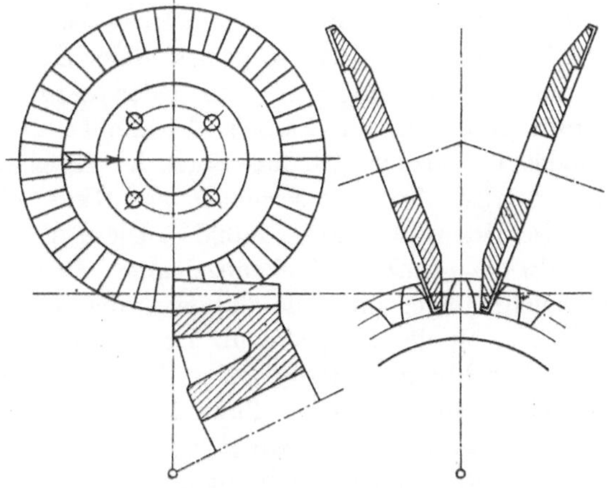

Abb. 2.54. Fräseranordnung der Warren-Maschine.

Fräserdurchgang eine rechte und eine linke Flanke fertiggestellt sind.

Auch die *Sferoid*-Verzahnung mit ihrem balligen Breitentragen wird für Kegelräder verwendet (Abb. 2.55). Die Wälzbewegung besteht aus einer

Abb. 2.55. Erzeugung eines Kegelrades mit Sferoid-Verzahnung.

Drehung des Rohlings in der Planradebene, in der die schneidenden Messer wirken, und in einer Drehung des Planrades. Für die Wirkungsweise gelten die Überlegungen, wie sie im vorigen Abschnitt bei der Sferoid-Verzahnung für Stirnräder gegeben wurden.

4. Läppen der Zahnräder.

Früher ließ man die Getriebe mit Schmirgel in eingebautem Zustande einlaufen. Durch die verschiedene Gleitung in der Zahnhöhe — im Wälzkreis ist sie null — wird jedoch die Flanke hierdurch ungleichmäßig abgeschliffen. Um diese Fehler zu vermeiden, werden die Räder *geläppt*, d. h., die paarweise miteinander laufenden Räder, die später zusammen eingebaut werden, laufen unter einem Strom von Läppflüssigkeit bei einer gleichzeitigen Zusatzbewegung der Achsen, die eine Gleitung auch im Wälzkreise hervorruft. Das Rad wird leicht gebremst, so daß in der einen Drehrichtung die linke und dann in der anderen Drehrichtung die rechte Flanke geläppt wird. Als Läppflüssigkeit wird meist Öl mit Korundstaub gebraucht. Durch das Läppen soll die Oberflächengüte verbessert werden. Äußersten Falles können auch kleine Härteverzüge beseitigt werden.

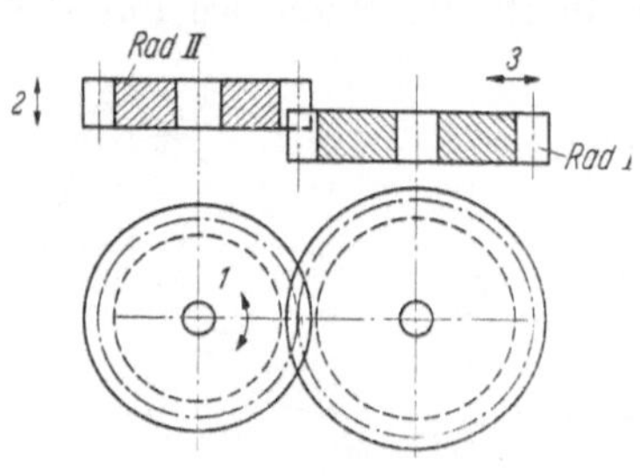

Abb. 2.56. Dreifachläppverfahren nach WERNER.

Die verschiedenen Verfahren unterscheiden sich lediglich durch die Art der Zusatzbewegung. Im *Dreifachläppverfahren* von WERNER (Abb. 2.56) erfolgt zu der Drehung als Bewegung *1* noch eine axiale Bewegung *2* und eine radiale Bewegung *3*.

Bei dem *Schwingungsläppen* von KLINGELNBERG soll an den Enden der Zahnbreite mehr weggeläppt werden als in der Mitte (Breitenballigkeit). Hierzu wird nach Abb. 2.57 dem treibenden Ritzel *I* eine räumliche Taumelbewegung (Pfeil *1*) und eine radiale Hubbewegung senkrecht zu seiner Mittellage (Pfeil *II*) gegeben, während das getriebene Rad eine ebene Schwenkbewegung (*3*) und eine axiale Verschiebung (*4*) erhalten kann.

Die einzelnen Bewegungen sind untereinander so gekoppelt, daß sie in bestimmter Reihenfolge verlaufen; ihre Größen sind einstellbar.

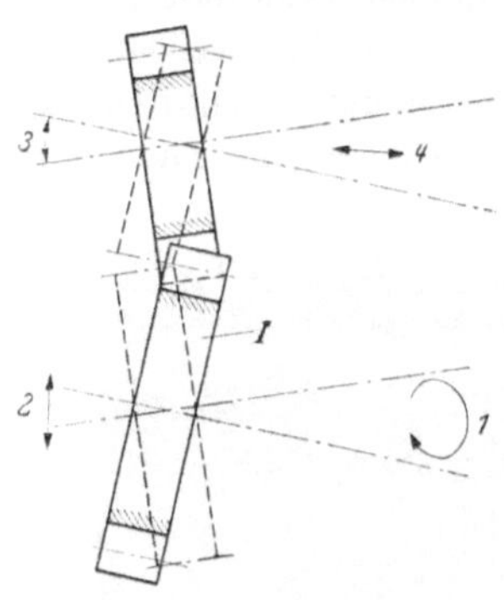

Abb. 2.57. Schwingungsläppen nach KLINGELNBERG.

Einfluß der Wiederholung des Zahneingriffes beim Läppen. *Wiederholungsfaktor.* Das Läppen ist als Einlaufvorgang davon abhängig, wie die einzelnen Zähne von Ritzel und Rad miteinander zum Eingriff kommen. Bei dem Übersetzungsverhältnis $i = 1$ kommt jeder Zahn des treibenden Rades immer wieder mit demselben Zahn des getriebenen Rades zum Eingriff. Ist $i = 5$, so geht also der Umfang des Ritzels 5mal in dem Radumfang auf, und jeder Zahn des Ritzels kämmt mit fünf verschiedenen Zähnen des Rades. Nach einem Umlauf des Rades wiederholt sich das Spiel des Eingriffes der Zähne. Beim Läppen wird also gewissermaßen am Ritzel eine Angleichung an fünf verschiedene Radzähne gebildet. Diese Art des Eingriffes sei als „*Wiederholungszahl 5*" gekennzeichnet. Je höher diese Zahl ist, desto gleichmäßiger muß die Läppwirkung werden, desto länger wird jedoch auch die Läppzeit. In Abb. 2.58 ist der Eingriff der Zähne bei einem Getriebe 6 : 10 in der Abwicklung dargestellt. Der Eingriff beginnt mit dem Kämmen von Zahn *1* bei Rad und Ritzel. Verfolgt man nun Zahn *1* des Ritzels, so sieht man, daß derselbe Zustand wieder nach drei Umläufen des Rades eintritt und daß dieser Ritzelzahn *1* insgesamt mit fünf verschiedenen Radzähnen gekämmt hat, nämlich den

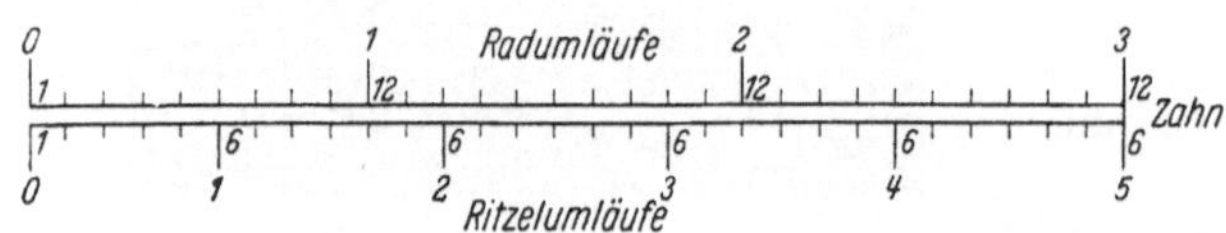

Abb. 2.58. Abwicklung eines Getriebes 6/10. Wiederholungszahl 5.

Zähnen *1*, *7*, *3*, *9* und *5*. Die allgemeine Bestimmung der Wiederholungszahl ist also die, daß bei einem Übersetzungsverhältnis $i = z_2/z_1 = c_2/c_1 = 10/6 = 5/3$ dieses durch die Zahlen $c_2 = 5$ und $c_1 = 3$ auszudrücken ist, die keinen gemeinsamen Faktor untereinander haben, und daß dann c_2 die *Wiederholungszahl* ist, während c_1 die Anzahl der Radumläufe angibt, nach denen das Kämmen derselben Zähne miteinander wieder von neuem beginnt.

Das Schaben der Zahnräder. Die Oberflächengüte weicher Zahnräder kann durch Schaben verbessert werden. Da das Verfahren auf Schrägverzahnung beruht, wird es im 2. Band behandelt.

5. Warmbehandlung und Härteverfahren für Getrieberäder.

Hochbeanspruchte Räder müssen zur Erhöhung der Verschleißfestigkeit an den *Flanken* und zur Erhöhung der Dauerbruchfestigkeit im *Zahngrund* gehärtet werden. Aus wirtschaftlichen Gründen, wenn die Verzahnung geschliffen werden kann, und sonst zur Beibehaltung der Genauigkeit, dürfen beim Härten nur geringe Härteverzüge entstehen. Hierzu dient die

Verwendung bestens durchgeschmiedeter Rohlinge und ein Normalglühen vor der Bearbeitung. Muß bei kleinen Stückzahlen Walzmaterial verwendet werden, so muß die Richtung der Walzfasern parallel der Radachse gelegt werden. Besonders zweckmäßig, aber teuer, ist ein Glühen nach dem Schruppen der Verzahnung, das die Bearbeitungsspannungen verschwinden läßt. Beim Härten selbst soll der Kern zäh bleiben. Nicht nur die Temperaturen beim Glühen, sondern auch die Erwärmungszeiten bzw. Abkühlungsgeschwindigkeiten sind dem Werkstoff entsprechend nach den Härtevorschriften genauestens einzuhalten. Es kommen folgende Verfahren in Frage: 1. Werkstoffveränderungen an der Oberfläche durch Zufuhr von Kohlenstoff oder Stickstoff bei erhöhter Temperatur; das letztere Verfahren, als Nitrierverfahren bekannt, wird selten angewendet. 2. Oberflächenhärtung, d. h. örtliche Erwärmung einer dünnen Randzone und unmittelbar anschließend deren Abschreckung.

1a. Aufkohlung durch Härtepulver. Einsatzhärtung. Die zu härtenden Räder werden in Einsatzkästen mit einem Kohlenstoff abgebenden Pulver, je nach dem C-Gehalt des Ausgangsstahles, zwischen 800° und 900° mehrere Stunden erwärmt. Der Kohlenstoff des Einsatzpulvers diffundiert dann in die Oberfläche, die „Einsatztiefe" läßt sich durch die Zeit der Glühung gut steuern. Nicht zu härtende Flächen werden mit Lehmpasten abgedichtet, so daß sie keinen Kohlenstoff aufnehmen. Schaftritzel sollen, soweit die Ofengröße es irgend zuläßt, senkrecht eingesetzt werden, weil liegend die Aufkohlung an der Unterseite stärker wird und dann starker Verzug des Schaftes eintritt. Radkörper sind im Einsatzkasten sorgfältig abzustützen, vor allem an dünnen Wänden. Das Verfahren ist zwar umständlich, aber zuverlässig. Zur Verwendung gelangen zwar auch C-Stähle, ganz überwiegend aber legierte Stähle, z. B. C 15, 13 NC 14, 15 CMD 5, 25 CD 4, 16 MC 5, 35 MS 5.

1b. Wesentlich schneller erfolgt die Aufkohlung in *zyankalihaltigen Salzbädern.* Die hereingehängten Stücke nehmen aus dem Bad Kohlenstoff auf und erhalten gleichzeitig die nötige Härtetemperatur. Es werden meist Stähle mit etwas höherem C-Gehalt verwendet.

2. Oberflächenhärtung. Bei der Oberflächenhärtung wird der Zahn des Rades nur in einer gewünschten Tiefe auf Härtetemperatur erwärmt und anschließend abgeschreckt. Es wird so ein Zahn oder besser noch eine Zahnlücke nach der anderen gehärtet. Man spricht deshalb auch von Umlaufhärtung. Diese Verfahren kommen namentlich für große Räder in Betracht. Da der Radkörper nicht mit erwärmt wird, kann er sich auch nicht verziehen. Man kann auf die Verwendung legierter Stähle verzichten und kommt aus mit C 45 und C 60. Es empfiehlt sich jedoch, den Werkstoff vorher zu vergüten. Nach der Wärmequelle unterscheidet man

a) Brenngashärtung. Die Erwärmung erfolgt durch Brenner, die mit Azetylen oder Leuchtgas gespeist werden. Hinter dem Brenner folgt unmittelbar die Abschreckbrause.

b) Induktionshärtung. Die Erwärmung erfolgt durch eine wassergekühlte kupferne Heizschleife von der Form der Zahnlücke, die durch einen Strom von meist 10 kHz durchflossen wird und durch Induktionswirkung die Oberfläche des Werkstückes erhitzt. Auch hier folgt sofort die Brause.

3. Das OCe-Verfahren. Bei diesem Verfahren werden *OCe*-Stähle verwendet, die von RÖCHLING entwickelt wurden. Man benutzt die Eigenschaft von Manganzusätzen, deren Größe das Durchhärten, also die Tiefe der Härteschicht, beeinflußt. Für Zähne mit kleinerem Modul wird ein Stahl mit geringem, für Zähne größeren Moduls ein Stahl mit höherem Mangangehalt verwendet. Dadurch ist der Mangangehalt so abgestuft, daß der Kern nicht mitgehärtet wird.

Durchführung der Härtung bei Einsatzstählen. Das Abschrecken der Räder erfolgt zweckmäßig auf besonderen Härtemaschinen, besonders bei Rädern mit dünnwandigem Radkörper. Das Werkstück wird auf das Unterteil einer besonderen Härtematrize (Abb. 2.59) gelegt, die vor allem die Bohrung auf einem Ring zur Zentrierung aufnimmt. Der Strom des Kühlöles geht von innen aus gleichmäßig über das Rad. Die Strömungsquerschnitte sind nach der abzuführenden Wärmemenge an den verschieden starken Wandstärken des Radkörpers abgestuft. Durch diese gleichmäßige Wärmeabfuhr wird verhindert, daß das Rad die Kreisform verliert. Bei der Härtemaschine von KLINGELNBERG erfolgt nach dem eigentlichen Abschrecken der äußeren Schicht durch eine hydraulisch angedrückte Obermatrize eine Richtwirkung, durch die die Flächen eben bleiben.

6. Herstellungsfehler.

In der Norm DIN 3960 „Bestimmungsgrößen und Fehler an Stirnrädern" ist eine klare Darstellung der Fehler an Stirnrädern gegeben. Doch sind die Einzelfehler gruppenweise miteinander verbunden. Eine Abweichung des Grundkreises bedeutet gleichzeitig falschen Eingriffswinkel, außermittige Lage des Grundkreises wird durch Fehler in der Umfangsteilung als Teilungssprung angezeigt. Die Eingriffsteilung hängt mit der Flankenform zusammen.

Toleranzen und Passungen nach DIN. Nach DIN E 3961 sind die Toleranzen für Zahnräder bis Modul 10 und 1600 mm Teilkreisdurchmesser in ein Passungssystem gebracht, das sich im Aufbau an die Isa-Passungen für Welle und Bohrung anlehnt. Von den 12 vorgesehenen Qualitäten entspricht die Qualität 5 der Genauigkeit feingeschliffener Räder in laufender Fertigung, Qualität 8 kann beim sorgfältigen Fräsen der Verzahnung erreicht werden. In DIN 3962 Blatt 1 bis 4 sind die Einzel- und Sammelfehler für die verschiedenen Qualitäten festgelegt. So ist bei Modul 3 und 40 Zähnen ein Rundlauffehler von 20 bis 80 μ bei den Qualitäten 5 bzw. 8 zulässig. Bis zur Normung der Meßmethoden ist diese in den Angaben auch noch zu kennzeichnen. E Einzelmessung, s' und s'' Sammelfehler bei *Ein-* bzw. *Zwei*-Flanken-Wälzprüfung. Herstellern und Verbrauchern wird bei dem augenblicklichen Stand eine vorherige Einigung über die Meßmethode empfohlen.

Blatt DIN 3963 erhält auszugsweise die Zahndickenabmaße (für *einen* Zahn), die Zahnweitenabmaße (über *mehrere* Zähne) und die Wälzfehler zusammengefaßt nach „Toleranzfehlern". Diese sind von h bis c bezeichnet und bedeuten wie bei Lagerpassungen die Lage des Toleranzfeldes, die hier nur Werte unter dem Nennmaß zuläßt. Bei h ist das obere Abmaß 0, es wird absolut größer und erreicht bei c für Modul 3, Qualität 8 und bei 40 Zähnen — 160 μ. Es bedeutet also die Angabe $f8E$ für die Abmessungen

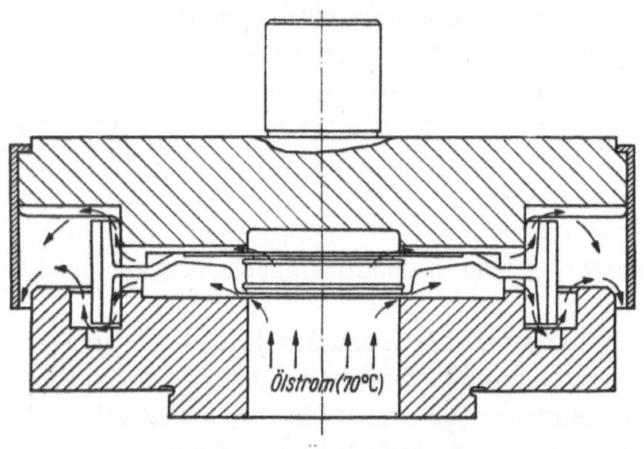

Abb. 2.59. Härtematrize. Der Ölstrom umfließt gleichmäßig das sehr dünnwandige Stahlrad eines Flugzeuggetriebes.

eines Zahnrades: f Lage des Toleranzfeldes, 8 Angabe der Qualität, E Einzelfehlerprüfung. Die Einzelheiten gehen aus den genannten Normblättern hervor. (Abb. 2.60.)

Genauigkeit der Herstellung. Am *Werkzeug* werden vom Hersteller geringste Toleranzen von Teilung und Flankenform erreicht. Diese Genauigkeit wird aber nur nutzbar, wenn bei Herstellung der Verzahnung eine entsprechende Sorgfalt beim Gebrauch des Werkzeuges waltet. Das Werkzeug muß genauestens *rund* laufen, sonst gibt es „Löcher" in der Zahnflanke des Rades. Noch ungünstiger wirken sich Taumelfehler aus, sie werden an der Meßuhr erkennbar, wenn diese den axialen Ausschlag des Werkzeuges erfaßt. Das Werkzeug muß ferner rechtzeitig und richtig *scharf geschliffen* werden. Ein stumpfes Werkzeug ergibt nicht nur schlechte Oberfläche sondern auch Verzerrungen durch erhöhte Schnittdrücke.

Das *Werkstück* ist ebenfalls auf Rundlauf genau auszurichten, meist geschieht dies nach dem Außendurchmesser. Dann bekommt die Verzahnung die gleiche Mitte wie dieser Bezugsdurchmesser und kann so auch richtig eingebaut werden. Es wird noch viel zu wenig von der Möglichkeit Gebrauch gemacht, das Werkstück *während* der Verzahnung am Außendurchmesser oder sonstigen Bezugsdurchmesser rund zu fräsen.

An der *Maschine* ist Rundlauf des Teilrades und aller Räder erforderlich, die den Zusammenhang der Wälzbewegungen untereinander bewirken. Besonderer Aufsicht bedürfen Wechselräder, die durch ihre fliegende Anordnung und durch häufiges Auswechseln leicht unrund laufen. Der Abnützungsgrad der Maschine ist ständig zu überwachen; denn selbst die zur Zeit genauesten Wälzlagerkonstruktionen ergeben eine Mittelpunktverschiebung im Lager von 3 μ. Ohne häufige Nachstellung treten daher sehr schnell unzulässige Abweichungen auf. Dasselbe gilt für die Spielfreiheit der Teilräder.

G. Gestaltung der Räder.

Die Gestaltung der Räder richtet sich nach ihrer Größe, dem verwendeten Werkstoff (Beanspruchung) und der vorhandenen Bearbeitungsmöglichkeit. Die meiste Überlegung erfordern Radkörper für gehärtete Räder, die ungeläppt oder ungeschliffen nach der Härtung eingebaut werden sollen; solche Räder müssen ganz symmetrisch aufgebaut sein, jede Flanschbohrung im Körper veranlaßt einen abweichenden Verzug der in der Nähe liegenden Zähne.

Massive Radkörper (Abb. 2.60) aus Stahl oder Guß werden heute bei fest stehenden Getrieben häufiger als früher angewendet. In dieser Ausführung finden sich Räder bis zu 1000 mm Durchmesser. Diese großen Massen wirken stark schwingungsdämpfend. Für kleine Durchmesser wird Ritzel und Welle aus *einem* Stück hergestellt (Abb. 2.61, 2.62). Die Dauerfestigkeit wird dadurch gegenüber einer zweiteiligen Ausführung wesentlich erhöht [30]. Bei gegossenen, unbearbeiteten Zähnen können die Räder durch seitlich angegossene Scheiben wesentlich verstärkt werden (Abb. 2.63). Im Gesenk geschmiedete Kegelräder, deren Zähne

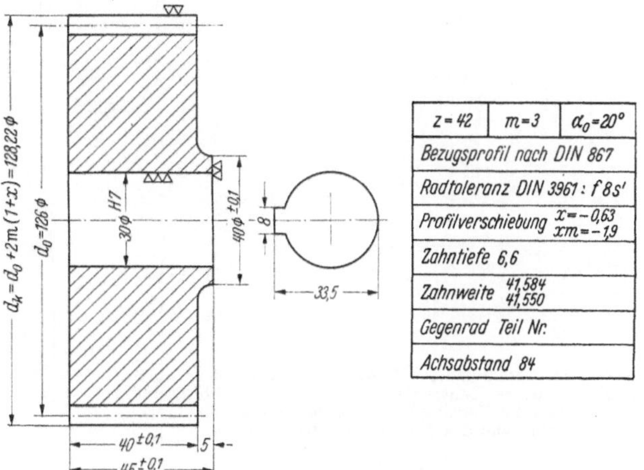

unbearbeitet bleiben, können entsprechend am Außendurchmesser eine durchlaufende Scheibenverstärkung erhalten. Abb. 2.64 zeigt den üblichen Körper eines Kegelrades.

Abb. 2.60. Massiver Radkörper für 42 Zähne, $m = 3$ (Gegenritzel 14 Zähne). Maße und Beschriftung in Anlehnung an DIN 3961. Zahnweite über 5 Zähne für Modul 3 nach Tafel IX $13,8728 \cdot 3 = 41,6184$. Zahnweitenabmaß nach DIN 3963 für Qualität 8. Feld $f-34/-68$; demnach Größtmaß $41,618 - 0,034 = 41,584$; Kleinstmaß $41,618 - 0,068 = 41,550$. Neben oder anstatt der Angabe der Zahnweite können andere Abnahmebedingungen, z. B. über Wälzsprung oder Wälzfehler, angegeben werden.

Soll an Gewicht gespart werden, verbinden Arme oder Scheiben Kranz und Nabe. Radnaben, welche das volle Drehmoment der Welle übertragen (Abb. 2.65), erhalten eine Wandstärke:

$$e = 0,4\, d \;+ 10 \;\text{[mm]} \text{ bei Gußeisen,}$$
$$e = 0,3\, d \;+ 10 \;\text{[mm]} \text{ bei Stahlguß,} \qquad (2.73)$$
$$e = 0,15\, d + \;\; 5 \;\text{[mm]} \text{ bei geschmiedeten Körpern.}$$

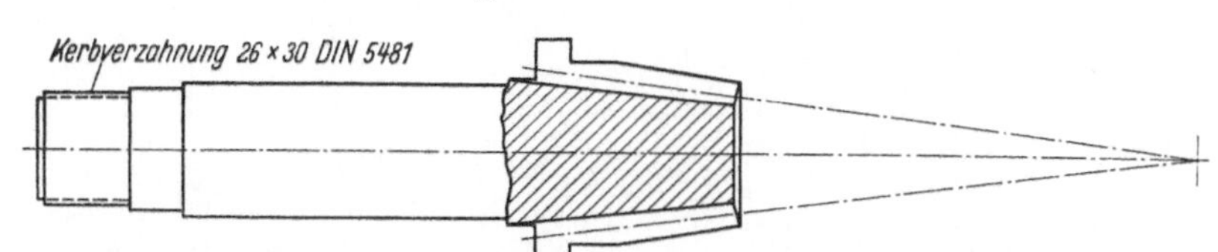

Abb. 2.61. Ritzel einer Zahnstangenwinde aus der Welle gefräst.

Abb. 2.62. Schaftkegelritzel. Innen senkrecht zum Teilkegel abgeschnitten. Einstellung beim Verzahnen nach Innenkante.

Auf Hohlwellen setzt man kleinere Naben auf.

Die Nabenlänge wird gewöhnlich um einen kleinen Betrag größer als die Radbreite gemacht, um dem übrigen Radkörper Spiel zwischen dem Gehäuse oder Nachbarrädern zu geben. Um Taumelfehler des Rades zu vermeiden, ist die Nabenlänge wenigstens 1,5 d (Wellendurchmesser) zu wählen. Lange Naben werden in der Mitte der Bohrung ausgespart und tragen nur seitlich auf Längen von $l_1 \geqq 0,5\, d$ (Abb. 2.73).

Seitliche Kranzverstärkungen bei unbearbeiteten Zähnen von Gußrädern (Abb. 2.66) bewahren die Zähne vor seitlichem Ausbrechen.

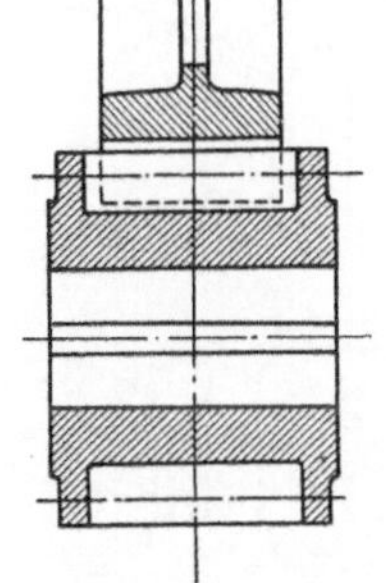

Abb. 2.63. Gußritzel mit unbearbeiteten Zähnen beiderseits durch Seitenscheiben verstärkt.

Größere Räder erhalten einen Zahnkranz in der Stärke von wenigstens 1,6 m, der meist durch ein oder zwei Kranzrippen versteift wird. Bei gleichzeitig als Schwungmasse wirkendem Kranz wird dieser entsprechend verstärkt. Bei Kegelrädern wird der Kranz

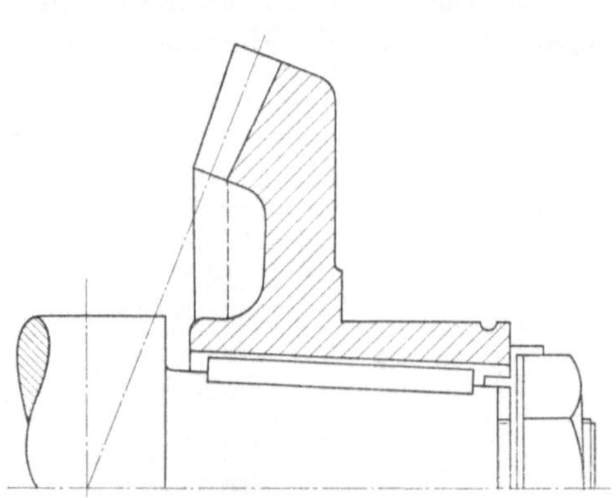

Abb. 2.64. Geschmiedetes Kegelrad mit konischer Nabenbohrung. Gutes Zentrieren, aber keine gleichbleibende axiale Lage der Verzahnung, da schon kleine Toleranzen die Lage des Konus stark beeinflussen.

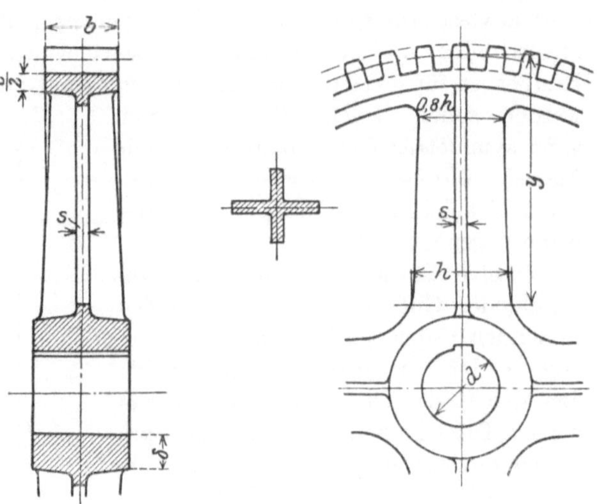

Abb. 2.65. Stirnrad mit Armen.

über die ganze Breite gleich stark in der Hälfte der größten Zahnteilung gehalten (Abb. 2.67).

Werden bei Kegelrädern die Radkörper nicht senkrecht zum Teilmantel abgeschnitten (Abb. 2.68), so wird die Einstellung auf der Verzahnmaschine dadurch erschwert; denn der maßgebende Halbmesser r_p in der Planradebene ist dann veränderlich in der Zahnhöhe. Es genügt allerdings, wenn wenigstens auf *einer* Seite — in Abb. 2.62 z. B. innen — die senkrechte Abgrenzung erfolgt.

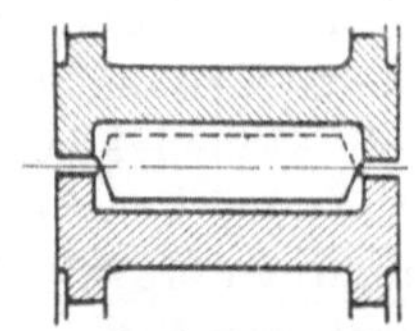

Abb. 2.66. Seitliche Kranzverstärkung bei unbearbeiteten Zähnen.

Bei größeren Durchmessern werden 4 bis 8 Arme angeordnet. Üblich sind Armquerschnitte nach Abb. 2.65 und bei größeren Breiten nach Abb. 2.70 oder noch wirksamer versteifend

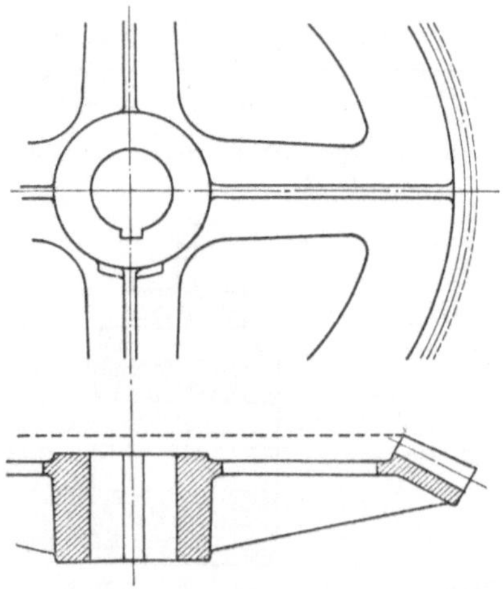

Abb. 2.67. Kegelrad aus Gußeisen.

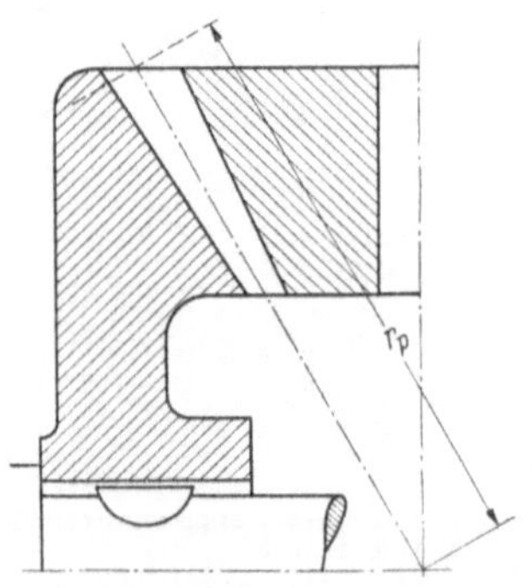

Abb. 2.68. Nicht wenigstens auf einer Seite senkrecht zum Teilmantel abgeschnittene Kegelräder erschweren Einstellung des Planradius r_p auf der Verzahnmaschine.

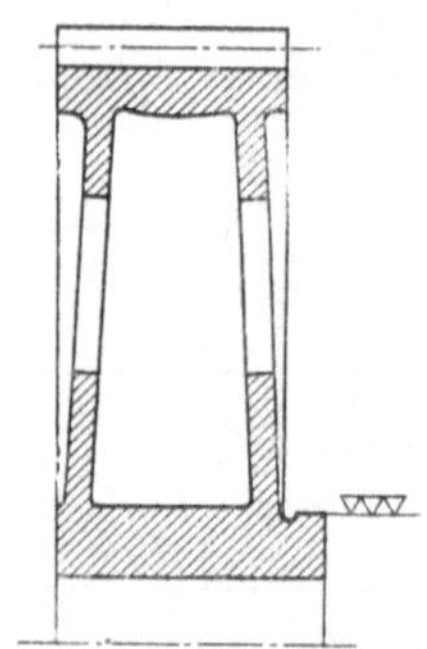

Abb. 2.69. Großer Radkörper mit zwei Seitenscheiben zwischen Nabe und Kranz. Rechts an der Nabe bearbeiteter Ring zum Einstellen des Rundlaufes bei Verzahnung und Einbau.

nach Abb. 2.69. Bei Kegelrädern finden sich auch Arme, die in Richtung der Radachse gekrümmt sind.

Überschlägig können die Arme als ein in der Nabe eingespannter Träger berechnet werden, der bei 4 Armen mit der vollen Umfangskraft U, bei 6 Armen mit 2/3 U und bei 8 Armen mit 1/2 U auf Biegung am Hebelarm y (Abb. 2.65) beansprucht ist. Bei einer zulässigen Biegungsbeanspruchung des Gußeisens von 300, 450 bzw. 600 kg/cm² ergibt sich das Widerstandsmoment des Armquerschnittes W gleich $U\,y$ geteilt durch 300 bzw. 450 bzw. 600. Die Rippenstärke s wird etwa gleich der Zahnstärke gehalten; die Armhöhe h beträgt 5 bis 7 s.

Das Einformen wird erleichtert durch Radausbildungen nach Abb. 2.81, wo an Stelle der Arme Scheiben mit kreisförmigen Aussparungen treten. Für schwere Räder gilt die Ausführung mit zwei Seitenscheiben nach Abb. 2.69. Hier ist auch noch ein besonderer Laufring vorgesehen, nach dem die Ausrichtung zum Verzahnen und beim Einbau erfolgt. So ist bessere Gewähr für guten Rundlauf der Verzahnung gegeben als beim Ausrichten nach dem Kopf.

Für große Räder bei hoher Beanspruchung der Zähne sind Stahlbandagen auf Gußkörper aufzuziehen (Abb. 2.71). Der geringe Auslaufweg von Stoßrädern ermöglicht die Verzahnung dicht nebeneinanderliegender Zahnkränze in einem Körper wie in den Schiebeblöcken von Schaltgetrieben (Abb. 272 und 2.73).

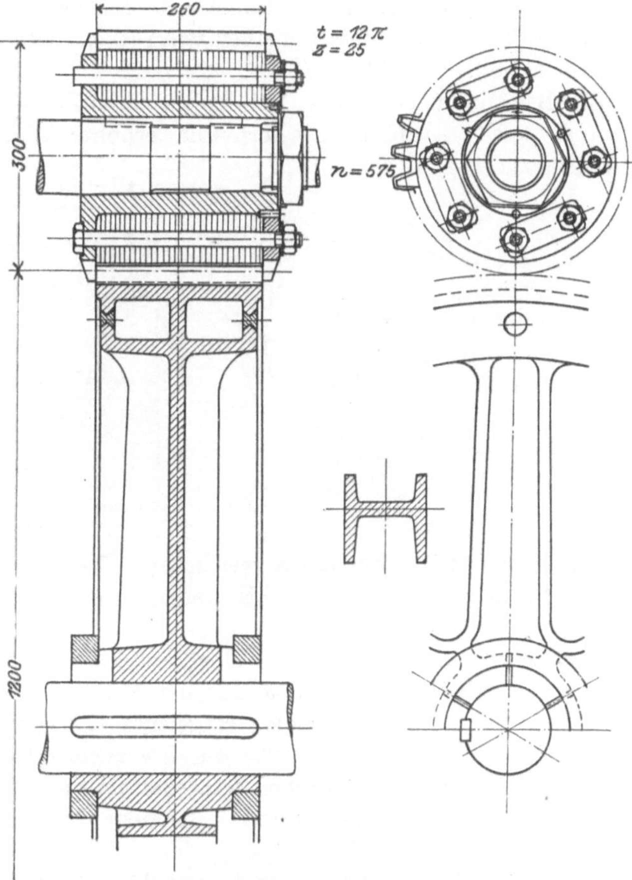

Abb. 2.70. Besonders biegungsfeste Arme.

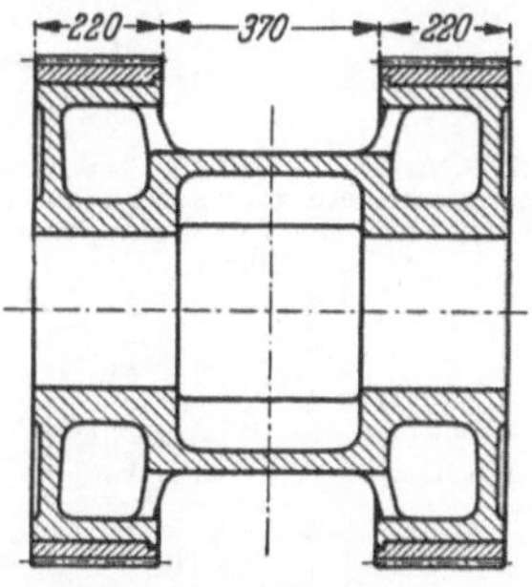

Abb. 2.71. Verzahnte Stahlbandagen für große Leistungen auf Ge-Körper.

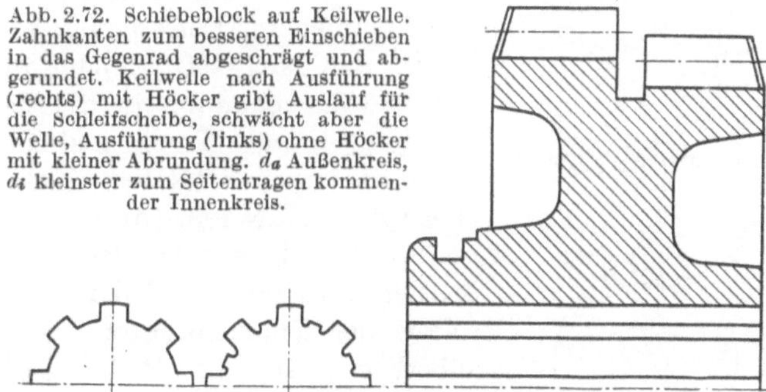

Abb. 2.72. Schiebeblock auf Keilwelle. Zahnkanten zum besseren Einschieben in das Gegenrad abgeschrägt und abgerundet. Keilwelle nach Ausführung (rechts) mit Höcker gibt Auslauf für die Schleifscheibe, schwächt aber die Welle, Ausführung (links) ohne Höcker mit kleiner Abrundung. d_a Außenkreis, d_i kleinster zum Seitentragen kommender Innenkreis.

Ritzel aus Kunststoffen lassen keine Geräusche auch bei höheren Geschwindigkeiten aufkommen. Man läßt sie mit Gußrädern kämmen. *Novotext* hat sich als erster dieser Kunststoffe in großem Umfange durchgesetzt. Es besteht aus einem festen Baumwollgewebe und einem Kunstharz als Bindemittel, die unter hohem Druck und Wärme gebunden werden. Der Werkstoff ist gegen Öl und Wasser unempfindlich sowie bis zu einer Temperatur von 100° formbeständig.

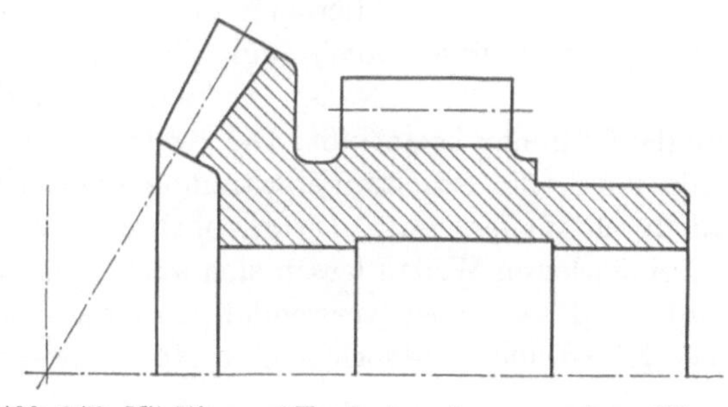

Abb. 2.73. Mit Stirn- und Kegelradverzahnung versehener Körper.

Um bei der Bearbeitung der Zähne kein seitliches Ausbrechen des Werkstoffes zu erhalten, werden an den Seiten Metallscheiben vorgesehen. Der Körper kann auf eine Gußbüchse gesetzt werden (Abb. 2.74, 2.75).

Die Befestigung der Räder. Bei den kleinsten Zähnezahlen fräst man die Zähne aus der Welle heraus. Solche Ausführungen erhalten erhöhte Widerstandsfestigkeit gegen Stoßwirkungen (Abb. 2.61, 2.62).

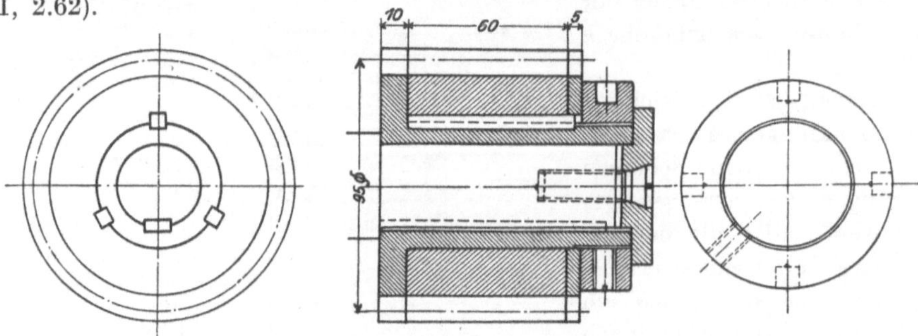

Abb. 2.74. Stirnradritzel aus Novotext.

Die Naben ungeteilter Räder werden mit Festsitz auf die Welle aufgepaßt. Räder, die leicht abnehmbar sein sollen, erhalten Haftsitz; verschiebbare Räder erfordern Gleitsitz oder engen Laufsitz.

Radiale Preßschrauben sind selbst bei kleinen Rädern unsichere Verbindungsmittel, sie drücken den Radkörper einseitig aus der Mitte und verursachen unrunden Lauf (Abb. 2.76).

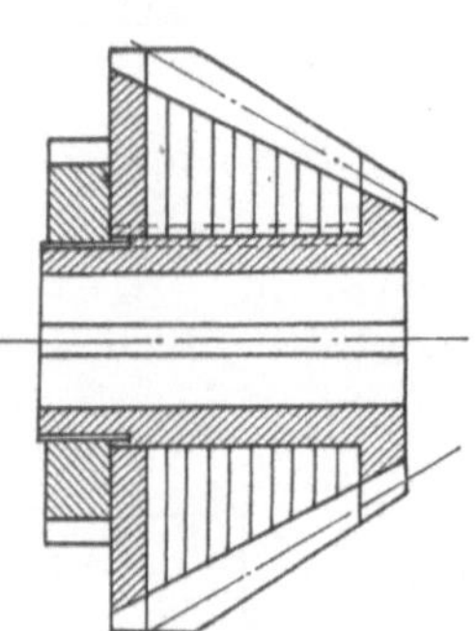

Abb. 2.75.
Kegelritzel aus Novotext.

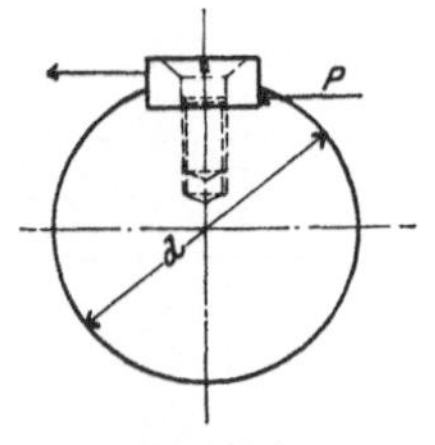

Abb. 2.77.
Paßfeder für Schieberäder.

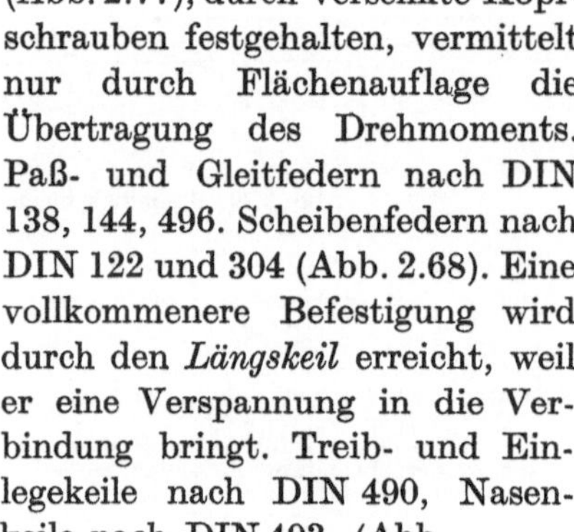

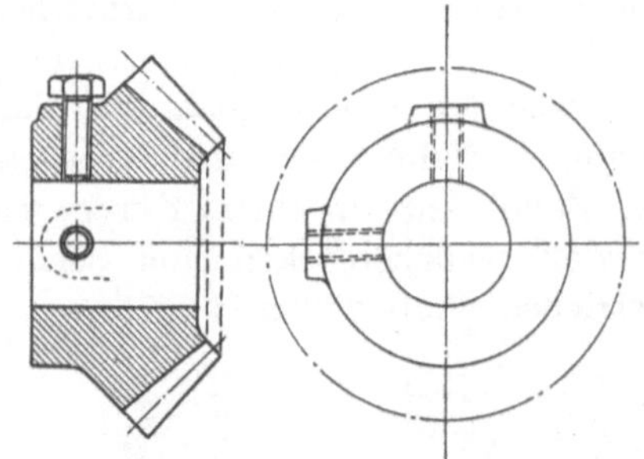

Abb. 2.76. Aufklemmen mit Preßschrauben nur für untergeordnete Zwecke, da die Schrauben den Körper mit der Verzahnung aus der Mitte drücken.

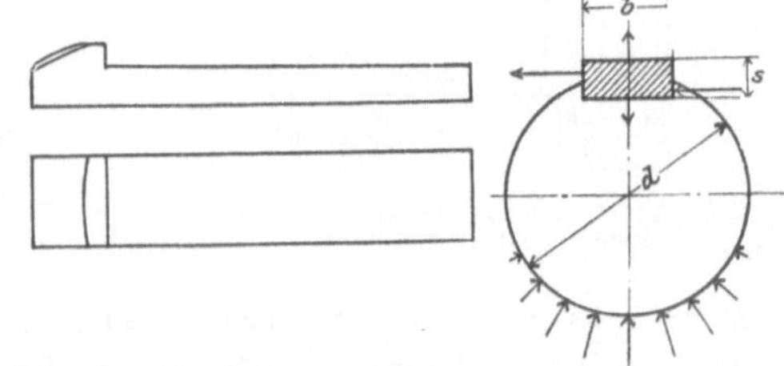

Abb. 2.78. Längskeile als versenkte Keile. DIN 141.

Eine eingelegte Längsfeder (Abb. 2.77), durch versenkte Kopfschrauben festgehalten, vermittelt nur durch Flächenauflage die Übertragung des Drehmoments. Paß- und Gleitfedern nach DIN 138, 144, 496. Scheibenfedern nach DIN 122 und 304 (Abb. 2.68). Eine vollkommenere Befestigung wird durch den *Längskeil* erreicht, weil er eine Verspannung in die Verbindung bringt. Treib- und Einlegekeile nach DIN 490, Nasenkeile nach DIN 493. (Abb. 2.78.) Beim Eintreiben des Keiles wird jener Teil der Nabe, der dem Keile gegenüberliegt, an die Welle angedrückt und dadurch ein Reibungshalt bewirkt. Hierbei kann sich allerdings auch ein Verziehen des Rades einstellen, das den Rundlauf fühlbar beeinflußt. Die Keilverspannung ist gegen wechselnde Kraftrichtungen und Stöße durch die erzielte Verspannung unempfindlicher. Gegen *axiale Verschiebungen* ist das Rad durch Wellenabsatz, Distanzbüchsen oder Segerringe zu sichern.

Bei stärkeren Wellen lassen sich auch zwei Keile, die unter 90° gegeneinander versetzt sind, anordnen. Besser aber verwendet man dann Tangentialkeile nach Abb. 2.79. DIN 271, 268. Einer Nutentiefe s entspricht eine Nutenbreite b von

$$b = \sqrt{(d - s)\,s}. \tag{2.74}$$

In zwei Nuten unter 120° werden je zwei mit dem Anzug gegeneinander gelegte Keile eingeschlagen, die eine tangentiale Verspannung herbeiführen. Die Tangentialkeile vereinigen sich zu einer resultierenden Pressung, die Nabe und Welle in der den Keilen gegenüberliegenden Auflagefläche fest zusammenhält. Der Vorteil dieser Anordnung liegt in der Ausnützung der ganzen Keilseitenfläche als Druckfläche. Die Keile lassen sich auch später noch nachziehen. Die Befestigung mit Tangentialkeilen ist daher für solche Räder empfehlenswert, die Belastungen wechselnder Drehrichtung und Stößen ausgesetzt sind.

Bei einem Drehmoment M_d [Gl. (1.81)] für Ge-Naben mit einem zulässigen Flächendruck von 5 kg/mm² ergibt sich für die Nabenlänge l_n:

$$l_n = 8\,M_d/h\,d; \quad M_d \text{ [cmkg]}; \quad l_n, \text{ Wellendurch-}$$

messer d, h gesamte Keilhöhe in [mm]. (1.75)

Für Stahlnaben ergeben sich die 0,55fachen Werte, bei Stoßbeanspruchung das 1,7fache [*31*].

Die Gefahr des Verziehens durch die Verkeilung wird durch Keilwellen mit 4, 6, 8, 10 und 16 Keilen nach DIN 5461 bis 5464 vermieden. Durch ihren symmetrischen Aufbau bleibt der Radkörper mit der Verzahnung zentrisch (Abb. 2.72). Tragend ist bei ihnen die ganze Höhe $h = (d_a - d_i)\,1/2$ auf dem Halbmesser $r_m = (d_a + d_i)\,1/2$. Für die Rechnung setzt man nur das 0,9fache der vorhandenen Keilzahl i als tragend ein. Aus Gl. (2.75) wird daher:

$$l_n = 2{,}22\,M_d/i\,h\,r_m. \quad (2.76)$$

Keilwellen werden im Gleitsitz für Schiebeblöcke, aber auch im Festsitz für Radkörper ausgeführt.

Ein weiterer Weg ist in Abb. 2.70 gegeben; die Nabe wird geschlitzt und mit Schrumpfringen aufgedrückt. Sicher zentrierend, aber in der axialen Einstellung unsicher wirkend, ist eine kegelige Nabenbohrung nach Abb. 2.64. Auch geschlitzte kegelige Büchsen können Verwendung finden, sie werden durch gesicherte Schrauben oder Muttern angepreßt.

Höchste Ansprüche an Genauigkeit bei festem Sitz und gleichzeitiger Möglichkeit des Abnehmens ist durch *Dehndorne* gegeben (Abb. 2.80). Zur Befestigung der Nabe wird die Stahlbüchse, auf der das Rad sitzt, durch innere Kräfte elastisch ausgedehnt. Wie die Erfahrung zeigt, bekommt man sehr große Festigkeit und genauen Rundsitz.

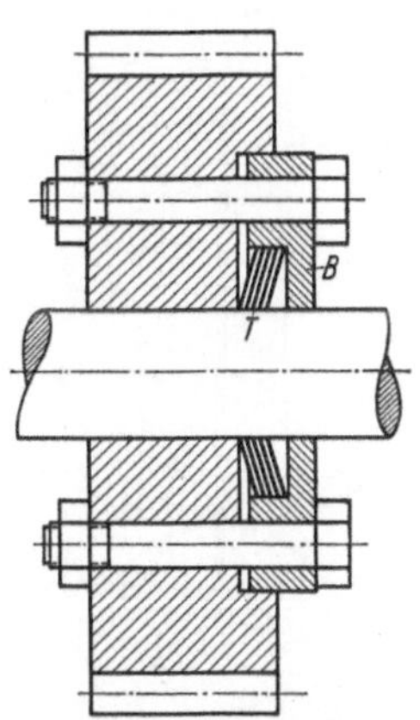

Abb. 2.79. Tangentialkeile nach DIN 271 und 268.

Abb. 2.80. Befestigung durch Dehndorn entspricht sicherem Festsitz bei jederzeitiger leichter Lösungsmöglichkeit (Ausführung der Ringspanngesellschaft).

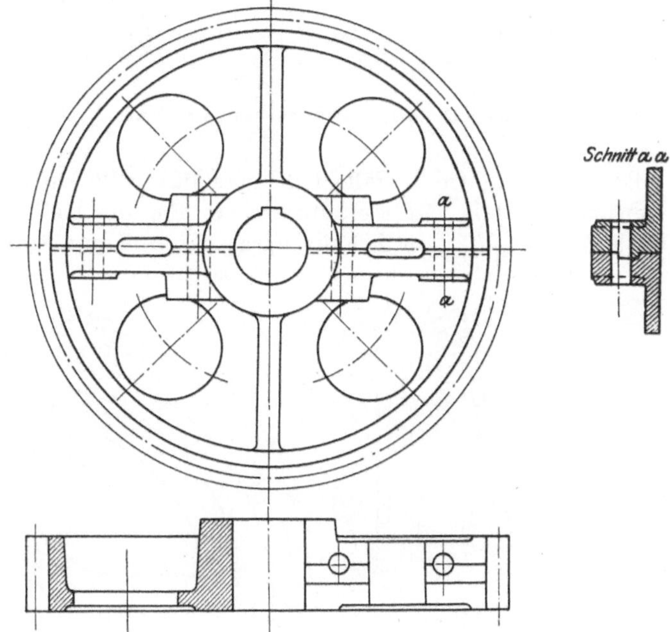

Abb. 2.81. Geteiltes Stirnrad.

Geteilte Räder. Räder aus zwei Hälften ermöglichen den Zusammenbau ohne axiales Zuschieben; auch Guß- und Versandschwierigkeiten können eine solche Teilung notwendig machen.

Die Steifheit des Rades bewahrt man durch eine Teilung in der Armmitte. Im Kranz muß die Teilungsfuge durch eine Zahnlücke gehen, um den Zahn nicht zu schwächen. Beim Einzelguß der Radhälften ist eine Bearbeitung der Auflageflächen notwendig; eine ausgehobelte Verschneidung gibt axialen Halt (Abb. 2.81 und 2.83).

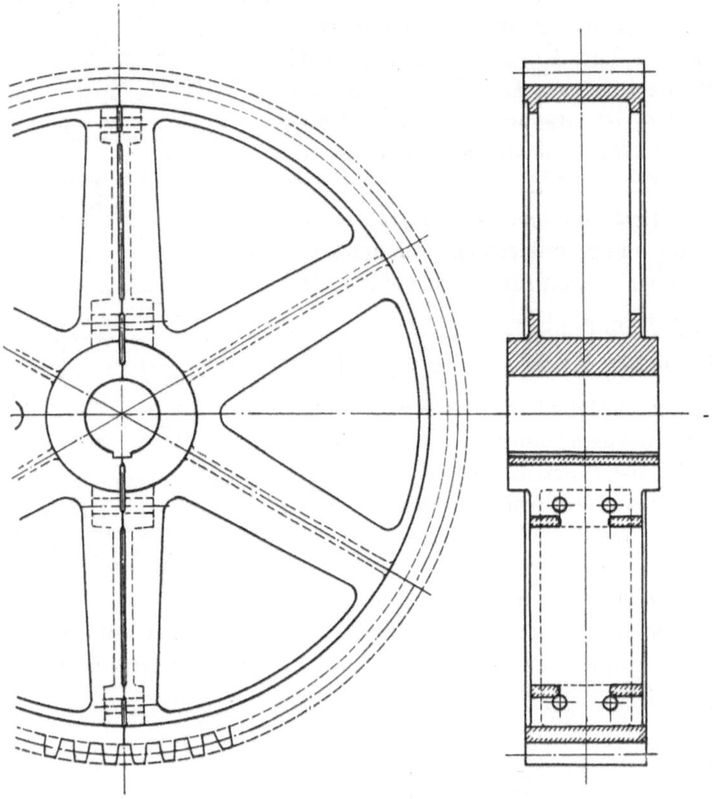

Einfacher und zweckmäßiger ist das Einformen des Rades im vollen Stück und nachherige Teilung des Gußstückes durch Sprengen. Durch Einlegen von Blechplatten mit Graphit oder Lehmüberzug in die Gußform beschränkt man den Zusammenhang der beiden Radhälften nur auf einige schmale Leisten, die sich leicht trennen lassen (Abb. 2.82 und 2.84).

Berechnung der Verbindungsschrauben für geteilte Räder. Bei geteilten Rädern sind die Schrauben (Abb. 2.85) besonders zu berechnen [32]. Die Hälften werden außen durch die Kräfte der Kranzschrauben S_2 und S_4 im Abstand s_2 von der Mitte und innen durch die Kräfte der Nabenschrauben S_1 und S_3 im Abstand s_1 von der Mitte gehalten. Die Schraubenlängen sind innen l_1 und außen l_2.

Hinsichtlich der Befestigung auf der Welle sind zwei Grenzfälle möglich, die verschiedene Kräftebilder ergeben. Im 1. Falle läßt man das volle Drehmoment M_d [Gl. (1.81)] durch eine nur seitlich tragende *Paßfeder* übertragen. Für die Keilkraft K am Wellendurchmesser d ergibt sich $K = M_d/d/2$. Im 2. Falle wirkt ein *Keil* mit radialem Anzug, so daß das Drehmoment

Abb. 2.82. „Gesprengtes" zweiteiliges Gußrad.

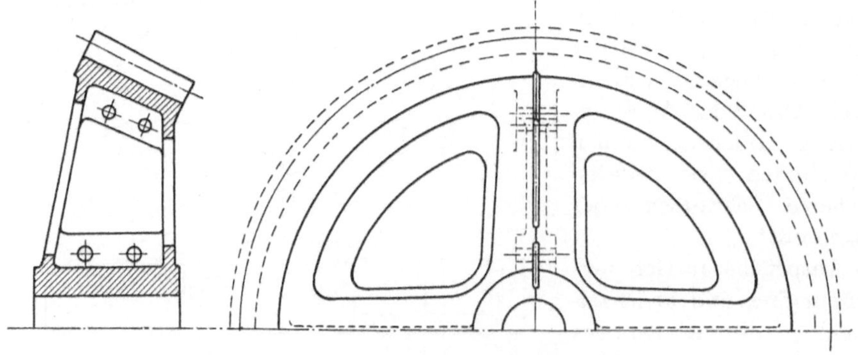

Abb. 2.83. Geteiltes Kegelrad.

durch Reibung zwischen Welle und Nabe übertragen wird, also $K = 0$. Im folgenden wird der erste Fall als der allgemeinere und ungünstigere behandelt. Wegen der zu hohen Kraftwerte, die sich so ergeben, kann auch die Fliehkraft D meist vernachlässigt werden. Sie wirkt überwiegend auf die Nabenschrauben und kann zum Schluß bei der Berechnung auf diese verteilt werden. Elastische Deformationen der Radkörper und Arme werden vernachlässigt.

Für das statische Gleichgewicht der senkrechten Kräfte und der Drehmomente ergibt sich:

$$S_2 + S_4 = K - (S_1 + S_3), \qquad (\text{I})$$

$$S_2 - S_4 = \big(M_d - s_1\,(S_1 - S_3)\big)/s_2. \qquad (\text{II})$$

Nach Abb. 2.86 gilt für starre Körper hinsichtlich der Längenzunahme der Schrauben:

$$(\varDelta l_2 - \varDelta l_4)/2\,s_2 = (\varDelta l_1 - \varDelta l_3)/2\,s_1, \qquad (\text{III})$$

$$\varDelta l_2 + \varDelta l_4 = \varDelta l_1 + \varDelta l_3. \qquad (\text{IV})$$

Nach dem Hookschen Gesetz gilt für die Dehnung $\varepsilon = \varDelta l/l = \sigma/E = S/FE$. Für die Schraubenquerschnitte F und ihre Längen l gilt infolge der Symmetrie der Konstruktion:

$$F_2 = F_4;\ F_1 = F_3;\ l_2 = l_4;\ l_1 = l_3.$$

Dadurch vereinfachen sich die Gln. (III) und (IV) zu:

$$S_2 - S_4 = s_2/s_1 \cdot l_1/l_2 \cdot F_2/F_1 \cdot (S_1 - S_3), \qquad (\text{III a})$$

$$S_2 + S_4 = l_1/l_2 \cdot F_2/F_1 \cdot (S_1 + S_3). \qquad (\text{IV a})$$

Wird zur Vereinfachung der Schreibweise $l_1/l_2 \cdot F_2/F_1 = C$ gesetzt, so erhält man schließlich:

$$S_2 - S_4 = s_2/s_1 \cdot C\,(S_1 - S_3), \qquad (\text{III b})$$

$$S_2 + S_4 = C\,(S_1 + S_3). \qquad (\text{IV b})$$

Faßt man die Gln. (I) und (IV b) sowie (II) und (III b) zusammen, so gilt:

$$S_1 + S_3 = K/(1 + C) = M_d/(1 + C)\,d/2,$$

$$S_1 - S_3 = M_d\,s_1/(s_2^2\,C + s_1^2),$$

$$S_1 = M_d/2\,\big(1/(1 + C)\,d/2 + s_1/(s_2^2\,C + s_1^2)\big), \qquad (2.77\,\text{a})$$

$S_2 + S_4$ und $S_2 - S_4$ entsprechend aus den Gln. I, IV b und II, III b ausgedrückt, ergibt entsprechend:

$$S_2 = M_d\,C/2\,\big(1/(1 + C)\,d/2 + s_2/(s_2^2\,C + s_1^2)\big). \qquad (2.77\,\text{b})$$

Soll die Kraft in den Kranzschrauben nicht größer als in den Nabenschrauben werden, empfiehlt sich $C \leqq 0,8$ zu halten. Im allgemeinen empfiehlt DROSTE für die günstigste Verteilung den Wert C zwischen 0,4 bis 0,5. Setzt man

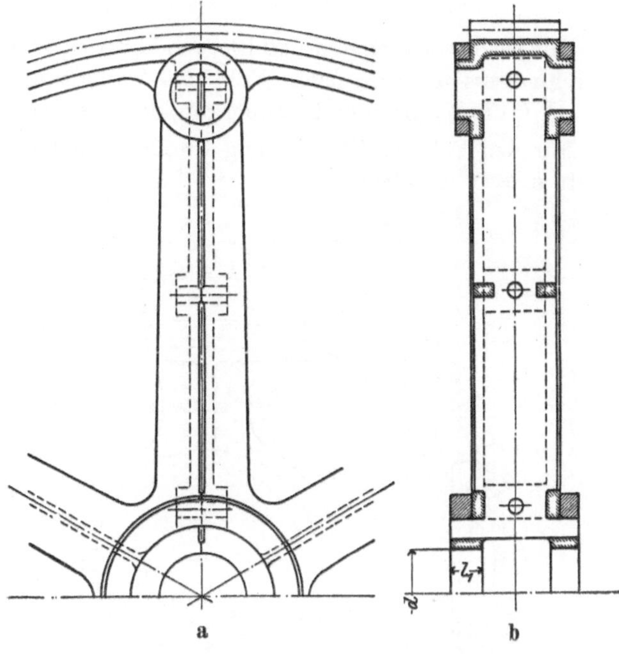

Abb. 2.84. Geteiltes Stirnrad mit Verbindung durch Schrumpfringe.

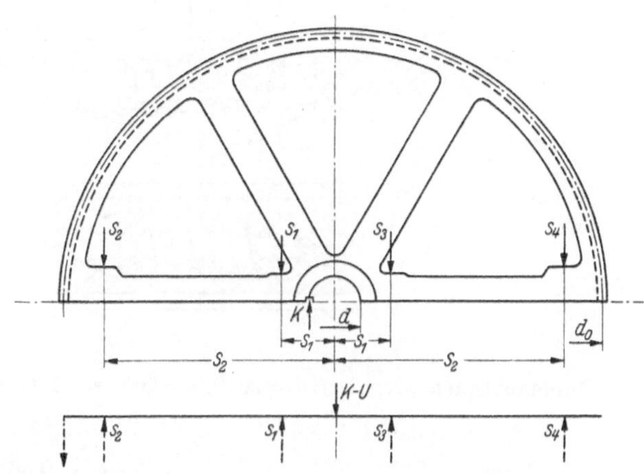

Abb. 2.85. Bezeichnungen zur Schraubenberechnungen des geteilten Rades. Auf der oberen Hälfte Schraubenkräfte S und Keilkraft K. Unten neben S, Umfangskraft $U = M_d/d_{0/2}$ und Gegenkraft $K - U$.

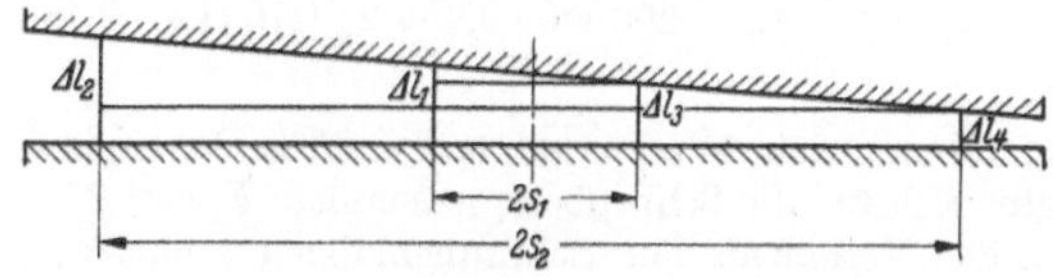

Abb. 2.86. Schematische Darstellung der Schraubenverlängerungen $\varDelta l$.

für das gewünschte Verhältnis der Schraubenkräfte $u = S_1/S_2 > 1$, so wird aus Gl. (2.77 a):

$$S_2 = S_1/u = M_d/2\,u \cdot \big(1/(1 + C)\,d/2 + s_1/(s_2^2\,C + s_1^2)\big).$$

Wird dieser Wert demjenigen aus Gl. (2.77 a) gleichgesetzt und die sich daraus ergebende quadratische Gleichung für C durch $K = M_d/d$ geteilt, so erhält man:

$$(s_2^2 u + s_2 u\,d/2)\,C^2 + (s_1^2 u - s_2^2 + s_2 u\,d/2 - s_1\,d/2)\,C = s_1\,(s_1 + d/2). \qquad (2.78)$$

Für jeden vorliegenden Fall ist nach konstruktiver Bestimmung von s_1 und s_2 und des Wellendurchmessers d sowie nach Wahl des Verhältnisses u nach obiger Gl. (2.78) der Wert von $C = l_1/l_2 \cdot F_2/F_1$ bestimmt, wobei nur der positive Wert in Betracht kommt.

Für den Fall der Übertragung durch Paßfeder wäre in den Ausgangsgleichungen die Keilkraft $K = 0$ zu setzen.

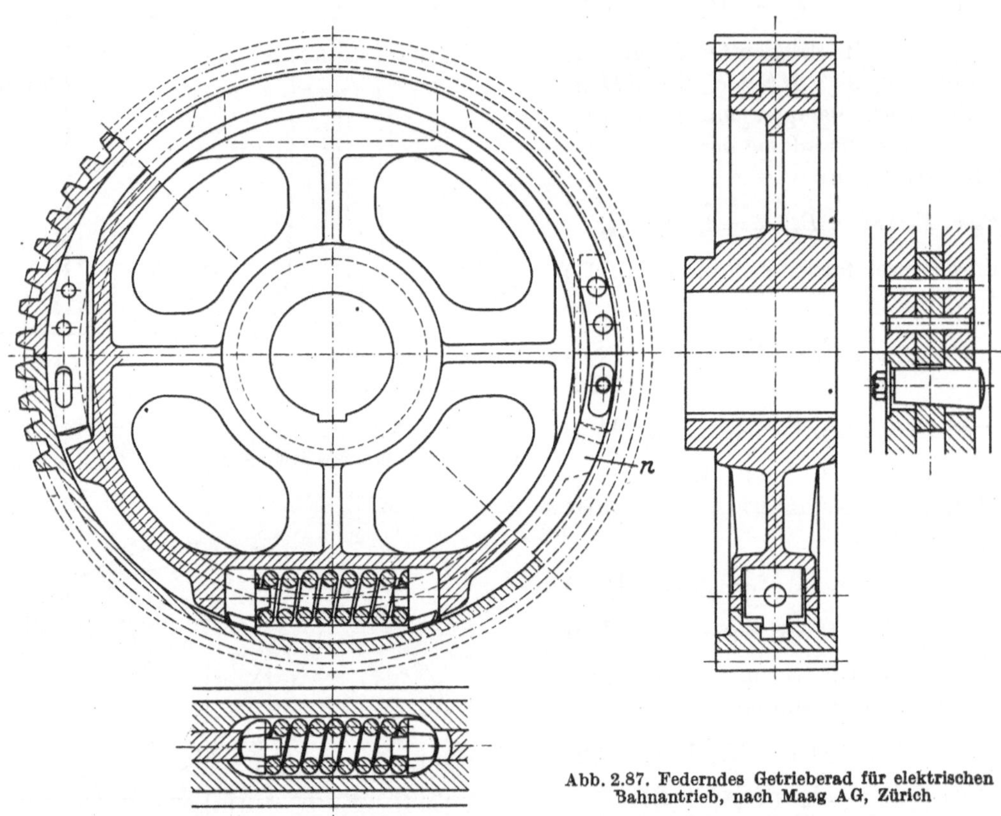

Abb. 2.87. Federndes Getrieberad für elektrischen Bahnantrieb, nach Maag AG, Zürich

Zahlenbeispiel. Gegeben $d_0 = 2000$, $d = 200$, $s_1 = 260$, $s_2 = 860$ [mm], $M_d = 600000$ [cmkg], $u = S_1/S_2 = 1,8$.

$$(8,6^2 \cdot 1,8 + 8,6 \cdot 1,8 \cdot 1,0)\,C^2 + (2,6^2 \cdot 1,8 - 8,6^2 + 8,6 \cdot 1,8 \cdot 1,0 - 2,6 \cdot 1,0) = 2,6\,(2,6 + 1,0).$$

$$C = 0,465. \qquad (2.78)$$

$$S_1 = 600000/2 \left(\frac{1}{10\,(1 + 0,465)} + \frac{26}{86^2 \cdot 0,465 + 26^2}\right) = 22\,750 \quad [\text{kg}]. \qquad (2.77\,\text{a})$$

$$S_2 = 600000 \cdot 0,465/2 \left(1/10\,(1 + 0,465) + \frac{86}{86^2 \cdot 0,465 + 26^2}\right) = 12\,950 \quad [\text{kg}]. \qquad (2.77\,\text{b})$$

Hinzu kommt eine Vorspannung von 25%. Bei einer zulässigen Zugspannung in den Schrauben von 600 kg/cm² ergibt sich für die Schraubenquerschnitte $F_1 = 1,25 \cdot 22750/600 = 47,4$ cm², $F_2 = 1,25 \cdot 12950/600 = 26,9$ cm². Für das Verhältnis der Schraubenlängen erhält man: $l_1/l_2 = 0,465 \cdot 47,4/25,9 = 0,819$.

Federnde Zahnräder. Die Massenwirkungen zwischen den Motoren und Triebradsätzen bei Motorwagen und elektrischen Lokomotiven können durch den Einbau federnder Zahnräder abgeschwächt werden, wenn nicht wie bei neueren Antrieben Schneckengetriebe mit federnden Torsionswellen Verwendung finden.

Einen leichten Ausbau und billige Auswechslung bei Abnutzung ermöglicht das Aufsetzen eines zweiteiligen Zahnkranzes auf den Radstern nach Abb. 2.87. Unter Vermittlung von eingenieten Laschen verbindet man beide Kranzteile durch Anziehen von Keilen. Eingefräste Längsnuten im Kranz und Stern geben Raum für das Einbringen der Schraubenfedern. Bei Kraftübertragung liegen die Drucklinsen der Feder einerseits auf der Brustfläche der zahnförmigen Überhöhung im Radstern, andererseits auf der zylindrischen Einfräsung im Radkranz. Der Federweg ist begrenzt durch das Aufschlagen der Nase n auf das Laschenende.

Durch passende Wahl der Federung lassen sich zwar Resonanzwirkungen gewöhnlich vermeiden, doch können Ausführungsfälle mit Resonanzgefahr vorkommen. Dann muß man neben der Federung auch auf eine zureichende Dämpfung im Zahngetriebe Bedacht nehmen. Blattfedern (Radausführung nach Schweiz. Patent 76596) haben viel Eigenreibung und dämpfen daher gut. Bei Schraubenfedern sind eigene Dämpfungslamellen einzubauen [33].

Schrifttum.

[1] Rötscher: Ermittlung der Gegenflanke bei gegebenem Zahnprofil. Z. VDI Bd. 73 (1929) S. 1469.
[2] Altmann: Zeichnerische Ermittlung von Zahnflanken zu einer gegebenen Eingriffslinie. Z. VDI Bd. 82 (1938) S. 165.
[3] Gittinger: Neuzeitliche Uhrenerzeugung. Z. VDI Bd. 66 (1922) S. 307.
[4] Spetzler: Taschenuhren. Z. VDI Bd. 84 (1940) S. 356.
[5] Alt: Malteserkreuzgetriebe. Werkstattstechnik Bd. 10 (1916) S. 229.
[6] Kutzbach: Hüllverzahnung von Vickers. Z. VDI Bd. 68 (1924) S. 788.
[7] Hofer: Einfache und genaue Unterschnittsberechnung für Zahnräder. Z. VDI Bd. 85 (1941) S. 785.
[8] Schulze-Pillot: Kritische Zähnezahlen bei normalen Stirnrädern. Z. VDI Bd. 76 (1932) S. 57.
[9] Niemann-Glaubitz: Zahnfußfestigkeit geradverzahnter Stirnräder. Z. VDI Bd. 92 (1950) S. 923.
[10] Hiersig, M.: Die Belastbarkeit genormter Stirnräder. Z. VDI Bd. 92 (1950) S. 947.
[11] Earle Buckingham: Analytical Mechanics of Gears. McGraw-Hill Book Company. Inc. 1949.
[12] Fölmer: Ein neues Rechenverfahren für Evolventen-Stirnrädergetriebe. Betrieb Bd. 1 (1919) S. 265.
[13] Vogel: Neue Grundlagen der Evolventenberechnung für Zahnradtechnik. Werkzeugmaschine Bd. 40 (1936) S. 225.
[14] Hofer: Dynamischer Ausgleich von Zahnrädergetrieben. Werkstattstechnik Bd. 29 (1935) S. 92.
[15] Niemann-Glaubitz: Fachtagung Zahnradforschung 1950. Braunschweig: Vieweg & Sohn.
[16] Karas, F.: Elastische Formänderung und Lastverteilung beim Doppeleingriff von geraden Stirnradzähnen. Dissertation an der Techn. Hochschule Prag.
[17] Lindberg, G.: Elastische Berührung zweier Halbräume. Forsch. Ing.-Wes. Bd. 11 (1940) S. 334.
[18] Walker, H.: Gear deflection and profile modifikation. Engineer, Lond. Bd. 166 (1938) S. 409.
[19] Glaubitz: Warmwalzen von Zahnrädern. Werkstattstechnik Bd. 84 (1951).
[20] Föppl, A.: Vorlesungen über Technische Mechanik, Bd. 5 S. 349 (1918) B. G. Teubner.
[21] Pockrandt, W.: Teilkopfarbeiten, 4. Aufl. Werkstattheft Nr. 6. Berlin/Göttingen/Heidelberg: Springer 1949.
[22] Niemann-Glaubitz: Zahnflankenfestigkeit geradverzahnter Stirnräder aus Stahl. Z. VDI Bd. 93 (1951) S. 121.
[23] Ulrich, M., u. H. Glaubitz: Prüfung von Zahnrädern besonders für Kraftfahrzeuge. Stuttgart: Franck'sche Verlagshandlung.
[24] Hofer: Verbesserte Zahnradberechnungsarten. ATZ Bd. 48 (1946).
[25] Almen, I. O.: Surface Deterioration of gear teeth. Mech. Wear. S. 229/267 (1948). Herausgegeben von I. T. Burwell, jr. Verlag. Amer. Soz. Metals (Jan. 1950).
[26] Rögnitz, H.: Stufengetriebe an Werkzeugmaschinen, 3. Aufl. Werkstattbücher Heft 55. Berlin/Göttingen/Heidelberg: Springer 1953.
[27] Thüngen, Frhr. v.: Leistungsverzweigung und Scheinleistung in Getrieben. Z. VDI Bd. 83 (1939) S. 730.
[28] Altmann, F.: Mechanische Übersetzungen und Wellenkupplungen. Z. VDI Bd. 94 (1952) S. 545.
[29] Brödner, E.: Die Fräser, 4. Aufl. Werkstattbücher Heft 22. Berlin/Göttingen/Heidelberg: Springer 1948.
[30] Lehr, E.: Dauerhaltbarkeit von Ritzelwellen. Z. VDI Bd. 81 (1937) S. 117.
[31] Niemann, G.: Maschinenelemente Bd. 1. Berichtigter Neudruck. Berlin/Göttingen/Heidelberg: Springer 1952.
[32] Droste: Berechnungsverfahren (der Schrauben) für zweiteilige Zahnräder. Werkst. u. Betr. Bd. 85 (1952) S. 225.
[33] Sachs: Fortschritte im Bau elektrischer Lokomotiven. Z. VDI Bd. 73 (1929) S. 688.
[34] Diskussionsbericht über Zahnfußfestigkeit geradverzahnter Stirnräder aus Stahl. Z. VDI Bd. 93 (1951) S. 1050.
[35] Schevtschenko: Abwälzfräser für geradflankige Profile. Werkstattstechnik Bd. 30 (1936) S. 24.
[36] Szameitat: Das Profil des Kerbzahnwälzfräsers. Werkstattstechnik Bd. 36 (1942) S. 224.
[37] Blok, H.: Measurement of temperature flashes on gear teeth under extreme-pressure conditions. Proc. Gen. Disc. Lubric Inst. Mech. Eng. (London) Bd. 2 (1937) S. 14/20.

Tafel-Anhang.

Tafel I.

Größe der Kreis- und Eingriffsteilung $\alpha_0 = 20°$.

Modul	Kreisteilung	Eingriffsteilung	Modul	Kreisteilung	Eingriffsteilung	Modul	Kreisteilung	Eingriffsteilung
0,35	1,0996	1,03324	3,25	10,2101	9,5945	16	50,265	47,235
0,4	1,2566	1,1803	3,5	10,996	10,3324	18	56,549	53,139
0,45	1,4137	1,3285	3,75	11,781	11,070	20	62,832	59,043
0,5	1,5708	1,4761	4,0	12,566	11,803	22	69,115	64,947
0,55	1,7279	1,6236	4,5	14,137	13,285	24	75,398	70,852
0,6	1,8850	1,7713	5,0	15,708	14,761	27	84,823	79,708
0,65	2,0420	1,9189	5,5	17,279	16,236	30	94,248	88,564
0,7	2,1991	2,0665	6,0	18,850	17,713	33	103,67	97,420
0,8	2,5133	2,3617	6,5	20,420	19,189	36	113,10	106,28
0,9	2,8274	2,6570	7	21,991	20,665	39	122,52	115,13
1,0	3,1416	2,9521	8	25,133	23,617	42	131,95	123,99
1,25	3,9270	3,6902	9	28,274	26,570	45	141,37	132,85
1,5	4,7124	4,4182	10	31,416	29,521	50	157,08	147,61
1,75	5,4979	5,1663	11	34,558	32,474	55	172,79	162,36
2,0	6,2832	5,9043	12	37,699	35,426	60	188,50	177,13
2,25	7,0685	6,6423	13	40,841	38,378	65	204,20	191,89
2,5	7,8540	7,3803	14	43,982	41,330	70	219,91	206,65
2,75	8,6394	8,1184	15	47,124	44,182	75	235,62	221,41
3,0	9,4248	8,8564						

Werte der Maag-Verzahnung vergleiche S. 87.

Tafel II.

Circular-pitch C_p (englische Kreisteilung).

C_p . . . . Zoll	$^1/_{16}$	$^1/_8$	$^3/_{16}$	$^1/_4$	$^5/_{16}$	$^3/_8$	$^7/_{16}$
C_p 25,42 . . . . . mm	1,586	3,17	4,74	6,35	7,92	9,52	11,09
Modul . . . . mm	0,505	1,01	1,51	2,02	2,52	3,03	3,53

C_p . . . . Zoll	$^1/_2$	$^9/_{16}$	$^5/_8$	$^{11}/_{16}$	$^3/_4$	$^{13}/_{16}$	$^7/_8$
mm	12,69	14,26	15,87	17,47	19,04	20,63	22,24
Modul . . . . . . mm	4,04	4,54	5,05	5,56	6,06	6,57	7,08

C_p . . . . Zoll	$^{15}/_{16}$	1	$1^1/_{16}$	$1^1/_8$	$^3/_{16}$	$1^1/_4$	$1^5/_{16}$
mm	23,81	25,42	26,99	28,59	30,16	31,76	33,36
Modul . . . . . . mm	7,58	8,09	8,59	9,10	9,60	10,11	10,62

C_p . . . . Zoll	$1^3/_8$	$1^7/_{16}$	$1^1/_2$	$1^5/_8$	$1^3/_4$	$1^7/_8$	2
mm	34,93	36,49	38,11	41,28	44,45	47,66	50,83
Modul . . . . . . mm	11,12	11,62	12,13	13,14	14,15	15,17	16,18

Tafel III.

Diametral-pitch $D_p = \pi / C_p$.

D_p 1/Zoll	1	$1^1/_4$	$1^1/_2$	$1^3/_4$	2	$2^1/_4$	$2^1/_2$
Modul m . . . . . mm	25,42	20,32	16,93	14,51	12,7	11,29	10,16
$m\,\pi$ . . . . mm	79,8	63,84	53,19	45,58	39,9	35,47	31,92

D_p 1/Zoll	$2^3/_4$	3	$3^1/_2$	4	5	6	7
Modul m . . . . . mm	9,23	8,47	7,26	6,35	5,08	4,23	3,63
$m\,\pi$ . . . . mm	29	26,61	22,81	19,95	15,96	13,29	11,40

D_p 1/Zoll	8	9	10	11	12	14	16
Modul m . . . . . mm	3,17	2,82	2,54	2,31	2,12	1,81	1,59
$m\,\pi$ . . . . mm	9,96	8,86	7,98	7,26	6,66	5,69	5

D_p 1/Zoll	18	20	22	24	26	28	
Modul m . . . . . mm	1,41	1,27	1,15	1,06	0,98	0,91	
$m\,\pi$ . . . . mm	4,43	3,99	3,61	3,33	3,08	2,86	

$$d_0 = z/D_p; \quad h_k = 1/D_p; \quad h_f = 1{,}1571/D_p; \quad a = \frac{z_1 + z_2}{2 \cdot D_p}; \quad C_p = \pi/D_p.$$

Tafel IV.

Funktion $\operatorname{ev}\alpha = \operatorname{tg}\alpha - \widehat{\alpha}$.

α°	ev α	d/1'	α°	ev α	d/1'	α°	ev α	d/1'	α°	ev α	d/1'
2°0'	0,00001418		7°0'	0,0006115		12°0'	0,0031171		17°0'	0,009025	
		38,6			44,9			133			27,4
10'	1804		10'	6564		10'	32504		10'	9299	
		44,9			47,1			137			28,1
20'	2253		20'	7035		20'	33875		20'	9580	
		51,8			49,3			141			28,6
30'	2771		30'	7528		30'	35285		30'	9866	
		59,3			51,6			145			29,2
40'	3364		40'	8044		40'	36735		40'	0,010158	
		67,1			53,8			149			29,8
50'	4035		50'	8582		50'	38224		50'	10456	
		75,5			56,3			153			30,4
3°0'	4790		8°0'	9145		13°0'	39754		18°0'	10760	
		85			58,7			157			31,1
10'	5634		10'	9732		10'	41325		10'	11071	
		93,9			61,1			161			31,6
20'	6573		20'	0,0010343		20'	42938		20'	11387	
		103,7			63,7			166			32,2
30'	7610		30'	10980		30'	44593		30'	11709	
		114,1			66,3			170			32,9
40'	8751		40'	11643		40'	46291		40'	12038	
		124,9			68,9			174			33,5
50'	0,00010000		50'	12332		50'	48033		50'	12373	
		136,4			71,6			179			34,2
4°0'	11364		9°0'	13048		14°0'	49819		19°0'	12715	
		148,3			75,4			183,1			34,8
10'	12847		10'	13792		10'	51650		10'	13063	
		160,6			77,1			187,6			35,5
20'	14453		20'	14563		20'	53526		20'	13418	
		173,6			80,0			192,2			36,1
30'	16189		30'	15363		30'	55448		30'	13779	
		187			83,0			196,9			36,9
40'	18059		40'	16193		40'	57417		40'	14148	
		200,8			85,8			201,7			37,5
50,	20067		50'	17051		50'	59434		50'	14523	
		215,3			89			206,4			38,1
5°0'	22220		10°0'	17941		15°0'	61498		20°0'	14904	
		230,2			92			211,3			38,9
10'	24522		10'	18860		10'	63611		10'	15293	
		245,6			95			216,2			39,6
20'	26978		20'	19812		20'	65773		20'	15689	
		261,6			98			221,2			40,3
30'	29594		30'	20795		30'	67985		30'	16092	
		288			102			226,3			41,0
40'	32374		40'	21810		40'	70248		40'	16502	
		305			105			231,3			41,8
50'	35324		50'	22859		50'	72561		50'	16920	
		312,4			109			236,6			42,5
6°0'	3845		11°0'	23941		16°0'	7493		21°0'	17345	
		33			112			24,2			43,2
10'	4175		10'	25057		10'	7735		10'	17777	
		34,9			115			24,7			44,0
20'	4524		20'	26208		20'	7982		20'	18217	
		36,8			119			25,2			44,8
30'	4892		30'	27394		30'	8234		30'	18665	
		38,8			122			25,8			45,5
40'	5280		40'	28616		40'	8492		40'	19120	
		40,7			126			26,4			46,3
50'	5687		50'	29875		50'	8756		50'	19583	
		42,8			131			26,9			47,1

Tafel IV (Fortsetzung).

α°	ev α	d/1′	α°	ev α	d/1′	α°	ev α	d/1′	α°	ev α	d/1′
22°0′	0,020059	47,9	27°0′	0,038287	76,0	32°0′	0,066364	114	37°0′	0,10778	16,6
10′	20533	48,6	10′	39047	77,2	10′	67507	116	10′	10944	16,9
20′	21019	49,5	20′	39819	78,3	20′	68665	117	20′	11113	17,0
30′	21514	50,4	30′	40602	79,3	30′	69838	119	30′	11283	17,2
40′	22018	51,1	40′	41375	80,6	40′	71026	120	40′	11455	17,5
50′	22529	52,0	50′	42201	81,6	50′	72230	122	50′	11630	17,6
23°0′	23049	52,8	28°0′	43017	82,8	33°0′	73449	124	38°0′	11806	17,9
10′	23577	53,7	10′	43845	84,0	10′	74684	125	10′	11985	18,0
20′	24114	54,6	20′	44685	85,2	20′	75934	127	20′	12165	18,3
30′	24660	55,4	30′	45537	86,3	30′	77200	128	30′	12348	18,6
40′	25214	56,3	40′	46400	87,6	40′	78483	130	40′	12534	18,7
50′	25777	57,3	50′	47276	88,8	50′	79781	132	50′	12721	19,0
24°0′	26350	58,1	29°0′	48164	90,0	34°0′	81097	133	39°0′	12911	19,1
10′	26931	59,0	10′	49064	91,2	10′	82428	135	10′	13102	19,5
20′	27521	60,0	20′	49976	92,5	20′	83777	137	20′	13297	19,6
30′	28121	60,8	30′	50901	93,7	30′	85142	138	30′	13493	19,9
40′	28729	61,9	40′	51838	95,0	40′	86525	140	40′	13692	20,1
50′	29348	62,7	50′	52788	96,3	50′	87925	142	50′	13893	20,4
25°0′	29975	63,8	30°0′	53751	97,7	35°0′	89342	144	40°0′	14097	20,6
10′	30613	64,7	10′	54728	98,9	10′	90777	145	10′	14303	20,8
20′	31260	65,7	20′	55717	100	20′	92230	147	20′	14511	21,1
30′	31917	66,6	30′	56720	102	30′	93701	149	30′	14722	21,4
40′	32583	67,7	40′	57736	103	40′	95190	151	40′	14936	21,6
50′	33260	68,7	50′	58765	104	50′	96698	153	50′	15152	21,8
26°0′	33947	69,7	31°0′	59809	106	36°0′	98224	155	41°0′	15370	22,1
10′	34644	70,8	10′	60866	107	10′	0,099770	156	10′	15591	22,4
20′	35352	71,7	20′	61937	109	20′	0,10133	15,9	20′	15815	22,6
30′	36069	72,9	30′	63022	110	30′	10292	16,0	30′	16041	22,9
40′	36798	73,9	40′	64122	111	40′	10452	16,2	40′	16270	23,2
50′	37537	75,0	50′	65236	113	50′	10614	16,4	50′	16502	23,5

Tafel IV (Fortsetzung).

α°	ev α	d/1'	α°	ev α	d/1'	α°	ev α	d/1'	α°	ev α	d/1'
42°0'	0.16737	23,7	44°0'	0,19774	27,3	46°0'	0,23268	31,4	48°0'	0,27285	36,1
10'	16974	24,0	10'	20047	27,6	10'	23582	31,7	10'	27646	36,6
20'	17214	24,3	20'	20323	28,0	20'	23899	32,1	20'	28012	36,9
30'	17457	24,5	30'	20603	28,2	30'	24220	32,5	30'	28381	37,4
40'	17702	24,9	40'	20885	28,6	40'	24545	32,9	40'	28755	37,8
50'	17951	25,1	50'	21171	28,9	50'	24874	33,2	50'	29133	38,3
43°0'	18202	25,5	45°0'	21460	29,3	47°0'	25206	33,7	49°0'	29516	38,7
10'	18457	25,7	10'	21753	29,6	10'	25543	34,0	10'	29903	39,2
20'	18714	26,1	20'	22049	29,9	20'	25883	34,5	20'	30295	39,6
30'	18975	26,3	30'	22348	30,3	30'	26228	34,8	30'	30691	40,1
40'	19238	26,7	40'	22651	30,7	40'	26576	35,3	40'	31092	40,6
50'	19505	26,9	50'	22958	31,0	50'	26929	35,6	50'	31498	41,1

Tafel V.

Für Berechnung des Achsabstandes a_v bei V-Getrieben.

$$a_v = a_0 \cos\alpha_0 / \cos\alpha_w \quad \text{Erzeugungseingriffswinkel } \alpha_0 = 20°.$$

α_w	$\log\dfrac{\cos\alpha_0}{\cos\alpha_w}$	d/1'	$\dfrac{\cos\alpha_0}{\cos\alpha_w}$	d/1'	α_w	$\log\dfrac{\cos\alpha_0}{\cos\alpha_w}$	d/1'	$\dfrac{\cos\alpha_0}{\cos\alpha_w}$	d/1'
15°0'	0,98805−1	3,4	0,97286	7,6	17°0'	0,99239−1	3,9	0,98262	8,9
10'	98839	3,4	97362	7,6	10'	99278	3,9	98351	8,9
20'	98873	3,5	97438	7,8	20'	99317	4,0	98440	8,9
30'	98908	3,5	97516	7,9	30'	99357	4,0	98531	9,1
40'	98943	3,6	97595	8,1	40'	99397	4,0	98622	9,1
50'	98979	3,6	97676	8,1	50'	99437	4,1	98713	9,2
16°0'	99015	3,6	97757	8,1	18°0'	99478	4,1	98805	9,3
10'	99051	3,7	97838	8,3	10'	99519	4,2	98898	9,6
20'	99088	3,7	97921	8,4	20'	99561	4,2	98994	9,6
30'	99125	3,8	98005	8,5	30'	99603	4,3	99090	9,8
40'	99163	3,8	98090	8,6	40'	99646	4,3	99188	9,8
50'	99201	3,8	98176	8,6	50'	99689	4,3	99286	9,9

Tafel V (Fortsetzung).

α_w	$\log\frac{\cos\alpha_0}{\cos\alpha_w}$	$d/1'$	$\frac{\cos\alpha_0}{\cos\alpha_w}$	$d/1'$	α_w	$\log\frac{\cos\alpha_0}{\cos\alpha_w}$	$d/1'$	$\frac{\cos\alpha_0}{\cos\alpha_w}$	$d/1'$
19°0′	0,99732−1		0,99385		24°0′	0,01226		1,02863	
		4,4		10,0			5,6		13,4
10′	99776		99485		10′	01282		02997	
		4,4		10,1			5,7		13,5
20′	99820		99586		20′	01339		03132	
		4,4		10,2			5,8		13,7
30′	99864		99688		30′	01397		03269	
		4,5		10,3			5,8		13,8
40′	99909		99791		40′	01455		03407	
		4,5		10 4			5,8		13,8
50′	99954−1		99895		50′	01513		03545	
		4,6		10,5			5,8		13,9
20°0′	0,00000		1,00000		25°0′	01571		03684	
		4,6		10,5			6,0		14 2
10′	00046		00105		10′	01631		03826	
		4,7		10,9			5,9		14 2
20′	00093		00214		20′	01690		03968	
		4,7		10,9			.6,0		14,4
30′	00140		00323		30′	01750		04112	
		4,8		11,0			6,1		14,6
40′	00188		00433		40′	01811		04258	
		4,8		11,0			6,1		14,7
50′	00236		00543		50′	01872		04405	
		4,8		1J,3			6,1		14,7
21°0′	00284		00656		26°0′	01933		04552	
		4,9		11,4			6,2		14,7
10′	00333		00770		10′	01995		04699	
		4,9		11,3			6,2		15,1
20′	00382		00883		20′	02057		04850	
		4,9		11,5			6,3		15,2
30′	00431		00998		30′	02120		05002	
		5,0		11,5			6,3		15,3
40′	00481		01113		40′	02183		05155	
		5,0		11,7			6,4		15,5
50′	00531		01230		50′	02247		05310	
		5,1					6,4		15,6
22°0′	00582		01349		27°0′	02311		05466	
		5,1		12,0			6,5		15,7
10′	00633		01469		10′	02376		05623	
		5,2		12,1			6,5		15,8
20′	00685		01590		20′	02441		05781	
		5,2		12,1			6,5		15,9
30′	00737		01711		30′	02506		05940	
		5,3		12,2			6,6		15,9
40′	00790		01833		40′	02572		06101	
		5,3		12,5			6,7		16,4
50′	00843		01958		50′	ʼ02639		06265	
		5,3		12,6			6,7		16,4
23°0′	00896		02084		28°0′	02706		06429	
		5,4		12,8			6,7		16,4
10′	00950		02212		10′	02773		06593	
		5,5		12,8			6,8		16,7
20′	01005		02340		20′	02841		06760	
		5,4		12,8			6,8		16,8
30′	01059		02468		30′	02909		06928	
		5,5		13,0			6,9		17,0
40′	01114		02598		40′	02978		07098	
		5,6		13,2			6,9		17,0
50′	01170		02730		50′	03047		07268	
		5,6		13,3						

Tafel VI.

Festigkeit.

a) Werkstoffe für ungehärtete Zahnflanken.

Spalte	Bezeichnung			H_B	p_{zul} Gl. (1.120). kg/mm²	p (Hertzsche Pressung) Gl. (1.119). kg/mm²
		alt	neu			
1	Gußeisen	Ge 1891		170	0,16	23,7
2		Ge 2291		200	0,22	27,5
3		Ge 2691		235	0,28	31
	Novotext				0,16	
4	Stahlguß	Stg 5281		150	0,183	36,5
5		Stg 6081		175	0,25	42,5
6	Baustahl	St 4211		125	0,17	35
7		St 5011		150	0,25	42,5
8		St 6011		180	0,33	49
9		St 7011		208	0,43	56
10	Vergütungsstahl	St C 2561	C 22	140	0,21	39
11		St C 4561	C 45	185	0,34	50
12		St C 6061		220	0,48	59
13		VC 135	34 Cr 4	260	0,7	72
14		VMS 135	37 Mn Si 5	260	0,7	72

Die Werte für p und p_{zul} beziehen sich auf den inneren EW-Punkt der Verzahnung.

Für Paarung von Ge mit Stahl gelten die 1.5 fachen Werte der obigen Größen von p und p_{zul}.

Räder aus Kunststoffen (Novotext) werden wie solche aus Ge 1891 bemessen.

b) Werkstoffe für gehärtete Zahnflanken.

Nr.	Bezeichnung			Härte			Biege-schwell-festigkeit σ_D kg/mm²	[34] τ_{zul} Gl.(1.120) kg/mm²	p Gl.(1.119)
		alt	neu (DIN 17006)	H_B Kern	Flanke	H_{Rc} Flanke			
15	Ölhärter		50 Cr Mo 4	235	455	47	80	2,2	128
16		VCV 150	50 Cr V 4	235	455	47	80	2,2	128
17	Cyanbadhärtung	VC 140	41 Cr 4	460	595	58	80	3,8	168
18	Einsatzhärten	St C 1661	Ck 15	140	637	62	27	4,2	176
19		EC 80	16 Mn Cr 5	340	650	63	80	4,5	182
20		EC 100	20 Mn Cr 5	360	650	63	80	4,5	182
21			15 Cr Ni 6	217	650	63	80	4,5	182
22			18 Cr Ni 8	235	650	63	80	4,5	182
23		ECN 35		350	615	60		4,0	172
24		ECN 45		400	615	60	50	4,0	172
25	Brennhärten		Ck 45	206	595	58	37	3,8	168
	(Zahn*grund* muß ge-härtet sein)		Cf 56	240	615	60	43	4,0	172
			Cf 70	240	637	62	50	4,2	176
		VMS 135	37 Mn Si 5	290	560	55	80—120	3,4	159
			53 Rn Si 4	295	615	60	80—120	4,0	172
		VC 140	41 Cr 4	270	587	57	80—120	3,7	165

Mangels besserer Versuchswerte muß η der ungünstige Wert 0,9 gegeben werden. Der Wert β_k in Gl. (1.116) erhält somit folgende Größe. (Größte Spannung im Abstand $(m - x)$ vom Teilkreis.)

Eine *Verkupferung* gehärteter Zahnflanken verringert die Gefahr der Grübchenbildung. Zahlenmäßige Unterlagen liegen nicht vor.

Werte für β_k.

Zahngrund	Normale Ausrundung Abb. 1.73 links	Volle Ausrundung Abb. 1.73 rechts
Gefräst	2,85	2,45
Geschliffen	2,2	1,9
Poliert	1,99	1,72

Tafel VII.

Berechnungsbeispiele. Stirnräder. Geradeverzahnung.

Getriebe 14/42; $N = 35$ PS; $n_1 = 2000$ Uml/min; Werkstoff 16 Mn Cr 5 (EC 80) gehärtet.
$\alpha_0 = 20°$ $i = z_2/z_1 = 3$ Qualität 6 (DIN 3962)
$\mathrm{tg}\,\alpha_0 = 0,3640$
$\mathrm{ev}\,\alpha_0 = 0,014904$

Spalte	Nach Gl. ( ) Abb. Tafel	Bez.	Beispiel I. V-Getriebe LS-Verzahnung für ruhigen Lauf	Beispiel II. O-Getriebe DIN-Verzahnung	Benennung
			A. Herstellungsabmessungen.		
1	(2.69)	m	c_b gewählt 13,3 S. 95; $b = 40$; $\sqrt[3]{\dfrac{45600 \cdot 35}{14 \cdot 150 \cdot 13,3 \cdot 2000}} = 0,306 \sim 0,3$		cm
2	2.36	x_1	0,47 $0,47 \cdot 3 = 1,41$	0	mm
3		x_2	$-0,63$ $-0,63 \cdot 3 = -1,89$	0	
4	(1.60) IV	α_w	$\mathrm{ev}\,\alpha_w = 2\dfrac{0,47 - 0,63}{14 + 42} \cdot 0,3640 + 0,014904 = 0,012824$ $\alpha_w = 19°3'$	$\alpha_w = \alpha_0$ $20°$	°
5	(1.59)	a_0	$a_0 = (14 + 42)\,3/2 = 84$	84	mm
6	(1.61) V	a_v	$a_v = 84\dfrac{\cos 20°}{\cos 19°3'} = 83,508$	—	
7		s_k	$0,2 \cdot 3 = 0,6$	0,6	mm
8	(1.62a)	$h_{f\,1}$	$3 \cdot (1 + 0,2 - 0,47) = 2,19$	$3\,(1 + 0,2) = 3,6$	mm
9		$h_{f\,2}$	$3 \cdot (1 + 0,2 + 0,63) = 5,49$	3,6	
10	(1.62b)	$h_{k\,1}$	$83,508 - 84 + 3\,(1 + 0,63) = 4,398$	3,0	mm
11		$h_{k\,2}$	$83,508 - 84 + 3\,(1 - 0,43) = 1,098$	3,0	
12	(1.16)	$d_{0\,1}$	$3 \cdot 14 = 42$	$3 \cdot 14 = 42$	mm
13		$d_{0\,2}$	$3 \cdot 42 = 126$	126	
14	(1.63a)	$d_{k\,1}$	$42 + 2 \cdot 4,398 = 50,80$	$42 + 2 \cdot 3,0 = 48$	mm
15		$d_{k\,2}$	$126 + 2 \cdot 1,098 = 128,196$	$126 + 2 \cdot 3,0 = 132$	
			B. Grundwerte der Verzahnungseigenschaften.		
16	(1.44)	$r_{g\,1}$	$42/2 \cdot \cos 20° = 19,734$	19,734	mm
17		$r_{g\,2}$	$126/2 \cdot \cos 20° = 59,202$	59,202	
18	(1.34)	$\alpha_{k\,1}$	$\cos\alpha_{k\,1} = 2 \cdot 19,734/50,80;$ $\alpha_{k\,1} = 39°0'48'' \sim 39°1'$	$\cos\alpha_{k\,1} = 2 \cdot 19,734/48;$ $\alpha_{k\,1} = 34°41,3'$	°
19		$\alpha_{k\,2}$	$\cos\alpha_{k\,2} = 2 \cdot 59,202/128,196;$ $\alpha_{k\,2} = 22°32'$	$\cos\alpha_{k\,2} = 2 \cdot 59,202/132;$ $\alpha_{k\,2} = 26°14'$	°
20	(1.65b)	$\alpha_{i\,1}$	$\mathrm{tg}\,\alpha_{i\,1} = (3 + 1)\,\mathrm{tg}\,19°3' - 3 \cdot \mathrm{tg}\,22°32'$ $= 0,1365;$ $\alpha_{i\,1} = 7°46'$	Nach S. 27 $\alpha_{u\,1} = 2°$	°
21	(1.66a)	ε	$\varepsilon = 14/2\,\pi\,(\mathrm{tg}\,39°1' - \mathrm{tg}\,7°46') = 1,502$	Gl. (1.66 c) $14/2\pi\,(\mathrm{tg}\,34°41,3' - \mathrm{tg}\,2°) = 1,463$	
			Infolge der Kopfzurücksetzung, vor allem bei „Ballenträgern", sind wirklich vorhandene Werte nur an Hand des Tragbildes zu bestimmen.		
22	(1.68a)	$\alpha_{e\,i}$	$\mathrm{tg}\,\alpha_{e\,i} = \mathrm{tg}\,39°1' - 2\,\pi/14 = 0,3623;$ $\alpha_{e\,i} = 19°55'$	$\mathrm{tg}\,\alpha_{e\,i} = \mathrm{tg}\,34°41,3' - 2\,\pi/14$ $= 0,2431;$ $\alpha_{e\,i} = 13°40'$	°
23	(1.75a)	$g_{s\,1}$	Am Innenpunkt $(1 + 1/3)\,(1 - \mathrm{tg}\,19°3'/\mathrm{tg}\,7°46') = -2,035$ Am Kopfpunkt $(1 + 1/3)\,(1 - \mathrm{tg}\,19°3'/\mathrm{tg}\,39°1') = 0,71$	$(1 + 1/3)\,(1 - \mathrm{tg}\,20°/\mathrm{tg}\,2°)$ $= -12,33$ $(1 + 1/3)\,(1 - \mathrm{tg}\,20°/\mathrm{tg}\,34°41,3')$ $= 0,632$	

Tafel VII (Fortsetzung).

Spalte	Nach Gl. ( ) Abb. Tafel	Bez.	V-Getriebe LS-Verzahnung für ruhigen Lauf	O-Getriebe DIN-Verzahnung	Be-nennung
			C. Beanspruchung. *1. Zahnfußfestigkeit.* Zahnstärkefaktor. a) q Zahnstärke des Ritzels.		
24	(1.54)	$\mathrm{ev}\,\alpha_{g\,1}$	$2\cdot 0{,}47/14\cdot\mathrm{tg}\,20^\circ+\pi/(2\cdot14)+\mathrm{ev}\,20^\circ=0{,}15135$		
25	(1.48a)	$s_{g\,1}$	$0{,}15135\cdot 2\cdot 19{,}734=5{,}98$		mm
26	S. 44	$r_{i\,1}$	$r_1=r_0-m\,(1{,}0-0{,}47)=42/2-3\,(1{,}0-0{,}47)=19{,}41$		mm
27	(1.48b)	$s_{i\,1}$	$\sim 5{,}98\cdot 19{,}41/19{,}734=5{,}88$		mm
			b) Zahnstärke des Rades.		
28	(1.54)	$\mathrm{ev}\,\alpha_{g\,2}$	$-2\cdot 0{,}63/42\cdot\mathrm{tg}\,20^\circ+\pi(2\cdot42)+\mathrm{ev}\,20^\circ=0{,}04135$		
29	(1.48a)	$s_{g\,2}$	$0{,}04135\cdot 2\cdot 59{,}202=4{,}9$		mm
30	(1.63b)	$r_{i\,2}$	$126/2-3\,(1+0{,}63)=58{,}11$		mm
31	(1.48b)	$s_{i\,2}$	$4{,}9\cdot 58{,}11/59{,}202=4{,}81 < s_{i\,1}$ (Sp. 27), daher für den schwächeren Radzahn weiterrechnen.		mm
			c) Angriffshebel u.		
32	(1.65a)	$\alpha_{e\,a\,2}$	$\alpha_{e\,a\,2}$ ist Gegenwinkel von $\alpha_{e\,i}$ (Sp. 22) $\mathrm{tg}\,\alpha_{e\,a\,2}=(1+1/3)\,\mathrm{tg}\,19^\circ3'-1/3\,\mathrm{tg}\,19^\circ55'$ $=0{,}3398;\ \alpha_{e\,a\,2}=18^\circ46'$	$(1+1/3)\,\mathrm{tg}\,20^\circ-1/3\,\mathrm{tg}\,13^\circ40';$ $\alpha_{e\,a\,2}=22^\circ$	
33	(1.34)	$r_{e\,a\,2}$	$59{,}202/\cos 18^\circ46'=62{,}526$		mm
34		u_2	$u_2=r_{e\,a\,2}-r_{i\,2}=62{,}526-58{,}11=4{,}416$		mm
35	(1.45)	$s_{e\,a\,2}$	$(\mathrm{ev}\,\alpha_{g\,2}-\mathrm{ev}\,18^\circ46')\,\dfrac{\cos 20}{\cos 18^\circ46'}\cdot 3\cdot 42=3{,}64$		mm
36	(1.49a)	$\sigma/_2$	$57{,}3/2\cdot 3{,}64/62{,}526=1^\circ46'$		°
37	(1.112)	q_2	$\dfrac{3}{4{,}81}\,\dfrac{\cos(18^\circ46'-1^\circ46')}{\cos 20^\circ}\times$ $\sqrt{\left[\dfrac{6\cdot 4{,}416}{4{,}81}-\mathrm{tg}(18^\circ46'-1^\circ46')\left(\dfrac{3\cdot\,3{,}64}{4{,}81}+1\right)\right]^2+3{,}06}$ $=3{,}12$	Nach Bild 75 $q=2{,}26$ hier z_1 maßgebend	
			Sicherheitsgrad für Biegungsbeanspruchung.		
38	75 (1.115) VI	β_k	$(1+0{,}9\,(2{,}1-1))1/0{,}7=2{,}85$		
39		v	$d_0\,\pi\cdot\dfrac{n_1}{60}=\dfrac{42}{1000}\,\pi\,\dfrac{2000}{60}=4{,}4$		m/sek
40	(1.62)	U_d	$1{,}16\cdot 8\sqrt{\dfrac{1}{1+1{,}16\cdot 8\cdot 15/4{,}4^2}}=3{,}25$ für $f_e=8$ $3{,}25\cdot 40=130$		kg/mm kg
41		U_s	$\dfrac{N\cdot 75}{v}=\dfrac{35\cdot 75}{4{,}4}=596$ Gegebenenfalls Anfahrdrehmoment beachten!		kg
42	(1.116) VI	ν	$\nu=\dfrac{b\,m}{(U_s+U_d)}\,\dfrac{\sigma_D}{q\,\beta_k}=\dfrac{40\cdot 3\cdot 80}{(596+130)\cdot 3{,}12\cdot 2{,}85}=1{,}487$	$\dfrac{40\cdot 3\cdot 80}{(596+130)\cdot 2{,}26\cdot 2{,}85}$ $=2{,}05$	

Tafel VII (Fortsetzung).

Spalte	Nach Gl. ( ) Abb. Tafel	Bez.	V-Getriebe LS-Verzahnung für ruhigen Lauf	O-Getriebe DIN-Verzahnung	Be- nennung

2. Walzenpressung.

43	(1.121a) VI	p_{zul}	$p_{zul} = \dfrac{(U_s + U_d) \cdot (\operatorname{ctg}\alpha_{ei} + 1/i \cdot \operatorname{ctg}\alpha_{eo2})}{b \cdot d_{01} \cdot \cos\alpha_0 \cdot \cos\alpha_w}$ $= \dfrac{(596 + 130)\,(\operatorname{ctg}19°55' + 1/3\,\operatorname{ctg}18°46')}{40 \cdot 42 \cdot \cos 20° \cos 19°3'}$ $= 1{,}8 < 4{,}5$	$\dfrac{(596+130)(\operatorname{ctg}13°40'+1/3\cdot\operatorname{ctg}22°)}{40 \cdot 42 \cdot \cos^2 20°}$ $= 2{,}415$	kg/mm²

3. Wärmestau.

44	(1.135)	v_w	$\dfrac{100000 \cdot 4{,}0 \cdot 14 \cdot 3}{2000\,(596 + 130)\,(3 + 1)} = 2{,}9 > 1{,}6$		—
			Für gehärtete Stahlräder genügt die Rechnung nach I (Zahnfußfestigkeit) allgemein.		

D. Schwingungen.

45	(1.146) (1.141)	f T_s	Frequenz für Zahnformfehler an jedem Zahn und für Reibungswechsel im Wälzpunkt. $f = \dfrac{z_1 \cdot n_1}{60} = \dfrac{14 \cdot 2000}{60} = 467$ (Nahezu Kammerton!) $T_s = 2\pi\,(\varepsilon - 1)/\omega_1 z_1 = 2\pi\,(1{,}5 - 1)/(200 \cdot 14) = 1/893$. Da diese Frequenz etwa $2 \cdot 467$ ist, sind am Radkörper und Gehäuse nur die Frequenz 467 und ihre Vielfachen zu vermeiden. Die Zähnezahlen des Getriebes enthalten die Primfaktoren 2, 3 und 7; es ist zweckmäßig, diese Zahlen in der Anzahl der Wälzkörper der Wälzlager nicht zu verwenden.		Hertz

Beispiel III. *Verzahnung günstigster Bruchfestigkeit bei geringer Drehzahl. 14/42. $n_1 = 200$ Uml/min. $\alpha_w = 20°$, $m = 3$.*

Für Rad und Ritzel Werkstoffe ähnlicher Biegungsfestigkeit. Ritzel und Rad aus 16 Mn Cr 5 (EC 80), gehärtete Flanken.

Hierfür kommt F-Verzahnung zur Anwendung. Maßgebend für die Profilverschiebung $z_2 - z_1 = 42 - 14 = 28$. Nach Abb. 2.31 wäre für VO-Getriebe $x_1 = 0{,}25$ und $x_2 = -0{,}25$. (Abb. 2.30 beachten.) *Allgemein ist für VO-Getriebe $\alpha_w = \alpha_0 = 20°$ und $a_v = a_0 = 84$.* Von Spalte 7 an erfolgt die Rechnung wie in Beisp. I.

Beispiel IV. *Verwendung von Rädern aus Ge.*

Maßgebend für die Abmessungen ist die Walzenpressung — nicht die Bruchfestigkeit — mit dem Wert p_{zul} nach Gl. (1.121a) bzw. Tafel VI.

Fall a). Rad *und* Ritzel aus Ge. Die Profilverschiebung erfolgt nach Abb. 2.33. Demnach mindestens $x_1 = 0{,}56$ und $x_2 = -0{,}56$. Die Berechnung des VO-Getriebes erfolgt wie im Beisp. III a. Die Berechnung auf Biegungsbeanspruchung, also auch von q, ist überflüssig. Maßgebend ist der Flächendruck [Gl. 1.121 a] mit den Werten der Tafel VI für p_{zul}.

Fall b). Rad aus Ge, Ritzel aus Stahl, z. B. St 50.11. Für die Profilverschiebung gelten dieselben Werte nach Abb. 2.33 wie im Falle a. Der Flächendruck p_{zul} kann die 1,5fachen Werte der Tafel VI erhalten.

Beispiel V.

Gegeben: Wälzwinkel $\alpha_w = 17°30'$; Bezugsprofil $\alpha_0 = 20°$; $x_1 = 0{,}1$; $z_1 = 25$; $z_2 = 80$.

Gesucht: Profilverschiebung des Rades x_2.

Nach Gl. (1.60) gilt

$$x_2 = \frac{(\operatorname{ev}\alpha_w - \operatorname{ev}\alpha_0)\,(z_1 + z_2)}{2\,\operatorname{tg}\alpha_0} - x_1 = \frac{(0{,}009866 - 0{,}014904)\,(25 + 80)}{2 \cdot 0{,}3640} - 0{,}1 = -0{,}628.$$

Tafel VIII.

Berechnungsbeispiele: Kegelräder, Geradverzahnung.

Beispiel I.

Getriebe 19/57; $N = 1{,}5$ PS; $n_1 = 200$ Uml/min; $\delta = 90°$; $\alpha_0 = 20°$; $i = z_2/z_1 = 3$;   Qualität 8.
Werkstoff: Ritzel St 60.11, Rad Ge 2291.
Gewählt: *SVO*-Verzahnung. (Siehe *F*-Verzahnung letzter Absatz.)

Spalte	Nach Gl. ( ) Abb. Tafel	Bez.	c_b vorläufig 10; $m = \sqrt[3]{\dfrac{45\,600 \cdot 1{,}5}{19 \cdot 30 \cdot 10 \cdot 200}} = 0{,}39 \sim 0{,}4$ (2.69)		Be-nennung
			Ritzel	Rad	

A. Herstellungsabmessungen (Verzahnung).

Spalte	Nach Gl.	Bez.	Ritzel	Rad	Benennung
1	(2.05a)	δ_1, δ_2	$\operatorname{tg}\delta_1 = 19/57$; $\delta_1 = 18°26'$	$\delta_2 = 90 - 18°26' = 71°34'$	
2	(2.10a)	z_1', z_2'	$19/\cos 18°26' = 20{,}027$	$z_2' = 57/\cos 71°34' = 180{,}4$	
			Nach Abb. 2.33 Mindestverschiebung $x_1 = 0{,}43$. Gewählt:		
3		x'	$x_1' = 0{,}44$	$x_2' = -0{,}44$	
4		s_k	$0{,}16 \cdot 4 = 0{,}64$	$0{,}64$	mm
5	(1.62a)	h_f	$h_{f1} = 4\,(1 + 0{,}16 - 0{,}44) = 2{,}88$	$h_{f2} = 4\,(1{,}16 + 0{,}44) = 6{,}4$	mm
6	(1.62b)	h_k	$h_{k1} = 4\,(1 + 0{,}44) = 5{,}76$	$h_{k2} = 4\,(1 - 0{,}44) = 2{,}24$	mm
7	(1.16)	d_0	$d_{01} = 4 \cdot 19 = 76$	$d_{02} = 4 \cdot 57 = 228$	mm
8	(2.09a)	r_p	$r_p = d_{01}/2 \sin 18°26' = 76/2 \cdot \sin 18°26' = 120{,}18$		mm
9	(2.05d)	z_w	$z_w = z_2/\sin 71°34' = 60{,}081$		
10		b	$b = 10\,m = 10 \cdot 4 = 40 < r_p/3$		mm

B. Verzahnungseigenschaften.
Ergänzungsverzahnung.

Spalte	Nach Gl.	Bez.	Ritzel	Rad	Benennung
11	(1.16)	d_0'	$d_{01}' = 20{,}027 \cdot 4 = 80{,}108$	$d_{02}' = 180{,}4 \cdot 4 = 721{,}6$	mm
12	(1.18)	d_k'	$d_{k1}' = 80{,}108 + 2 \cdot 5{,}76 = 91{,}628$	$d_{k2}' = 726{,}08$	mm
13	(1.34)	r_g'	$r_{g1}' = 80{,}108/2 \cdot \cos 20° = 37{,}638$	$r_{g2}' = 658/2 \cdot \cos 20° = 309{,}17$	mm
14	(1.34)	α_{k1}'	$\cos\alpha_{k1} = 2 \cdot 37{,}638/91{,}628$; $\alpha_{k1} = 34°45{,}7'$	$\cos\alpha_{k2} = \dfrac{2 \cdot 339{,}05}{726{,}08}$; $\alpha_{k2} = 21°2'$;	mm
15	(1.68a)	α_{ei1}'	$\operatorname{tg}\alpha_{ei1}' = \operatorname{tg} 34°45{,}7' - 2\pi/20{,}027 = 0{,}3810$ $\alpha_{ei1}' = 20°51'$		
16	(1.65a)	α_{ea2}'	Gegenwinkel von α_{ei1}. $\operatorname{tg}\alpha_{ea2}' = (1 + 1/3)\operatorname{tg} 20° - 1/3 \cdot 0{,}3810$; $\alpha_{ea2} = 19°43'$		
17	(2.23a)	$1\!-\!b/2r_p$	$1 - 40/(2 \cdot 120{,}18) = 0{,}833$		

Walzenpressung.

Spalte	Nach Gl.	Bez.			Benennung
18	(1.82)	U_d	$U_d = 0$, da $v_m = d_m \cdot \dfrac{\pi \cdot 200}{60} = 0{,}080108 \cdot 0{,}833 \dfrac{\pi \cdot 200}{60} = 0{,}7$ m/sek		
19	(2.28) VI	U_s	$b\,d_{01}\,(1 - b/2r_p)^2 \cdot (1{,}5\,p_\text{zul})\cos\alpha_0 \cdot \cos\alpha_w/(\operatorname{ctg}\alpha_{ei1} + 1/i \cdot \operatorname{ctg}\alpha_{ea2}')$ $= 40 \cdot 80{,}108 \cdot 0{,}833^2 \cdot (1{,}5 \cdot 0{,}22) \cdot \cos^2 20°/(\operatorname{ctg} 20°51' + 1/3 \operatorname{ctg} 19°43') = 182{,}4$		kg
			Übertragbare Leistung: $\dfrac{182{,}4}{75} \cdot 0{,}7 = 1{,}7$ PS $>$ Verlangte Leistung		

Drehmasse nach Abb. 2.11.

Spalte	Nach Gl.	Bez.	Ritzel	Rad	Benennung
20		k_f	$\operatorname{tg} k_{f2} = 6{,}4/120{,}18$; $k_{f2} = 3°3'$	$\operatorname{tg} k_{f1} = 2{,}88/120{,}18$; $k_{f1} = 1°29'$	
21		δ_k	$\delta_{k1} = 18°26' + 3°3' = 21°29'$	$\delta_{k2} = 71°34' + 1°29' = 73°3'$	
22		d_{ka}	$d_{ka1} = 76 + 2 \cdot 5{,}76 \cdot \cos 18°26' = 86{,}94$	$d_{ka2} = 228 + 2 \cdot 2{,}24 \cos 71°34'$ $= 229{,}42$	mm

Tafel VIII (Fortsetzung).

Spalte	Nach Gl. ( ) Abb. Tafel	Bez.	Ritzel	Rad	Be-nennung
23		d_{ki}	$d_{ki\,1} = 86{,}94 - 2 \cdot 40 \sin 21°29' = 50{,}32$	$d_{k\,i\,2} = 229{,}42 - 2 \cdot 40 \cdot \sin 71°34'$ $= 153{,}62$	mm
24			Gewählt $e_{a\,1} = 15$; $\;\; e_{i\,1} = 12$	$e_{a\,2} = 20$; $\;\; e_{i\,2} = 15$	
25			Kranzaußendurchmesser $76 - 2 \cdot 15 \cdot \cos 18°26' = 47{,}5$	$228 - 2 \cdot 20 \cdot \cos 71°34' = 215{,}4$	mm
26			Kranzinnendurchmesser $76 - 2\,(40 \sin 18°26' + 12 \cos 18°26')$ $= 28$	$228 - 2\,(40 \sin 71°34'$ $+ 15 \cos 71°34') = 142{,}92$	mm
27		$l_{e\,1}$	Einbaumaß $120{,}18 \cos 18°26' + 20 \sin 18°26' = 120{,}32$		mm

Axialschub Gl. (2.29).

Tatsächliche Umfangskraft für 1,5 PS: $182{,}4 \cdot 1{,}5/1{,}7 = 161$ kg.

$A_1 = 161 \cdot \operatorname{tg} 20° \cdot \sin 18°26' = 18{,}5$ kg; $A_2 = 161 \cdot \operatorname{tg} 20° \cdot \sin 71°34' = 55{,}6$ kg.

Beispiel II. Bestimmung der Kegelwinkel eines Null- oder *VO*-Getriebes mit *schiefen* Achsen.
Gegeben $z_2/z_1 = 42/14 = i = 3$; Achswinkel $\delta = 60°$.

$$\operatorname{ctg} \delta_1 = 3/\sin 60° + \operatorname{ctg} 60°: \quad \delta_1 = 13° 54', \tag{2.01a}$$

$$\delta_2 = 60° - 13°54' = 46°6'. \tag{2.02}$$

Beispiel III. Für *gehärtete* Flanken ist auch hier die Bruchfestigkeit maßgebend. Es ist entsprechend Tafel VII Beisp. I der Zahnformfaktor q für die Ergänzungszähnezahlen zu berechnen und in Gl. (2.27) einzusetzen.

Beispiel IV. Abmessungen eines *V*-Getriebes (Abb. 2.14).
Gegeben: $z_2/z_1 = 32/8$; Achswinkel $\delta = 90°$; $\alpha_0 = 20°$; $i = 4$. Hohe Belastung (Walzenpressung) bei langsamer Drehzahl.

1	(2.05d)	z_w	$8\sqrt{4^2 + 1} = 32{,}9848$	
2	(2.17)	z_1' z_2'	$32{,}9848/4 = 8{,}2462 \sim 8{,}25$ $32{,}9848/1/4 = 131{,}9392 \sim 131{,}94$	
			Für die *Profilverschiebung* im Sinne von Abb. 2.30 wird gewählt:	
3		x'	$x_1' = 0{,}57$ als möglicher Höchstwert; $x_2' = 0{,}8$	
4	(2.12b) IV	α_w	$\operatorname{ev} \alpha_w = 2\,\dfrac{(0{,}57 + 0{,}8)}{(8{,}25 + 131{,}94)} \cdot \operatorname{tg} 20° + \operatorname{ev} 20°; \quad \alpha_w = 22°40'$	
5	(2.21)	z_0	$32{,}9848 \cdot \cos 20°/\cos 22°40' = 33{,}59$	
6	(2.13)	ξ	$\operatorname{tg} \xi_1 = 2 \cdot 0{,}57/33{,}59; \quad \xi_1 = 1°56{,}5'; \quad \operatorname{tg} \xi_2 = \dfrac{2 \cdot 0{,}8}{33{,}59}; \quad \xi_2 = 2°43{,}5'$	
7	(2.22)	δ_1	$\sin \delta_1 = 8/33{,}39 \cos 1°56{,}5'; \quad \delta_1 = 13°46'; \quad \sin \delta_2 = \dfrac{32}{33{,}59} \cdot \cos 2°43{,}5'; \quad \delta_2 = 72°6'$	
8	2.14	δ_a	$90° - (13°46' + 72°6') = 4°8'$	

Die Drehmaße werden sinngemäß nach Abb. 2.11 berechnet, mit dem Unterschied, daß Winkel $(\delta_1 + \xi_1)$ an Stelle von δ_1 tritt.

Tafel IX.

Zahnweitenmessung. (In Anlehnung an E. Wildhaber: Measuring Tooth-Thikness of Involute Gears. Amer. Mach. N. Y. Bd. 59 (1923) S. 551).

Nach Abb. 2.88 wird eine solche Anzahl z_M von Zähnen zur Messung gewählt, daß die Meßflächen des Tellermikrometers die Zahnflanken etwa im Teilkreis berühren. Die Anzahl der eingeschlossenen Lücken z_L beträgt, wie ersichtlich:

$$z_M = z_L + 1 \quad \text{bzw.} \quad z_L = z_M - 1. \tag{2.79}$$

Die Größe von z_M ist aus der obigen Bedingung der Berührung im Teilkreis bestimmt. Wenn die Lücken- und Zahnstärke im Teilkreis gleich $t/2$ gesetzt wird, gilt:

$$(z_M + z_L)\, t/2 = 2\, d_0/2 \cdot \widehat{\alpha}_0 = m\, z\, \widehat{\alpha}_0.$$

Mit $t = m\,\pi$ und Gl. (2.79) folgt:

$$2\, z_M - 1 = 2\, z\, \alpha_0/\pi.$$

$$z_M = z\, \widehat{\alpha}_0/\pi + 0{,}5. \tag{2.80a}$$

$$z_M = 0{,}1111\, z + 0{,}5 \quad \text{für} \quad \alpha_0 = 20°. \tag{2.80b}$$

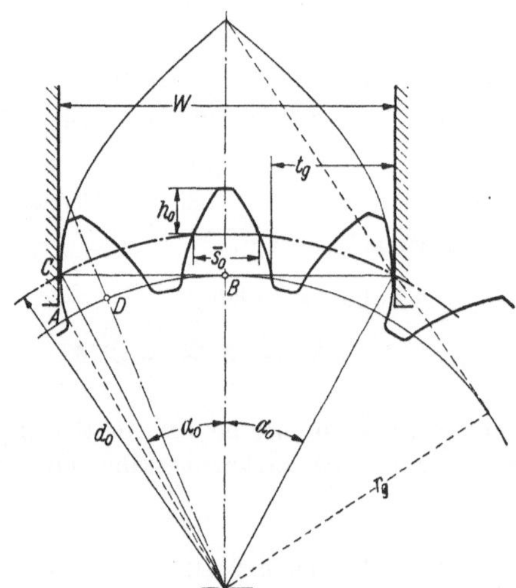

Abb. 2.88. Zahnweiten-Messung.

Da z_M nur als ganze Zahl brauchbar ist, also nach der Rechnung abgerundet werden muß, kann bei den meisten Zähnezahlen die Berührung nur näherungsweise im Teilkreis erfolgen.

Die berührten Zahnflanken können als Flanken *eines* großen Meßzahnes aufgefaßt werden. Da dann nach der Geometrie der Evolvente Bogen $A\,B$ gleich der abgewickelten Fadengeraden $C\,B$ ist, ergibt sich für die Meßweite w:

$$w = 2\,CB = 2\,AB = 2\,(AD + DB); \quad AD = s_g/2; \quad DB = t_g = z_L\, 2\,\pi\, r_g/2\, z.$$

Daraus folgt:

$$w = s_g + 2\, z_L\, \pi\, r_g/z. \tag{2.81}$$

Zahlenbeispiel der Berechnung. Für das in Beisp. I der Tafel VII gegebene Ritzel mit $z = 14$ Zähnen $m = 3$, $\alpha_0 = 20°$ ist die Zahnweite w zu bestimmen.

$$z_M = 0{,}1111 \cdot 14 + 0{,}5 = 1{,}555 + 0{,}5 \sim 2; \quad z_L = 2 - 1 = 1. \tag{2.80b}$$

Nach Spalte 16 bzw. 25 der Tafel VII ist $r_{g\,1} = 19{,}734$ und $s_{g\,1} = 5{,}98$. Mithin:

$$w = 5{,}98 + 2 \cdot 1 \cdot \pi \cdot 19{,}734/14 = 14{,}83. \tag{2.81}$$

Für Ausführung nach DIN, d. h. im obigen Beispiel $x_1 = 0$, kann aus den beigefügten Zahlentafeln bei $\alpha_0 = 20°$ abgelesen werden:

$$w = 4{,}6243 \cdot 3 = 13{,}873.$$

Zu Tafel IX.

Werte $\dfrac{Zahnweite}{Modul} = \dfrac{w}{m}$ für Verzahnungen mit Profilverschiebungen nach den Gl. (2.80 a) bzw. (2.80 b) und $\widehat{s}_0 = t'/2$.

A. w/m für $\alpha_0 = 20°$. z Zähnezahl des Zahnrades.
z_M Meßzähnezahl zwischen den Tellern.

z	z_M	w/m	z	z_M	w/m	z	z_M	w/m	z	z_M	w/m	z	z_M	w/m
9	2	4,5542	28	4	10,7246	46	6	16,8810	64	8	23,0373	82	10	29,1937
10		5683	29		7386	47		8950	65		0513	83		2077
11		5823	30		7526	48		9090	66		0653	84		2217
12		5963	31		7666	49		9230	67		0793	85		2357
13		6103	32		7806	50		9370	68		0933	86		2497
14		6243	33		7946	51		9510	69		1074	87		2637
15		6383	34		8086	52		9650	70		1214	88		2777
16		6523	35		8226	53		9790	71		1354	89		2917
17		6663	36	4	8367	54	6	9930	72	8	1494	90	10	3057
18	2	6803	37	5	13,8028	55	7	19,9591	73	9	26,1155	91	11	32,2719
19	3	7,6464	38		8168	56		9732	74		1295	92		2859
20		6604	39		8308	57		9872	75		1435	93		2999
21		6744	40		8448	58		20,0012	76		1575	94		3139
22		6884	41		8588	59		0152	77		1715	95		3279
23		7025	42		8728	60		0292	78		1855	96		3419
24		7165	43		8868	61		0432	79		1995	97		3559
25		7305	44		9008	62		0572	80		2135	98		3699
26		7445	45	5	9148	63	7	0712	81	9	2275	99	11	3839
27	3	7585										100	12	35,3500

B. w/m für $\alpha_0 = 15°$.

z	z_M	w/m	z	z_M	w/m	z	z_M	w/m	z	z_M	w/m	z	z_M	w/m
12	2	4,6231	30	3	7,7646	48	4	10,9060	66	6	17,0820	84	7	20,2235
13		6290	31		7705	49	5	13,9465	67		0880	85	8	23,2640
14		6350	32		7764	50		9525	68		0939	86		2699
15		6409	33		7824	51		9584	69		0999	87		2759
16		6469	34		7883	52		9643	70		1058	88		2818
17		6528	35		7943	53		9703	71		1117	89		2878
18		6587	36	3	8002	54		9762	72	6	1177	90		2937
19		6647	37	4	10,8407	55		9822	73	7	20,1582	91		2996
20		6706	38		8466	56		9881	74		1641	92		3056
21		6766	39		8526	57		9940	75		1701	93		3115
22		6825	40		8585	58		14,0000	76		1760	94		3175
23		6884	41		8645	59		0059	77		1819	95		3234
24	2	6944	42		8704	60	5	0119	78		1879	96	8	3293
25	3	7,7349	43		8763	61	6	17,0523	79		1938	97	9	26,3698
26		7408	44		8823	62		0583	80		1998	98		3758
27		7467	45		8882	63		0642	81		2057	99		3817
28		7527	46		8942	64		0702	82		2116	100	9	3876
29	3	7586	47	4	9001	65	6	0761	83	7	2176			

Sachverzeichnis.

721/37/53 **H** 04 IDH/262